糖料蔗现代灌溉理论与实践

吴卫熊　黄凯　阮清波 等　著

·北京·

内 容 提 要

本书主要内容包括：蔗区典型土壤水分运移规律；糖料蔗耗水与需水规律的理论与实践；糖料蔗水分亏缺效应及灌溉制度；糖料蔗高效节水灌溉技术理论；制糖企业再生水灌溉效应理论与实践；糖料蔗高效节水灌溉生态效益评估理论与实践；不同灌溉方式在糖料蔗区的适用性评价理论及实践。

本书系统总结了近年来糖料蔗灌溉科技成果，对当前的糖料蔗生产、科研和教学都具有重要的价值，可以作为糖料蔗科研、生产单位科技人员参考以及高等院校相关专业的师生参考。

图书在版编目（CIP）数据

糖料蔗现代灌溉理论与实践 / 吴卫熊等著. -- 北京：
中国水利水电出版社，2017.8
ISBN 978-7-5170-5818-2

Ⅰ. ①糖… Ⅱ. ①吴… Ⅲ. ①甘蔗－灌溉 Ⅳ.
①S566.17

中国版本图书馆CIP数据核字(2017)第217326号

书 名	**糖料蔗现代灌溉理论与实践** TANGLIAOZHE XIANDAI GUANGAI LILUN YU SHIJIAN
作 者	吴卫熊 黄凯 阮清波 等 著
出版发行	中国水利水电出版社 （北京市海淀区玉渊潭南路 1 号 D 座 100038） 网址：www.waterpub.com.cn E-mail：sales@waterpub.com.cn 电话：(010) 68367658（营销中心）
经 售	北京科水图书销售中心（零售） 电话：(010) 88383994、63202643、68545874 全国各地新华书店和相关出版物销售网点
排 版	中国水利水电出版社微机排版中心
印 刷	三河市鑫金马印装有限公司
规 格	170mm×240mm 16 开本 13.25 印张 260 千字 4 插页
版 次	2017 年 8 月第 1 版 2017 年 8 月第 1 次印刷
印 数	0001—1000 册
定 价	**58.00** 元

凡购买我社图书，如有缺页、倒页、脱页的，本社营销中心负责调换

版权所有·侵权必究

本书编委会

审　　核　李桂新　李　林　黄旭升

主　　编　吴卫熊　黄　凯　阮清波

编　　写　郭晋川　潘　伟　李新建　赵海雄
　　　　　栗世华　张廷强　何令祖　邵金华
　　　　　吴昌洪　韦继鑫　杨秀益　蒋　鹏
　　　　　卢兴达　何　昌　李文斌　刘宗强
　　　　　苏冬源　冯世伟

前言

我国是产糖大国，也是消费大国，2012—2013年榨季产糖量1307万t，消费量约1340万t，供需基本平衡，但由于近几年糖价持续低迷，全国产糖量持续下降，而消费量持续上升，据统计，全国2014—2015年榨季产糖量约1100万t，而2015年食糖消费量约1500万t，缺口逐步拉大。我国糖料蔗主要分布在广西，广东的中部、南部，云南南部低地和河谷以及北部金沙江河谷、海南、福建南部、台湾等地区。从20世纪30年代开始一直到80年代，广东、福建一直引领我国蔗糖产业，但当时全国蔗糖总产量低，长期不能满足国内食糖消费的需求。80年代后，我国糖料蔗种植区域布局发生剧烈变化，广东、福建等传统蔗区的种植面积萎缩，广西、云南迅速发展成为我国糖料蔗主产区。特别是广西，从2001—2002年榨季起产糖量达到全国总产糖量的60%以上，成为我国糖料蔗的主导产区。2014年起，我国大力推进糖料蔗主产区基础设施建设，水利现代化是其中一项主要的内容。

目前，我国尚未见有关于糖料蔗灌溉的理论著作。本书系统总结了广西近五年来的糖料蔗灌溉科技成果，以坡耕地糖料蔗为主线，对当前的糖料蔗生产、科研和教学都具有重要的价值，可以作为科研、生产单位科技人员提供参考。

本书的出版，得到了水利部公益行业专项（编号：201322）、广西农业科技成果转化项目（编号：桂科转14125004－4）的资助，特此表示衷心的感谢！

由于作者的水平有限，书中的错误在所难免，希望读者给予批评指正，以便进一步修改完善。

作者

2017年5月

目录

前言

1 绪　　论

1.1 糖料蔗的地位及其栽培简史

1.1.1 糖料蔗在国民经济中的地位

1.1.1.1 糖料蔗及蔗糖的重要性

蔗糖是重要的消费食品，生产蔗糖的原料主要是糖料蔗和甜菜，在全球食糖总产量中，从糖料蔗提取的蔗糖约占70%，在我国甚至达到90%以上。蔗糖是天然食品，是人类生活的必需品，可供给人类营养和能量。

（1）蔗糖可作为一种安全的营养性甜味剂。蔗糖的甜味纯正、稳定且回味良好，食用后分解为二氧化碳和水。与糖精等无营养、不产生热量的化学甜味剂比较，1.0g蔗糖可以产生17kJ的热量，而长期使用或超标食用糖精可使人中毒，并能引起人的精神和视力障碍。

（2）适量食用蔗糖有利于人体健康。人类食用蔗糖后，在肠胃中由转化酶转化成葡萄糖和果糖，一部分葡萄糖随着血液循环运往全身各处，在细胞中氧化分解，最后生成二氧化碳和水并产生能量，为脑组织功能、人体的肌肉活动等提供能量并维持体温。血液中的葡萄糖——血糖，除了供细胞利用外，多余的部分可以被肝脏和肌肉等组织合成糖原而储存起来。当血糖含量由于消耗而逐渐降低时，肝脏中的肝糖原可以分解成葡萄糖，并且陆续释放到血液中，肌肉中的肌糖原则是作为能源物质，供给肌肉活动所需的能量。

蔗糖可以增加机体ATP的合成，有利于氨基酸的活力与蛋白质的合成。由蔗糖分解成的葡萄糖作为能源物质对脑组织和肺组织都是十分重要的。糖是构成肌体的重要物质，如糖蛋白是体内的激素、酶、抗体等的组成部分，糖脂是细胞膜和神经组织的成分，核糖和脱氧核糖是核酸的重要组分。

（3）食糖是食品加工的重要原料。蔗糖是多种制品的原料。根据资料介绍，以蔗糖为原料和辅料的产品有56类2300多种，其中主要以食品为主。另外，蔗糖还是酒精、酵母、柠檬酸、乳酸、甘油、醇类、药品等的原料。世界上许多国家都开展了蔗糖化学的研究与开发。2002年12月，法国科技新闻处报道：法国东部阿尔萨斯的埃尔斯坦糖厂、马赛开发研究所和蒙伯利埃大学的专家们联合研究出了用甜菜糖制造可降解塑料的工艺。该工艺是通过菌类发酵，把甜菜糖中的

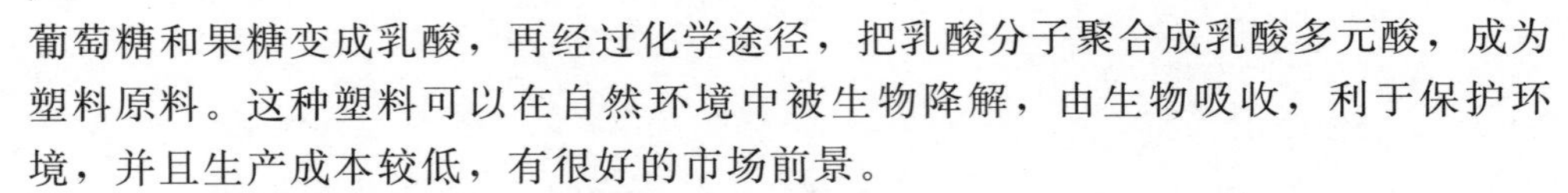

葡萄糖和果糖变成乳酸，再经过化学途径，把乳酸分子聚合成乳酸多元酸，成为塑料原料。这种塑料可以在自然环境中被生物降解，由生物吸收，利于保护环境，并且生产成本较低，有很好的市场前景。

1.1.1.2 糖料蔗栽培历史

关于糖料蔗的起源有三种说法：一是起源于印度（骆君肃，1992）；二是起源于南太平洋新几内亚（Brandes et al.，1936）；三是起源于中国（De Candolle，1890；Poter，1830；Ritter，1840；周可涌，1984）。我国的甘蔗栽培经历了从华南地区逐步向北推移的过程。汉代以前已推进到今湖南、湖北地区，到唐宋时代，甘蔗已分布于今广东、四川、广西、福建、浙江、江西、湖南、湖北、安徽等省（自治区），且已有商人进行运销；明、清时，甘蔗分布北进至今河南省汝南、郾城、许昌一带，范围更加广泛（周正庆，2006）。

关于我国古代甘蔗栽培技术，汉代以前缺乏具体记载。三国以后直至唐代主要栽培春植蔗，已能根据品种的特性，因地制宜地分别栽培于大田、园圃和山地，并已注意到良种的繁育和引种。宋元以后，随着甘蔗加工利用技术的发展，甘蔗在农作物中的地位有所提高，栽培方法也更加进步。在耕作制度方面采用与谷类作物轮作为主的轮作制，有的地方种谷三年再恢复种蔗，以恢复地力和抑制病虫害。种蔗土地强调“深耕”“多耕”。选种强调“取节密者”，以利多出芽。在灌溉方面也积累了不少宝贵经验，如元代《农桑辑要》提到栽蔗后必须浇水，但应以湿润根脉为度，不宜浇水过多，以免“渰没栽封”，即要防止浇水过多，破坏土壤结构。到明代时，甘蔗栽培技术又有发展。如《天工开物》提到下种时应注意两芽左右平放，有利于出苗均匀；《番禺县志》述及棉花地套种甘蔗，可以提高土地利用率和荫蔽地面，抑制杂草；《广东新语》介绍的用水浸种，待种苗萌芽后栽种，以及剥去老叶，使蔗田通风透光等经验，至今仍有参考价值。

1.1.1.3 糖料蔗种植现状及发展态势

食糖是人们日常生活的必需品，是食品工业的重要原料。几百年来，蔗糖对人类的营养和健康起了重要的作用。世界上销售的食糖主要为蔗糖和甜菜糖，但蔗糖一直占据着主导地位，每年蔗糖的产量都占全世界食糖产量的75%以上。从整体发展趋势看，甘蔗种植还将进一步增加。而受欧盟等国家对甜菜糖补贴减少的影响，甜菜种植面积将逐步减少，因而今后世界食糖产量中蔗糖将会占据绝对的比重，大力发展和研究蔗糖业的生产有着积极的现实意义。目前世界甘蔗种植主要集中在沿着地球南北回归线分布的热带、亚热带国家，近十年来全球食糖产量有较大增长，全球产糖量维持在16000万～17000万t之间，2012—2013年榨季更是超过18000万t。全世界生产食糖的国家超过120个，但产量差距非常大，产糖量超过百万吨的国家较少，其中世界产糖量的七成来自产糖量排名前

10 位的国家，而我国就排在第 3 位。

我国是世界上最早种植糖料蔗的国家之一，早在多年前就已经开始了种植糖料蔗。目前我国共有 15 个省（自治区）生产食糖，其中广西、云南和广东 3 省（自治区）产糖量占全国的近九成，糖料种植相关人员近 4000 万人。

糖业是广西在全国最具影响力的优势产业，在全区经济社会发展和全国糖业发展中具有举足轻重的地位和作用，具有广阔的发展前景和潜力。糖料蔗生产是糖业发展的源头，是保障糖业健康持续发展的基础。广西蔗糖产量约占全国的 2/3，糖料蔗种植直接受益人口 764 万，总受益人口 2000 多万；其中，有 33 个县（市、区）农民收入、财政收入一半依赖糖料蔗。糖料蔗成为广西农村的主要经济来源，蔗糖加工已成为地方工业和财政增收的主要产业。在糖料蔗种植区推广高效节水灌溉技术，亩均产量可在原产量 4.31t 的基础上提高 2.5～4.0t，不仅可促进农民增产增收，也是推进农业现代化发展、做强做大做优广西的特色优势产业、保障广西工业及经济快速发展的基础。

党中央和国务院高度重视糖业发展。2012 年中央“1 号文件”确定了糖的战略储备物资地位，把糖并列为粮、棉、油同等重要的国计民生产品，2011 年中央“1 号文件”为发展糖料蔗高效节水灌溉工程提供了财力保障，2013 年中央“1 号文件”关于农村土地流转政策，有利于对零散土地的整合利用，促进糖料蔗高效节水灌溉规模化建设。2013 年 7 月，国务院总理李克强在广西视察时强调：日常生活尤其是儿童长身体需要糖，群众过上“甜日子”离不开蔗糖，国家会通过多种方式，帮助蔗糖增产、蔗农增收。国家也多次出台政策和措施，促进糖业可持续发展。

广西壮族自治区党委、自治区人民政府也非常重视农村水利工作，各级水利部门积极践行民生水利的新理念，以推广新型节水技术为支撑，以政府引导和社会参与为基础，大力发展节水灌溉，取得了显著的经济效益、社会效益和生态效益。各级政府把种植糖料蔗的坡耕地作为新增灌溉面积的主战场，采取各种融资措施，加大资金投入力度，推动土地整合或流转，加快节水灌溉技术引进和研发力度。打造出崇左市江州区、扶绥县以及来宾市武宣县、兴宾区等一批以糖料蔗滴灌、喷灌为主要技术形式的高效节水灌溉试点县，取得了很好的效果。但是，由于广西经济水平较低，蔗区水利设施的缺乏，已成为制约广西糖业发展的瓶颈。

根据《广西壮族自治区人民政府关于促进广西糖业可持续发展的意见》（桂政发〔2013〕36 号）和《广西壮族自治区人民政府研究推进糖料蔗高效节水灌溉现代农业创新发展问题的纪要》（桂政阅〔2013〕101 号），广西未来五年内要发展 500 万亩经营规模化、种植良种化、耕作机械化、水利现代化（以下简称“四化”）的糖料蔗基地。但是，随着高效节水灌溉项目的规模化发展，灌溉技术

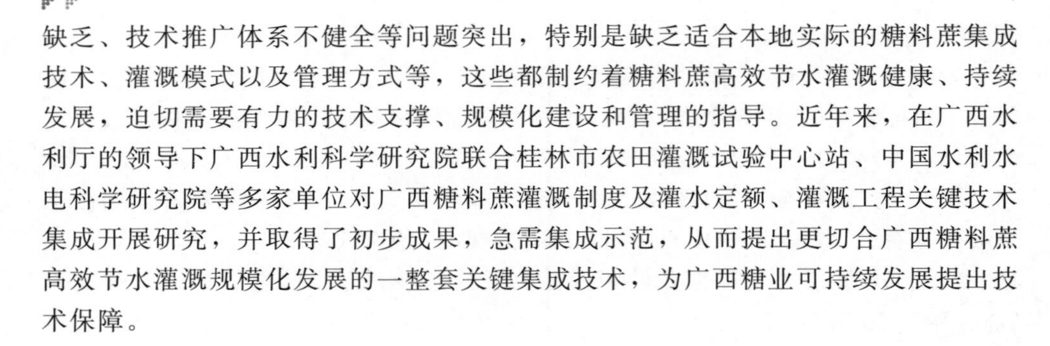

缺乏、技术推广体系不健全等问题突出，特别是缺乏适合本地实际的糖料蔗集成技术、灌溉模式以及管理方式等，这些都制约着糖料蔗高效节水灌溉健康、持续发展，迫切需要有力的技术支撑、规模化建设和管理的指导。近年来，在广西水利厅的领导下广西水利科学研究院联合桂林市农田灌溉试验中心站、中国水利水电科学研究院等多家单位对广西糖料蔗灌溉制度及灌水定额、灌溉工程关键技术集成开展研究，并取得了初步成果，急需集成示范，从而提出更切合广西糖料蔗高效节水灌溉规模化发展的一整套关键集成技术，为广西糖业可持续发展提出技术保障。

1.2 灌溉在糖料蔗生产中的重要作用

广西壮族自治区推进500万亩“双高”基地建设为加快糖料蔗产业的转型升级，降低成本，提高效益提供了难得的机遇。作为“双高”基地建设的一项重要内容，水利化建设对增强糖料蔗抵御旱灾能力、确保蔗区种植结构稳定、提高糖料蔗产量和品质等都具有重要意义。

广西土地资源可概括为“八山一水一分田”，人多地少矛盾突出，受土地资源的限制，大部分蔗区属于开荒形成的旱坡地。据调查统计，蔗区耕地坡度小于5°的约占34.41%，坡度为5°～15°的耕地约占20.92%，坡度为15°以上的耕地约占44.67%。受地形条件的影响，传统的渠道灌溉难以解决绝大部分蔗区的灌溉问题，“双高”基地水利化建设绝大部分需要发展高效节水灌溉。另外，大部分蔗区属于岩溶发育区，耕作土层较薄，下伏岩溶裂隙发达，蓄水储水难，不适合耕种其他大田作物，调整种植结构大面积改种林果、速生桉等耐旱经济作物又会对其他产业的发展造成巨大冲击或对环境产生不利影响，只有通过发展高效节水灌溉，加快糖料蔗生产现代化进程，提高产量、降低生产成本，确保蔗农收益，才能保持蔗区种植结构稳定和蔗区可持续发展。

根据近几年的实践经验，可通过发展高效节水灌溉，解决糖料蔗灌溉问题，条件成熟的地方还可以结合实施水肥药一体化灌溉系统，实现适时适量进行灌溉、施肥、施药，既省工、省力、减轻劳动强度，又能增湿、降温、改善田间小气候，调节土壤水、肥、气、热状况，提高水肥药利用效率，有效利用农业资源，提高生产效益。通过对不同灌溉方式及无灌溉设施糖料蔗产量的统计分析，灌溉与不灌溉相比，能使糖料蔗单产从4t左右提高到6t以上，增幅超50%，且地埋滴灌、地表滴灌的效益比其他灌溉方式增产更明显。另外，从灌溉效率来说，喷灌、微喷灌、滴灌等高效节水灌溉方式的灌溉用水量远少于传统沟灌，由于蔗区大部分地势较高，56%的蔗区离水源的距离在2km左右，发展高效节水灌溉，节约灌溉用水，提高水资源利用效率，对降低工程运行管护成本非常重要。此外，根据研究成果，实施水肥一体化的滴灌系统能节肥25%～30%，实施地埋滴灌能明显延长糖料蔗的宿根期，并有效改善糖的含量，这些都能显著地降低糖料蔗的生产成本。因此，发展高效节水灌溉总体经济效益明显。

2 蔗区典型土壤水分运移规律

2.1 研 究 目 的

土壤水分运移规律和分布特征是影响灌水效率和灌水效果的重要因素。灌水方式、土壤类型、灌水强度、灌水量等因素对土壤水分运移规律和分布特征有较大影响，弄清楚这些因素的影响是合理确定灌溉工程基本设计参数的基础。因此，开展糖料蔗主产区典型土壤水分运移规律和分布特征研究，提出不同灌水方式和土壤类型条件下适宜的灌水强度、灌水量等工程设计参数，对指导灌溉工程设计和日常运行管理均具有重要的意义。

2.2 研 究 方 法

2.2.1 代表性土样选取

根据广西糖料蔗种植情况调查成果，广西糖料蔗主产区主要分布在桂西南优势区（崇左市）、桂中优势区（来宾市、柳州市、贵港市）、桂南及桂南沿海优势区（南宁市、钦州市、北海市、防城港市）。广西土壤普查表明，桂西南优势区蔗区以赤红壤土为主，土壤偏黏性，吸水保水性较高；桂中优势区蔗区以赤红壤、红壤为主，土壤偏向粉沙质黏壤土，吸水保水性适中；桂南及桂南沿海优势区蔗区以砖红壤土为主，土壤偏向壤质砂土，吸水保水性较差。依据上述成果，初步在南宁市、柳州市、贵港市、来宾市、北海市、河池市等6市蔗区取土壤样品30多份，经分析选择江州区、大新县、武宣县、合浦县的土样作为糖料蔗主产区典型土样，土样特性见表2-2-1。

表2-2-1　　广西蔗区代表性土样特性

取土点	土壤类型	干密度/(g/cm³)	饱和含水率	田间持水率	初始含水率	饱和渗透系数/(mm/h)
江州区	黏土	1.12	0.577	0.458	0.158	11.9
大新县	粉质黏土	1.19	0.539	0.414	0.132	12.4
武宣县	粉沙质黏壤土	1.27	0.463	0.350	0.104	15.6
合浦县	壤质砂土	1.55	0.336	0.213	0.065	19.6

2.2.2 研究方法概述

本章在室内土柱试验的基础上，确定不同类型土壤的主要技术参数，然后，采用 HYDRUS－3D 建立模型，分析不同灌溉方式条件下土壤水分运移规律和分布特征的主要影响因素及影响程度，提出不同灌水方式和土壤类型条件下适宜的灌水强度、灌水量及工程设计和日常运行管理参数。

HYDRUS－3D 建模的基本原理：假设土壤为各向同性、均质的多孔介质，则土壤水分运动方程为

$$\frac{\partial\theta}{\partial t}=\frac{\partial}{\partial x}\left[K(h)\frac{\partial h}{\partial x}\right]+\frac{\partial}{\partial y}\left[K(h)\frac{\partial h}{\partial y}\right]+\frac{\partial}{\partial z}\left[K(h)\frac{\partial h}{\partial z}\right]-\frac{\partial K(h)}{\partial z} \tag{2-1}$$

式中 θ——土壤体积含水率；

h——土壤负压水头，cm；

x、y、z——坐标（z 坐标向下为正），cm；

t——时间，min；

$K(h)$——非饱和导水率，cm/min。

由于糖料蔗属于条播小株距作物，土壤湿润区必须形成一条较均匀的湿润带才能保证每株作物获得相近的水量，故灌水均匀性对糖料蔗生长很重要。灌水均匀性与湿润体深度的变化直接相关，故用两滴头中间湿润锋交汇处湿润深度与最大湿润深度的百分比来表示灌水均匀度，用以衡量灌水均匀性。

2.3 研 究 内 容

虽然目前蔗区常用的灌溉方式有喷灌、微喷灌、地表滴灌、地埋滴灌等多种形式，但就土壤水分运移规律的影响而言，主要分为点源灌溉（地表滴灌、地埋滴灌等）和面源灌溉（喷灌、微喷灌）两种类型。针对蔗区不同灌溉工程设计和管理中暴露的问题，本章主要开展以下研究：

（1）点源灌溉条件下土壤水分运移规律分析。通过开展点源灌溉条件下 4 种代表性土壤类型的土柱试验，系统分析土壤类型对点源灌溉条件下湿润体形状和水分分布的影响。

（2）点源灌溉条件下主要设计参数确定。通过开展不同滴头流量（1.36L/h、2.20L/h、2.80L/h）、不同滴头间距（30cm、40cm、50cm）、代表性土壤类型的土柱正交试验的基础上，借助于 HYDRUS－3D 模型，系统分析滴头流量、滴头间距对灌水均匀性的影响，确定代表性土壤类型蔗区滴灌带的滴头流量、滴头间距等主要设计参数的合理取值，并结合糖料蔗不同生育期灌水要求，确定适宜灌水量，提出滴灌带合理取值标准。在此基础上，分析地埋滴灌带埋深对土壤水分

运移规律的影响，并结合糖料蔗不同生育期根系分布的情况，确定适宜埋深和灌水量。

(3) 面源灌溉条件下土壤水分运移规律及主要设计参数确定。在室内土柱试验的基础上，借助于 HYDRUS-3D 模型，分析面源灌溉条件下土壤类型对湿润体形状和水分分布的影响，提出不同类型土壤适宜的灌水强度，并结合糖料蔗不同生育期灌水要求，确定适宜灌水量。

2.4 主要研究成果

2.4.1 点源灌溉条件下土壤水分运移规律分析

在滴头流量为 1.36L/h、总灌水量为 18L 条件下，上述 4 种类型土壤不同灌水时间湿润体形状如图 2-4-1 所示。灌水结束后，土壤含水率等值线如图 2-4-2 所示。

为便于分析，将径向湿润距离 (r) 与垂直湿润距离 (z) 的比值 (r/z) 定义为宽深比。由图 2-4-1 及表 2-4-1 可知，4 种类型土壤中：黏土宽深比较大，粉质黏土次之，粉沙质黏壤土再次之，壤质砂土宽深比较小，即土壤的宽深比与土壤质地直接相关，黏性越大的土壤，其宽深比越大。

表 2-4-1 试验土壤宽深比 r/z 与灌水时间的关系

土壤类型	灌水时间/min												
	30	90	150	210	270	330	390	450	510	570	630	690	780
黏土	2.5	2.32	1.71	1.65	1.54	1.4	1.38	1.33	1.29	1.26	1.23	1.2	1.17
粉质黏土	1.38	1.33	1.24	1.2	1.13	1.08	1.04	1.02	1.01	1.01	1	1	0.99
粉沙质黏壤土	0.96	0.92	0.9	0.89	0.86	0.85	0.83	0.83	0.82	0.82	0.82	0.82	0.81
壤质砂土	0.73	0.73	0.72	0.72	0.72	0.71	0.7	0.7	0.69	0.68	0.68	0.68	0.67

土壤湿润体形状特征对蔗田灌溉系统设计非常重要。在灌溉过程中，由于纵向湿润距离 (z) 不易观察，可以根据土壤类型对应的宽深比 (r/z) 和径向湿润距离 (r) 判断，如：对于黏土、粉质黏土，宽深比大于 1，生育初期，径向湿润距离 (r) 达到 20cm 左右即可，生育旺盛期，径向湿润距离 (r) 达到 30cm 左右即可；对于粉沙质黏壤土、壤质砂土，宽深比在 0.6～0.8，生育初期，径向湿润距离 (r) 达到 15cm 左右即可，生育旺盛期，径向湿润距离 (r) 达到 25cm 左右即可。

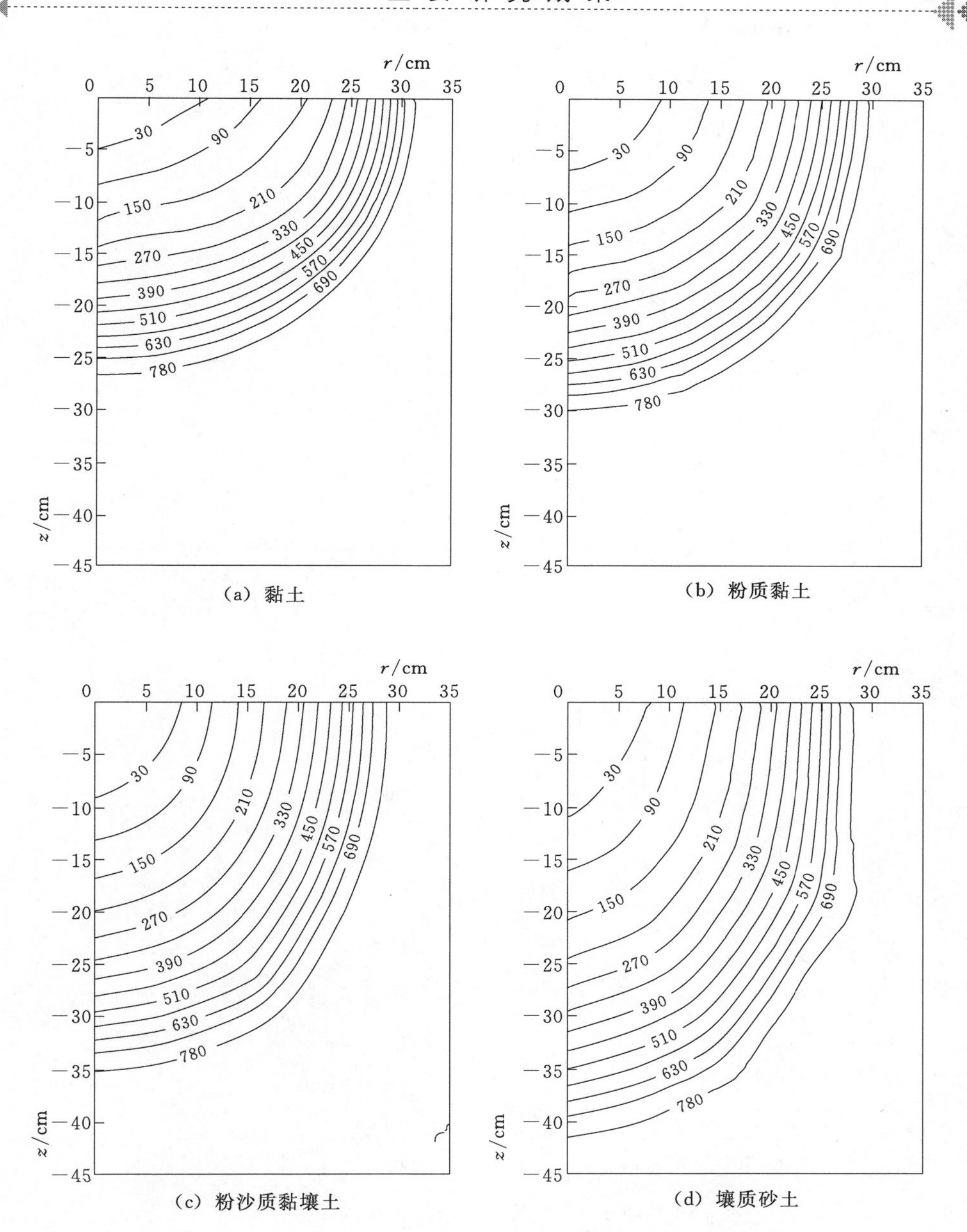

图 2-4-1 各类型土壤在不同灌水时间下的湿润体形状
(曲线上数字为灌水时间，单位为 min)

由图2-4-2可知，4种土壤的含水率等值线变化的趋势一致，均为距滴头越近，土壤含水率越高且变化越缓，湿润体周边，土壤含水率变化较陡。黏性较强、持水能力较强的土壤，湿润体的体积相对较小，土壤含水率相对较高，土壤

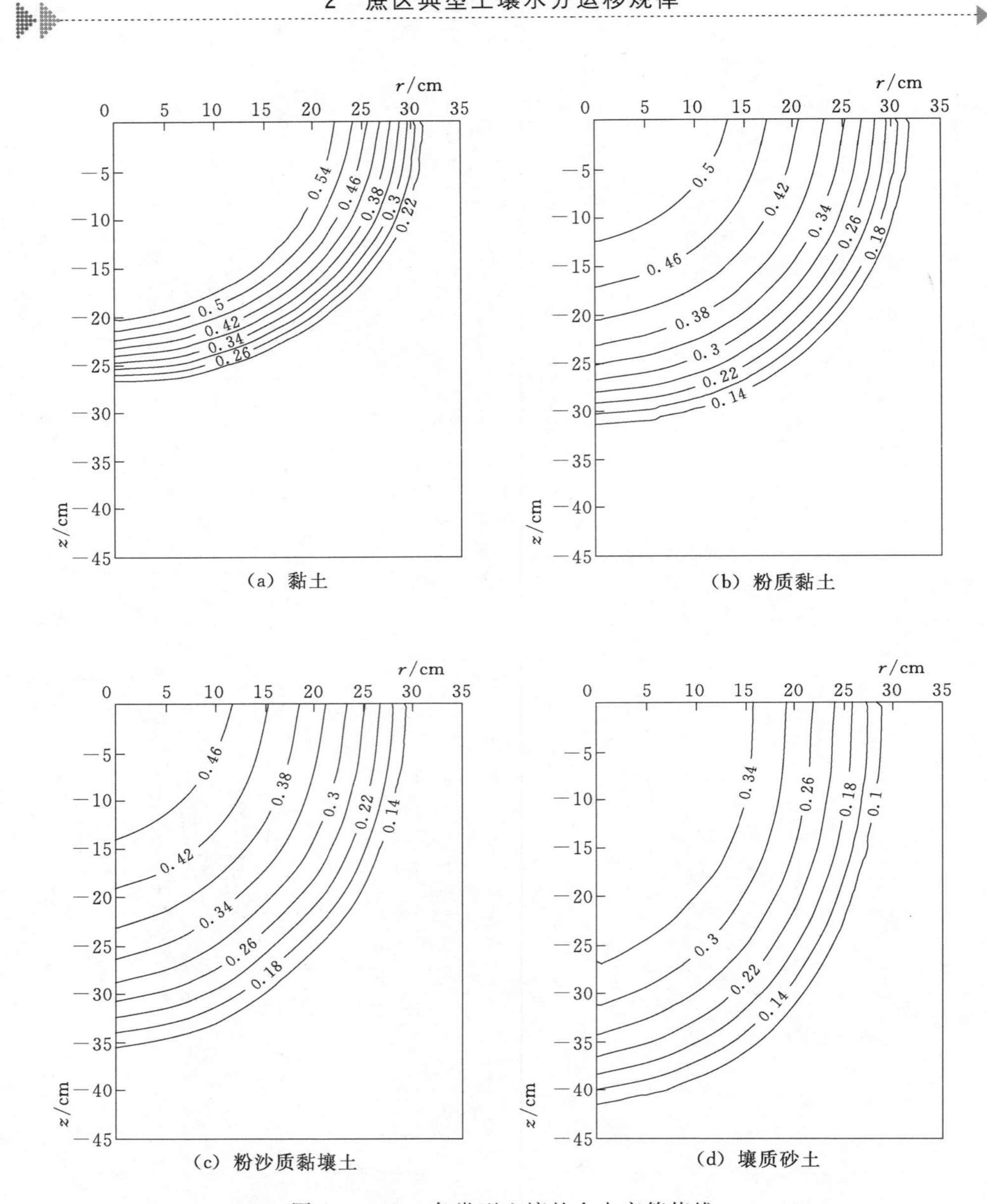

图 2-4-2 各类型土壤的含水率等值线

水分集聚在上部土层，黏性较弱、持水能力较弱的土壤，湿润体的体积相对较大，土壤含水率相对较低，土壤水分下渗的趋势明显。

土壤水分分布规律，对蔗田耕作及滴灌系统运行管理具有重要的指导意义：对于黏性较强、持水性较强的土壤，应通过农艺措施增加其水分的纵向入渗能力，达到保水保墒的目的，在日常灌水过程中，易采用少量多次的灌水方法，既

能保持土壤的含水率始终在糖料蔗生长适宜的范围内，又不会因一次灌水量较大而形成较大的饱和区，降低土壤的通气性，造成土壤板结；对于黏性较弱、持水性较弱的土壤，应合理控制单次灌水量，以减少深层渗漏。

2.4.2 点源灌溉条件下主要设计参数确定

2.4.2.1 滴头流量

滴头流量是滴灌系统设计的重要参数之一。传统滴灌工程设计时，一般需根据土壤灌水均匀性、工程建设投资、工程运行管理等选定滴头流量。本节重点分析滴头流量对土壤灌水均匀性的影响，工程建设投资、工程运行管理等因素影响将在后面章节中进行分析。

表2-4-2及图2-4-3～图2-4-6给出不同滴头流量条件下土壤湿润体内含水率分布情况及相应的灌水均匀度。可以看出，滴头流量对灌水均匀度略有影响，灌溉相同的水量，选择流量较大的滴头，灌水时间短，湿润体会略小，灌水均匀度略有提高，但总体效果并不明显，通过采用较大滴头流量来大幅提高灌水均匀性的做法不可行。因此，选取滴灌带时不应将滴头流量作为影响灌水均匀性的主要参数，而应重点考虑工程建设投资、工程运行管理等条件选定适宜的滴头流量。

表2-4-2　滴头流量对土壤灌水均匀度的影响

土壤类型	灌水量/L	滴头间距/cm	初始含水率	滴头流量/(L/h)	图号	最大湿润深度/cm	交汇深度/cm	灌水均匀度/%
黏土	10.0	50	0.275（田间持水量的60%）	1.36	2-4-3 (a)	30.0	14.3	47.70
				2.20	2-4-3 (b)	27.5	15.6	56.70
				2.80	2-4-3 (c)	26.3	15.7	59.70
粉质黏土	9.0	50	0.248（田间持水量的60%）	1.36	2-4-4 (a)	31.7	22.0	69.40
				2.20	2-4-4 (b)	28.8	20.3	70.49
				2.80	2-4-4 (c)	27.3	19.3	70.70
粉沙质黏壤土	8.0	40	0.210（田间持水量的60%）	1.36	2-4-5 (a)	32.5	25.3	77.85
				2.20	2-4-5 (b)	30.0	23.5	78.33
				2.80	2-4-5 (c)	27.1	21.6	79.70
壤质砂土	7.0	40	0.128（田间持水量的60%）	1.36	2-4-6 (a)	34.5	27.5	79.71
				2.20	2-4-6 (b)	33.0	26.5	80.30
				2.80	2-4-6 (c)	32.0	25.9	80.94

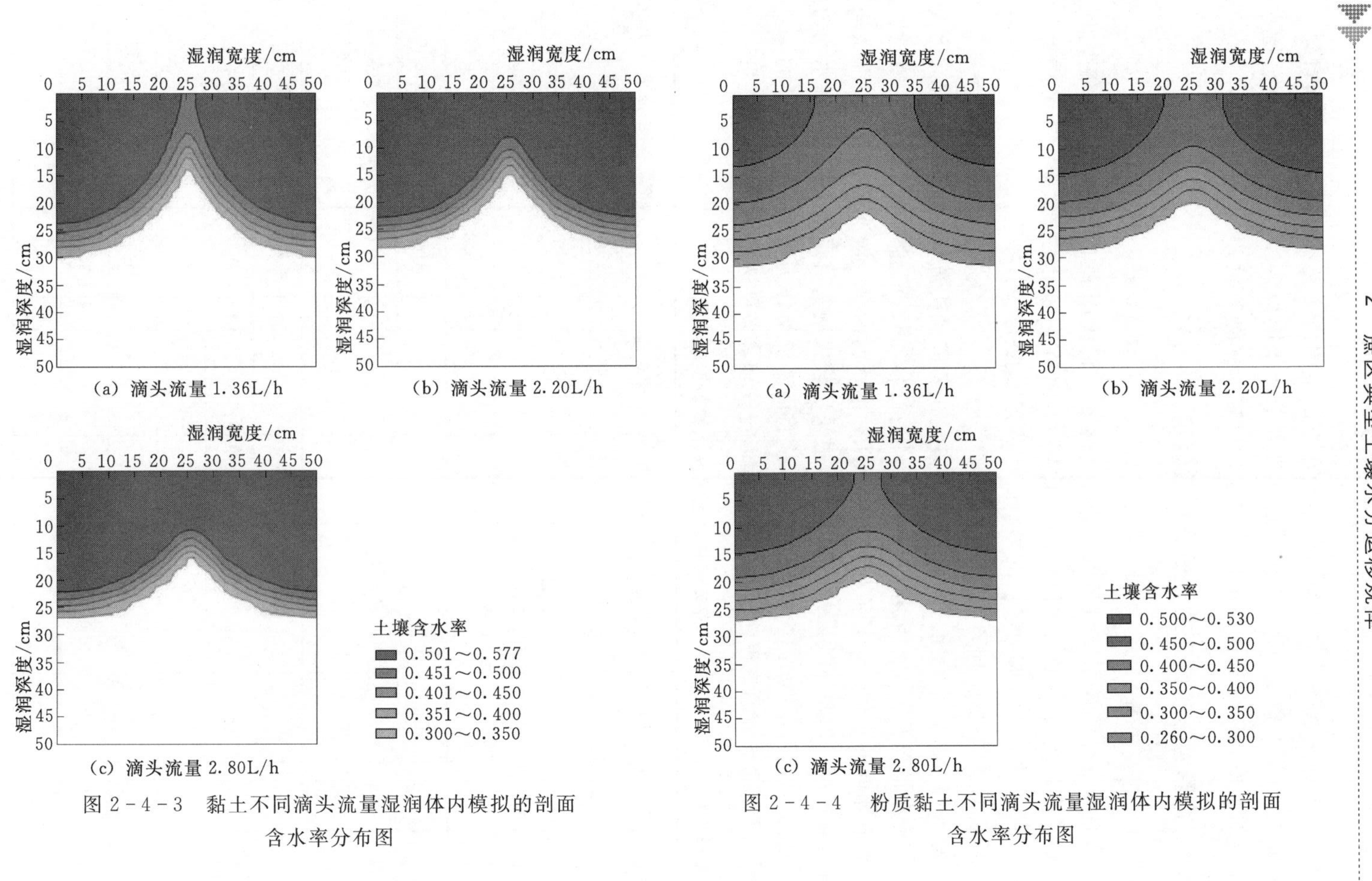

图 2-4-3　黏土不同滴头流量湿润体内模拟的剖面含水率分布图

图 2-4-4　粉质黏土不同滴头流量湿润体内模拟的剖面含水率分布图

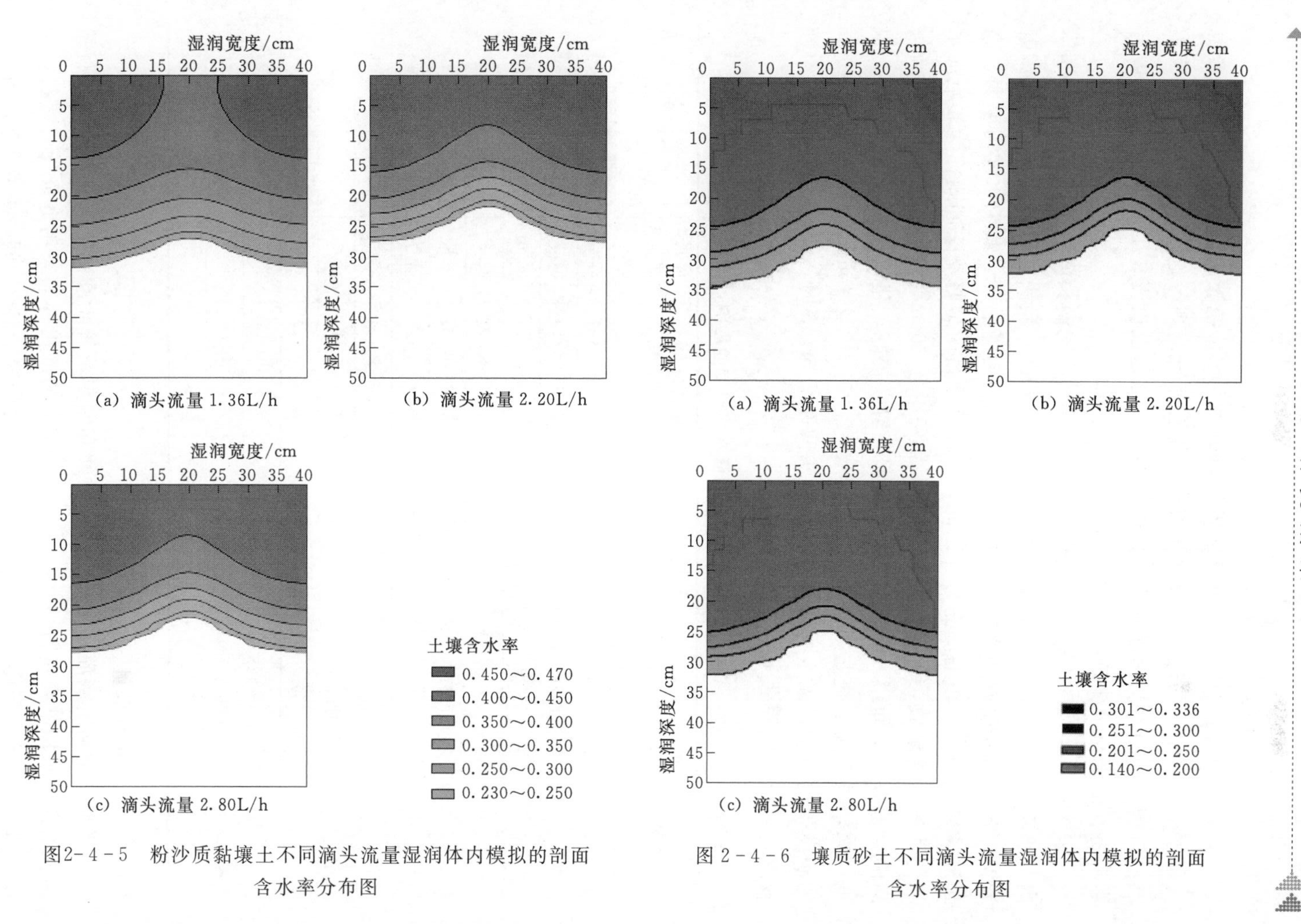

图2-4-5 粉沙质黏壤土不同滴头流量湿润体内模拟的剖面含水率分布图

图 2-4-6 壤质砂土不同滴头流量湿润体内模拟的剖面含水率分布图

2.4.2.2　滴头间距

滴头间距也是滴灌系统设计的重要参数之一。传统滴灌工程设计时，一般也需根据土壤灌水均匀性、工程建设投资、工程运行管理等选定滴头间距。本节重点分析滴头间距对土壤灌水均匀性的影响，工程建设投资、工程运行管理等因素影响将在后面章节中进行分析。

表2－4－3及图2－4－7～图2－4－10给出不同滴头间距条件下土壤湿润体内含水率分布情况及相应的灌水均匀度。可以看出，滴头间距对灌水均匀度影响非常明显，灌溉相同的水量，选择较小滴头间距的滴灌带，其灌水均匀度明显高于选择较大滴头间距的滴灌带。因此，选取滴灌带时应将滴头间距作为影响灌水均匀性的主要参数，针对广西蔗区滴灌常采用的30cm、40cm、50cm三种滴头间距，选取滴头间距30cm的滴灌带灌水均匀度较好，建议优先采用。另外，根据计算，采用滴头流量与滴头间距组合为2.20L/h与40cm、2.80L/h与40cm的滴灌带也能满足灌水均匀性要求。滴头间距为50cm时，滴灌带的灌水均匀性较差，建议蔗区滴灌工程中不宜采用。

表2－4－3　　滴头间距对土壤灌水均匀度的影响

土壤类型	灌水量/L	初始含水率	滴头流量/(L/h)	滴头间距/cm	图　号	最大湿润深度/cm	交汇深度/cm	灌水均匀度/%
黏土	10.0	0.275（田间持水量的60%）	1.36	30	2－4－7（a）	32.5	32.0	98.50
				40	2－4－7（b）	31.2	24.8	79.50
				50	2－4－7（c）	30.0	14.3	47.70
粉质黏土	9.0	0.248（田间持水量的60%）	1.36	30	2－4－8（a）	33.8	33.4	98.82
				40	2－4－8（b）	31.58	26.2	82.96
				50	2－4－8（c）	31.7	22.0	69.40
粉沙质黏壤土	8.0	0.210（田间持水量的60%）	1.36	30	2－4－9（a）	33.5	32.5	97.01
				40	2－4－9（b）	32.5	25.3	77.85
				50	2－4－9（c）	31.5	19.7	62.54
壤质砂土	7.0	0.128（田间持水量的60%）	1.36	30	2－4－10（a）	35.0	34.0	98.60
				40	2－4－10（b）	34.5	27.5	79.71
				50	2－4－10（c）	34.0	17.5	51.50

2.4.2.3　适宜灌水量

灌水量是确定滴灌系统单次灌水时间和制定系统轮灌制度的重要指标，直接影响工程供水标准及运行成本。广西采用滴灌的蔗田普遍采用宽窄行（宽行行距1.2～1.3m、窄行行距0.4～0.5m）种植，滴灌带置于窄行中间，一带灌溉两行，灌

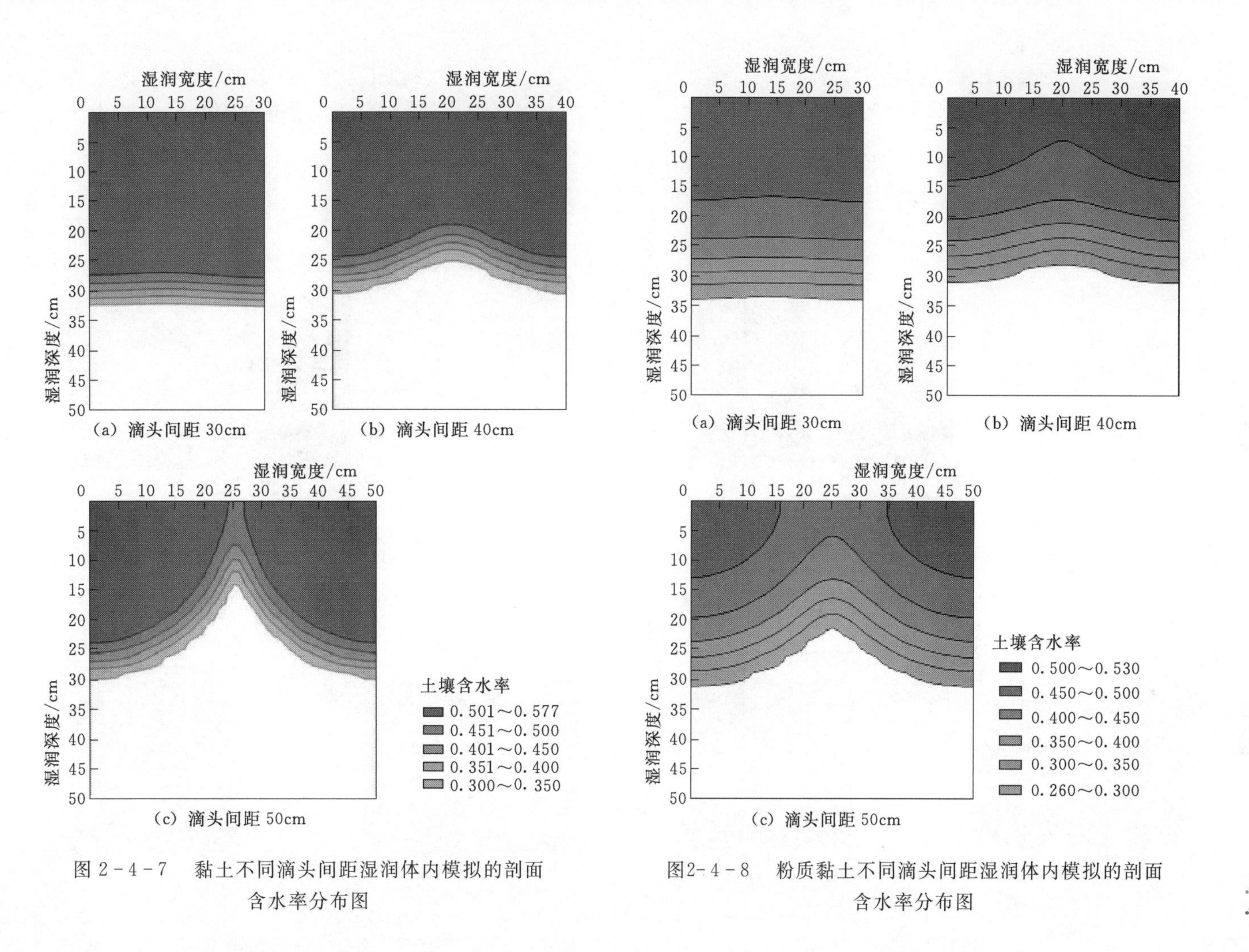

（a）滴头间距 30cm

（b）滴头间距 40cm

（c）滴头间距 50cm

图 2-4-7　黏土不同滴头间距湿润体内模拟的剖面含水率分布图

（a）滴头间距 30cm

（b）滴头间距 40cm

（c）滴头间距 50cm

图2-4-8　粉质黏土不同滴头间距湿润体内模拟的剖面含水率分布图

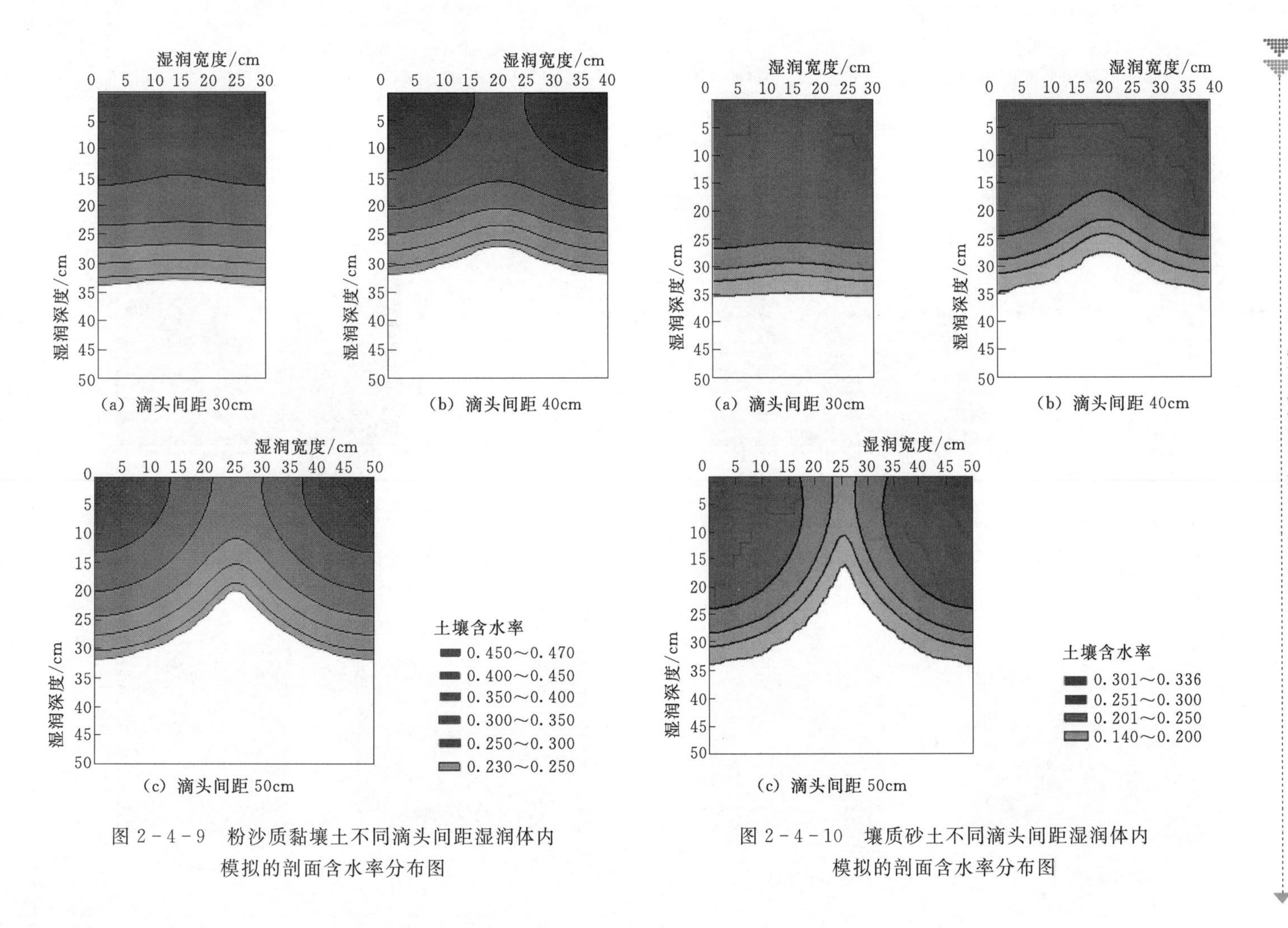

图 2-4-9　粉沙质黏壤土不同滴头间距湿润体内模拟的剖面含水率分布图

图 2-4-10　壤质砂土不同滴头间距湿润体内模拟的剖面含水率分布图

溉方式普遍采用轮灌，由于滴灌属局部灌溉，灌水量较少，不考虑水分的二次分布。相关研究表明，糖料蔗的根系62%分布在0～20cm土层内，23.4%分布在20～40cm土层内，糖料蔗生育初期灌水深度在20～25cm最佳，生育旺盛期在30～35cm最佳。本节重点分析代表性土壤在糖料蔗不同生育期内适宜的灌水时间和灌水量。图2-4-11～图2-4-14分别给出不同类型土壤采用滴头流量为1.36L/h、滴头间距为30cm的滴灌带时，生育初期与生育旺盛期各自适宜灌水时间和灌水量。

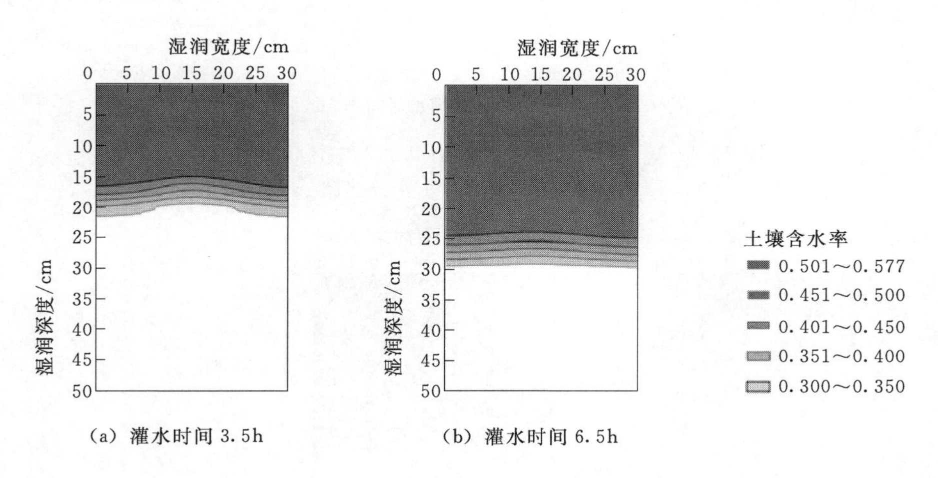

图2-4-11 黏土生育初期、生育旺盛期适宜灌水时间及剖面含水率分布图

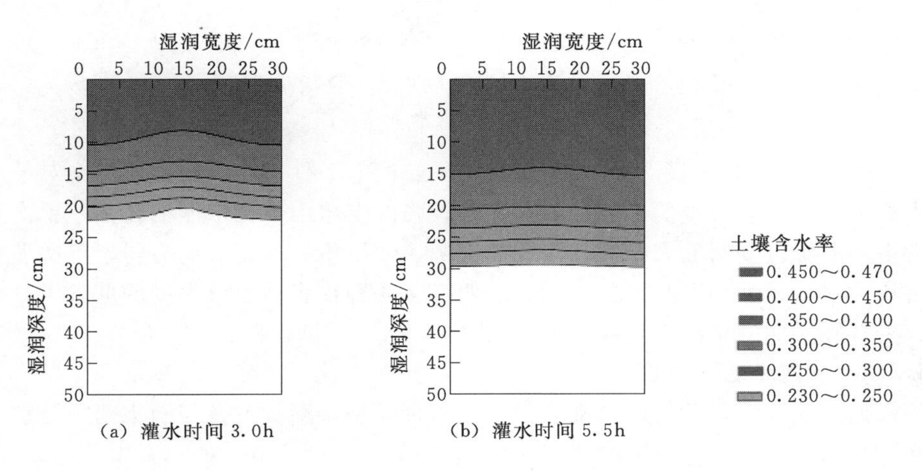

图2-4-12 粉质黏土生育初期、生育旺盛期适宜灌水时间及剖面含水率分布图

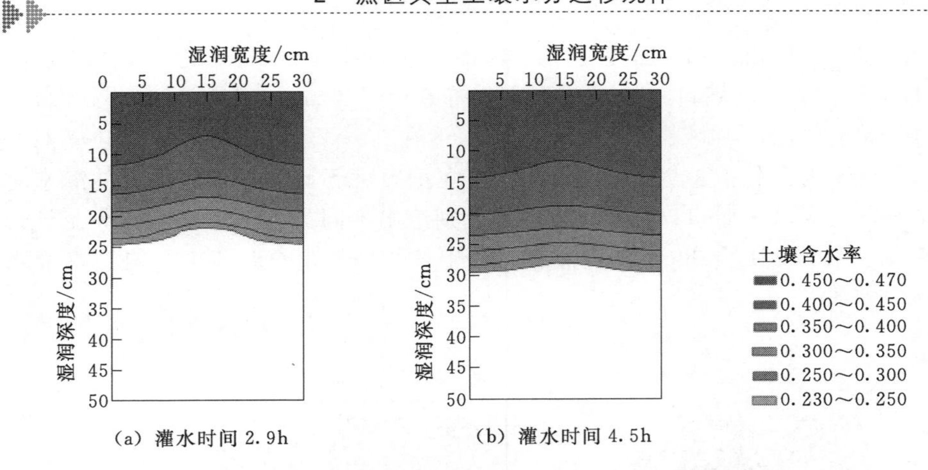

(a) 灌水时间 2.9h　　(b) 灌水时间 4.5h

图 2-4-13　粉沙质黏壤土生育初期、生育旺盛期适宜灌水时间及剖面含水率分布图

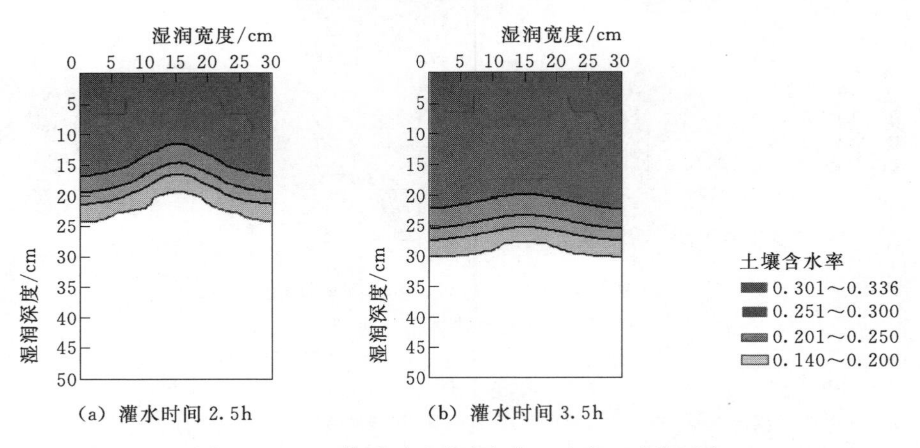

(a) 灌水时间 2.5h　　(b) 灌水时间 3.5h

图 2-4-14　壤质砂土生育初期、生育旺盛期适宜灌水时间及剖面含水率分布图

从图 2-14-11～图 2-4-14 可以看出，同等条件下，蔗田土壤类型对单次灌水的亩均灌水量有重要影响，如：黏性较强的土壤由于持水能力较强，单次灌水的亩均灌水量要明显大于黏性较弱的土壤，而壤质砂土持水能力弱，单次灌水的亩均灌水量较大会引起深层渗漏。广西蔗区 4 种代表性土壤类型的蔗田生育初期、生育旺盛期的单次亩均灌水量见表 2-4-4，以供参考。

2.4.2.4　滴灌带合理取值

根据上述分析，针对广西蔗区常用滴灌带类型，滴头流量与滴头间距分别为 1.36L/h 与 30cm、2.20L/h 与 30cm、2.80L/h 与 30cm、2.20L/h 与 40cm、2.80L/h 与 40cm 等 5 种组合条件下，灌水均匀度均大于 80%，满足要求，但滴灌带合理设计参数须综合考虑工程造价及工程运行管理。

表 2-4-4　　不同生育期 4 种代表性土壤适宜灌水量

土壤类型	滴头流量/(L/h)	间距/cm	生育初期			生育旺盛期		
			适宜灌水时间/h	单滴头适宜灌水量/L	单次亩均灌水量/(m³/亩)	适宜灌水时间/h	单滴头适宜灌水量/L	单次亩均灌水量/(m³/亩)
黏土	1.36	30	3.5	4.83	6.71	6.5	8.97	12.46
粉质黏土			3.0	4.08	5.67	5.5	7.48	10.39
粉沙质黏壤土			2.9	3.96	5.50	4.5	6.12	8.50
壤质砂土			2.5	3.45	4.79	3.5	4.83	6.71

表 2-4-5 给出了广西蔗区代表性土壤常用滴灌带灌水均匀度、工程建设标准及运行模式比较。从表 2-4-5 可以看出，上述 5 种组合相同长度（100m）滴灌带的设计流量依次为 460.0L/h、733.3L/h、933.3L/h、550.0L/h、700.0L/h。从工程造价方面考虑，若选择滴头流量与滴头间距分别为 1.36L/h 与 30cm 组合，单位灌溉面积设计供水能力最小，工程建设投资最省；若选择滴头流量与滴头间距分别为 2.80L/h 与 30cm 组合，单位灌溉面积设计供水能力最大。从工程运行管理模式方面考虑，若选择滴头流量与滴头间距分别为 1.36L/h 与 30cm 组合，灌溉相同水量系统运行和需要管护的时间虽然较长，但符合相关规范要求，也方便灌水管理；若选择滴头流量与滴头间距分别为 2.80L/h 与 30cm 组合，灌溉相同水量系统运行和需要管护的时间最短。

表 2-4-5　　广西蔗区常用滴灌带灌水均匀度、工程建设标准及运行模式比较

滴头流量/(L/h)	滴头间距/cm	代表性土壤类型	灌水均匀度/%	工程建设标准		运行模式		
				100m 滴灌带设计流量/(L/h)	100hm² 灌溉面积设计供水能力/(m³/h)	日轮灌次数	日运行时间/h	轮灌组切换时间间隔/h
1.36	30	黏土	≥95	453	202	3	10.5～19.5	3.5～6.5
2.20	30			733	327	4	8.8～16.4	2.2～4.1
2.80	30			933	417	4	6.8～12.8	1.7～3.2
2.20	40		80～85	550	246	4	8.8～16.4	2.2～4.1
2.80	40			700	312	4	6.8～12.8	1.7～3.2
1.36	30	粉质黏土	≥95	453	202	3	9.0～16.5	3.0～5.5
2.20	30			733	327	4	7.6～13.6	1.9～3.4
2.80	30			933	417	4	6.0～10.8	1.5～2.7
2.20	40		80～85	550	246	4	7.6～13.6	1.9～3.4
2.80	40			700	312	4	6.0～10.8	1.5～2.7

续表

滴头流量/(L/h)	滴头间距/cm	代表性土壤类型	灌水均匀度/%	工程建设标准		运行模式		
				100m滴灌带设计流量/(L/h)	100hm² 灌溉面积设计供水能力/(m³/h)	日轮灌次数	日运行时间/h	轮灌组切换时间间隔/h
1.36	30	粉沙质黏壤土	≥95	453	202	4	12.0～18.0	3.0～4.5
2.20	30			733	327	4	7.6～11.2	1.9～2.8
2.80	30			933	417	4	6.0～8.8	1.5～2.2
2.20	40		80～85	550	246	4	7.6～11.2	1.9～2.8
2.80	40			700	312	4	6.0～8.8	1.5～2.2
1.36	30	壤质砂土	≥95	453	202	4	10.0～14.0	2.5～3.5
2.20	30			733	327	4	6.4～8.8	1.6～2.2
2.80	30			933	417	4	4.8～6.8	1.2～1.7
2.20	40		80～85	550	246	4	6.4～8.8	1.6～2.2
2.80	40			700	312	4	4.8～6.8	1.2～1.7

综合考虑上述各项因素，建议广西蔗区优先采用滴头流量与滴头间距为1.36L/h与30cm的组合。

2.4.2.5 地埋滴灌适宜埋深

地埋滴灌也是广西蔗区常用灌溉方式，其节水节肥效果较地表滴灌更显著。滴头流量、滴头间距选取均可参照地表滴灌的相关成果，但地埋滴埋深及单次适宜灌水量等因素对土壤水分运移规律的影响较大。同上，建立模型分析黏土、壤质砂土在埋深分别为10cm、15cm、20cm、25cm条件下土壤水分分布情况，分析滴灌带适宜埋深、糖料蔗不同生育期适宜灌水量，计算结果如图2-4-15～图2-4-18所示。

从图2-4-15～图2-4-18可以看出：地埋滴灌条件下，当滴灌带埋深10cm、15cm时，地表会出现积水，不利于高效用水；当滴灌带埋深20cm时，土壤湿润体主要分布在2～40cm之间，与糖料蔗根系分布较契合，且灌水量适量时地表会呈现湿润迹象，便于灌溉管理；当滴灌带埋深25cm时，湿润体主要分布在7.5～46.0cm之间，易造成渗漏损失。

根据计算，当滴灌带埋深20cm时，不同类型土壤糖料蔗生育旺盛期适宜灌水量为：黏土单滴头灌水量5.5L（亩均灌水量7.64m³/亩），粉质黏土单滴头灌水量4.5L（亩均灌水量6.25m³/亩），粉沙质黏壤土单滴头灌水量4.0L（亩均灌水量5.56m³/亩），壤质砂土灌水量3.5L（亩均灌水量4.86m³/亩）。为确保滴灌带的灌水均匀性，糖料蔗生育初期灌水量可参照地表滴灌。

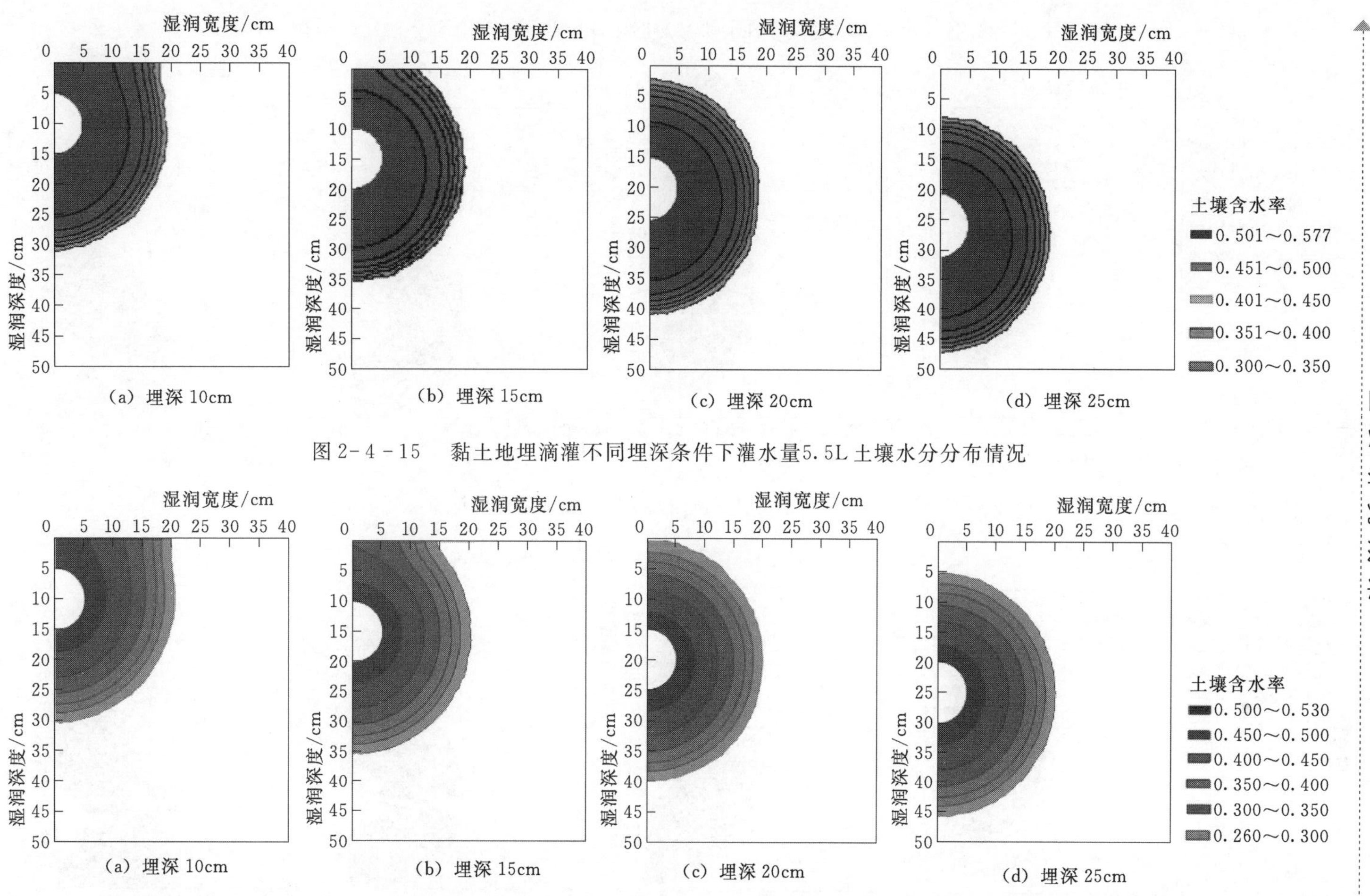

图 2-4-15　黏土地埋滴灌不同埋深条件下灌水量5.5L 土壤水分分布情况

图 2-4-16　粉质黏土地埋滴灌不同埋深条件下灌水量 4.5L 土壤水分分布情况

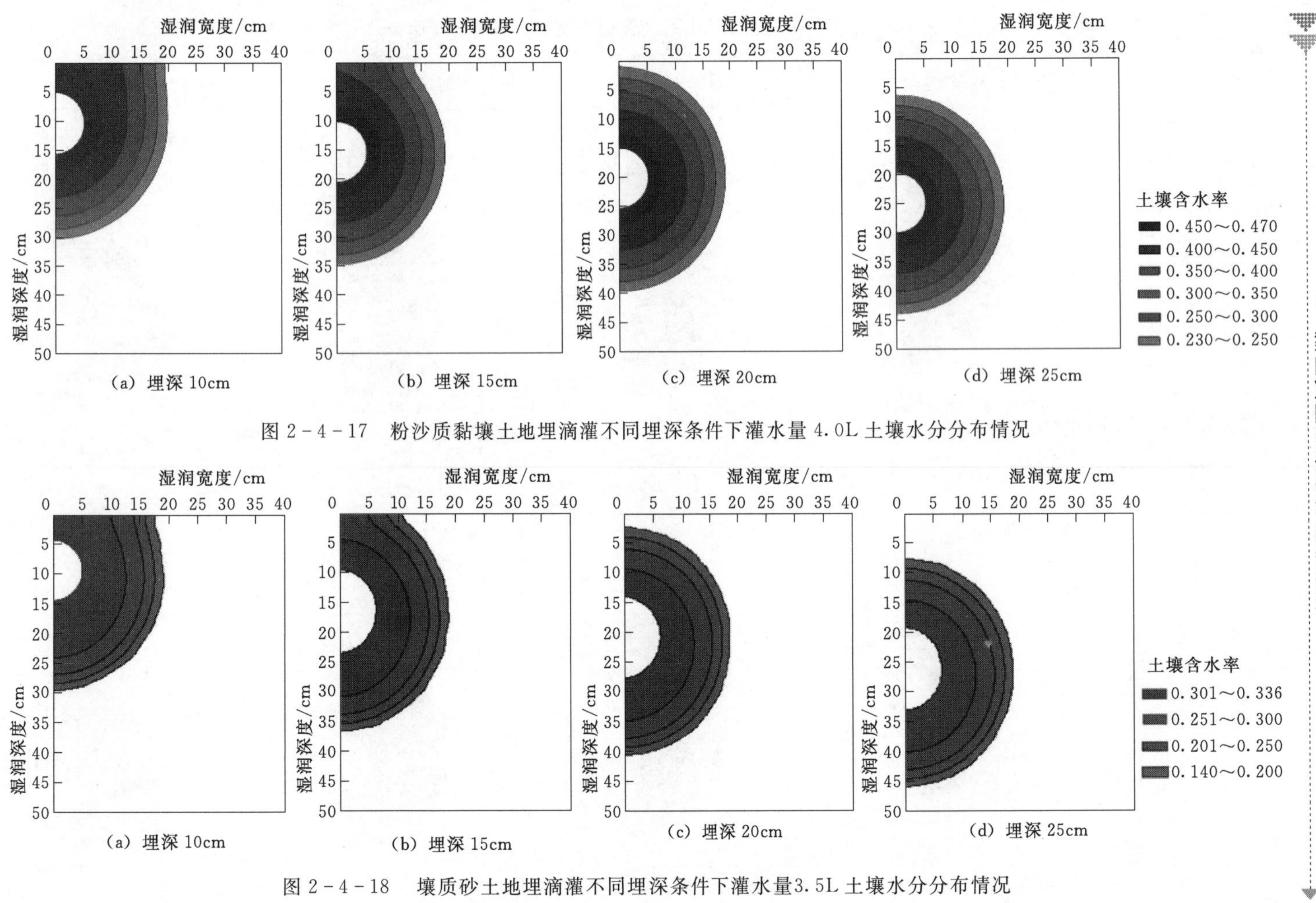

图 2-4-17 粉沙质黏壤土地埋滴灌不同埋深条件下灌水量 4.0L 土壤水分分布情况

图 2-4-18 壤质砂土地埋滴灌不同埋深条件下灌水量3.5L 土壤水分分布情况

2.4.3 面源灌溉条件下土壤水分运移规律及主要设计参数确定

2.4.3.1 土壤类型对面源灌溉水分运移规律的影响

面源灌溉如降雨一样，将灌溉用水均匀撒在土壤表面。由于不同类型土壤的入渗能力、持水能力存在一定差别，进而影响面源灌溉水分运移的规律。图2-4-19～图2-4-22给出了黏土、粉质黏土、粉沙质黏壤土、壤质砂土适宜灌水量和灌溉结束一定时间后土壤水分再次运移和重新分布至稳定的情况。

从图2-4-19～图2-4-22可以看出，灌水期间，黏性较强的土壤灌溉后土壤水分聚集在表层、湿润深度较浅、灌水结束后下渗速度较慢，土壤水分再次运移和重新分布耗时较长，而黏性较弱的土壤灌溉后土壤水分分布更均匀、湿润深度较大、灌水结束后再次运移和重新分布也较快。在同样灌溉30mm水量时，灌水结束后，黏土湿润深度为10.5cm，土壤含水率接近饱和含水率，灌水结束28h后湿润体下渗至21.5cm，土壤含水率接近田间持水率，水分再次运移和重新分布基本稳定；而壤质砂土湿润深度为19.0cm，土壤含水率在饱和含水率和田间持水率之间，灌水结束16h后湿润体下渗至30.0cm，土壤含水率接近田间持水率，水分再次运移和重新分布基本稳定。

针对土壤类型对面源灌溉水分分布及运移规律的影响，对于黏性较强的土壤，应通过农艺措施增加其水分的纵向入渗能力。同时要注意灌水强度，避免灌溉过程中形成径流，达到保水保墒防止水土流失的目的，在日常灌水过程中，建议采用少量多次的灌水方法。而针对对于黏性较弱、持水性较弱的土壤，应合理控制单次灌水量，以减少深层渗漏。

2.4.3.2 适宜灌水量

灌水量是确定面源灌溉系统单次灌水时间和制定系统轮灌制度的重要指标，直接影响工程供水标准及运行成本。由于面源灌溉灌水量及灌水强度均较点源灌溉大，灌溉后表层土壤水分会再次运移和重新分布，直至达到田间持水率后基本稳定。

图2-4-19～图2-4-22给出4种代表性土壤不同生育期适宜灌水量及灌水结束后土壤水分再次运移和分布至基本稳定的情况。根据计算结果，结合糖料蔗根系分布情况，提出广西蔗区4种代表性土壤类型的蔗田生育初期、生育旺盛期的单次亩均灌水量，见表2-4-6。

2.4.3.3 适宜灌水强度

除灌水量外，灌水强度也是面源灌溉的一个重要指标。当灌水强度较大时，灌水量超过土壤水分入渗能力，会形成地表径流；当灌水强度较小时，灌溉相同水量时工程运行时间较长，不利于工程运行管护。

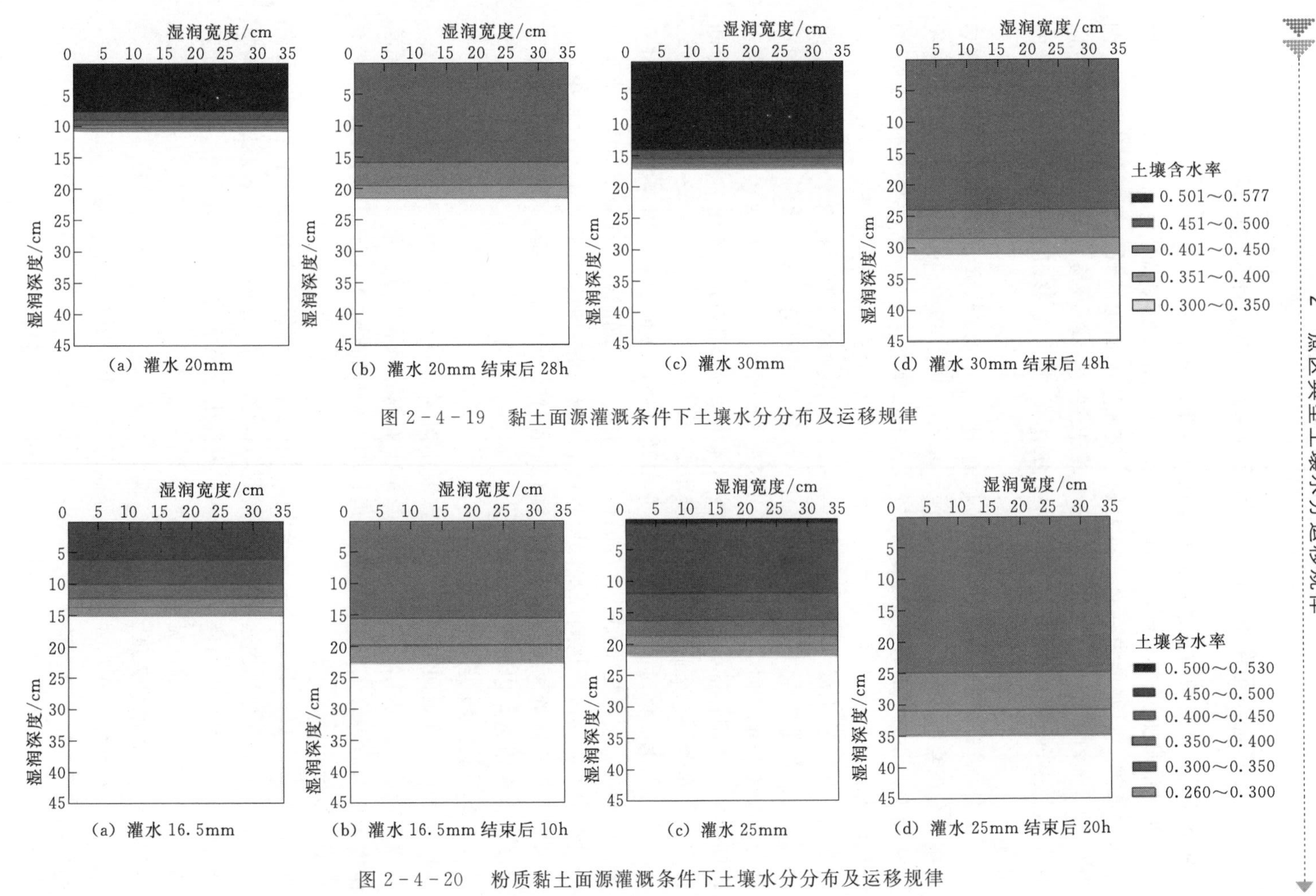

图 2-4-19　黏土面源灌溉条件下土壤水分分布及运移规律

图 2-4-20　粉质黏土面源灌溉条件下土壤水分分布及运移规律

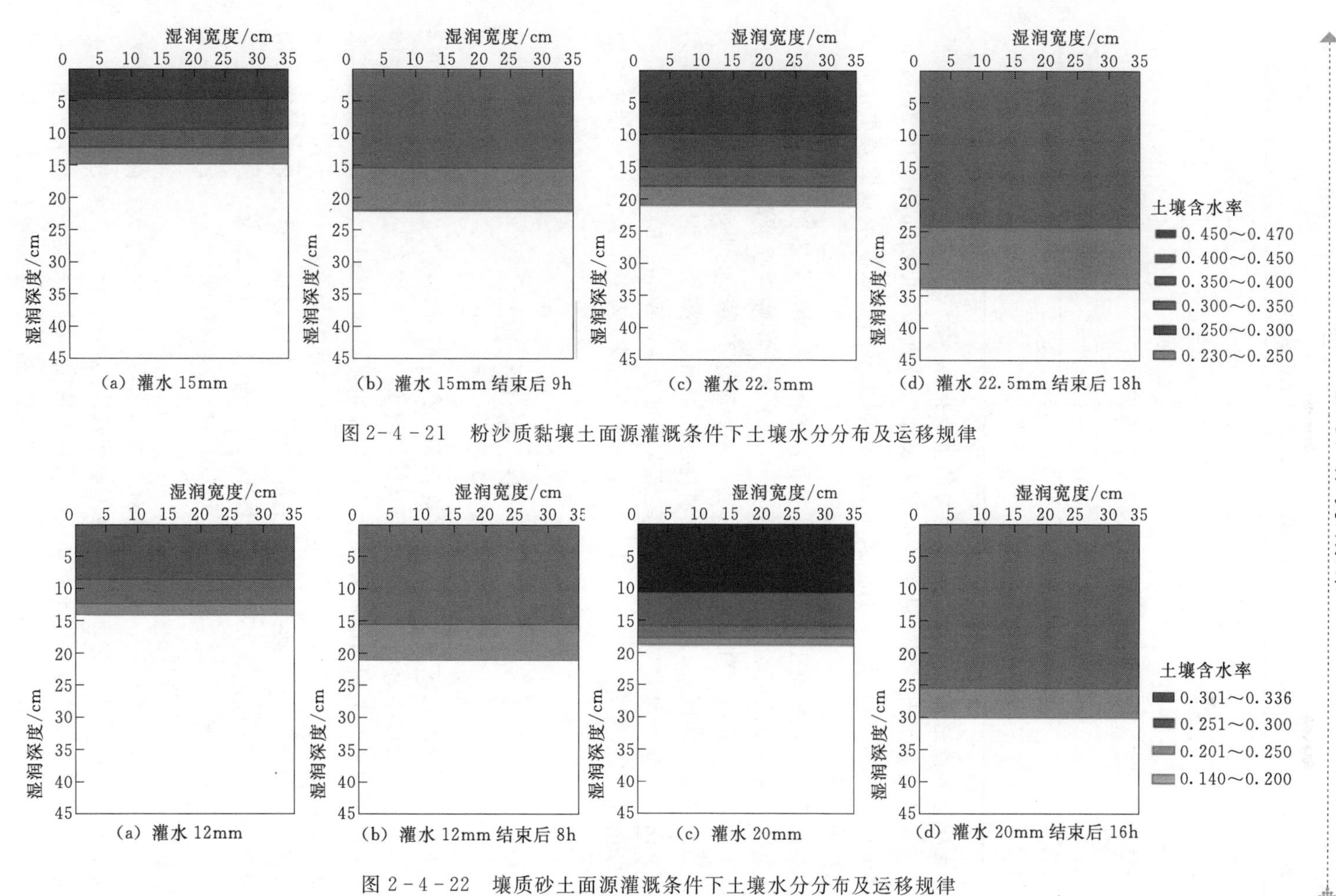

图 2-4-21　粉沙质黏壤土面源灌溉条件下土壤水分分布及运移规律

图 2-4-22　壤质砂土面源灌溉条件下土壤水分分布及运移规律

表 2-4-6　　不同生育期 4 种代表性面源灌溉土壤适宜灌水量

土壤类型	生育初期			生育旺盛期		
	灌溉水量/mm	二次分布时间/h	单次亩均灌水量/(m³/亩)	灌溉水量/mm	二次分布时间/h	单次亩均灌水量/(m³/亩)
黏土	20	28	13.3	30	48	20.0
粉质黏土	16.5	10	11.0	25	20	16.7
粉沙质黏壤土	15	9	10.0	22.5	18	15.0
壤质砂土	12	8	8.0	20	16	13.3

土壤饱和渗透系数是土壤入渗能力的重要指标。表 2-2-1 给出黏土、粉质黏土、粉沙质黏壤土、壤质砂土的饱和渗透系数分别为 11.9mm/h、12.4mm/h、15.6mm/h、19.6mm/h。因此，要求相应类型土壤的蔗区灌水强度要小于该土壤饱和渗透系数。

地形条件也是影响土壤入渗的一个重要指标。相关研究表明，地面坡度5°～8°时允许喷灌强度降低 20%，地面坡度 9°～12°时允许喷灌强度降低 40%，地面坡度 13°～15°时允许喷灌强度降低 50%，才能确保不会产生明显的地表径流。

综合考虑上述因素，建议广西坡耕地蔗区地面坡度 5°～8°时适宜灌水强度为 9～16mm/h，地面坡度 9°～12°时适宜灌水强度为 7～12mm/h，地面坡度 13°～15°时适宜灌水强度为 6～10mm/h，黏性较强的土壤取下限，黏性较弱的土壤取上限。

2.5 结论与建议

本章通过开展蔗区土壤水分运移规律和分布特征研究，得出如下结论：

（1）点源灌溉条件下，土壤类型是影响土壤水分运移和分布规律的主要因素，不同类型土壤湿润体形状和水分分布差异明显。利用该特点可指导日常灌水管理，如：黏土、粉质黏土，宽深比大于 1，土壤水分集聚在上部土层，生育初期，径向湿润距离（r）达到 20cm 左右即可，生育旺盛期，径向湿润距离（r）达到 30cm 左右即可；对于粉沙质黏壤土、壤质砂土，宽深比为 0.6～0.8，生育初期，径向湿润距离（r）达到 15cm 左右即可，生育旺盛期，径向湿润距离（r）达到 25cm 左右即可。

（2）点源灌溉条件下，滴头流量对土壤灌水均匀性影响不大，而滴头间距对土壤灌水均匀性影响显著。综合考虑土壤灌水均匀性的影响，工程建设投资、工程运行管理以及糖料蔗不同生育期的根系分布情况，建议广西蔗区优先采用滴头流量为 1.36L/h、滴头间距为 30cm 的滴灌带。黏土、粉质黏土、粉沙质黏壤土、壤质砂土蔗区糖料蔗生育初期适宜的亩均灌水量分别为 6.71m³/亩、5.67m³/亩、5.50m³/亩、4.79m³/亩，生育旺盛期适宜的亩均灌水量分别为12.46m³/亩、10.39m³/亩、8.50m³/亩、6.71m³/亩。

（3）地埋滴灌条件下，建议广西蔗区也优先采用滴头流量为 1.36L/h，滴头间距为 30cm 的滴灌带，滴灌带适宜埋深为 20cm。黏土、粉质黏土、粉沙质黏壤土、壤质砂土蔗区糖料蔗生育初期适宜的亩均灌水量分别为 6.71 m³/亩、5.67m³/亩、5.50m³/亩、4.79m³/亩，生育旺盛期期适宜的亩均灌水量分别为7.64m³/亩、6.25m³/亩、5.56m³/亩、4.86m³/亩。

（4）面源灌溉条件下，土壤类型也是影响灌溉水分运移的规律的主要因素。综合考虑不同类型土壤灌溉刚结束和灌溉结束土壤水分再次运移和重新分布至稳定情况，黏土、粉质黏土、粉沙质黏壤土、壤质砂土蔗区糖料蔗生育初期适宜的亩均灌水量分别为 13.3m³/亩、11.0m³/亩、10.0m³/亩、8.0m³/亩，生育旺盛期适宜的亩均灌水量分别为 20.0 m³/亩、16.7 m³/亩、15.0 m³/亩、13.3m³/亩。

（5）面源灌溉条件下，为减少地表径流，综合考虑广西蔗区土壤类型和坡耕地特点，建议广西坡耕地蔗区地面坡度 5°～8°时适宜灌水强度为 9～16mm/h，地面坡度 9°～12°时适宜灌水强度为 7～12mm/h，地面坡度 13°～15°时适宜灌水强度为 6～10mm/h，黏性较强的土壤取下限，黏性较弱的土壤取上限。

3　糖料蔗耗水与需水规律的理论与实践

3.1　糖料蔗耗水规律研究理论与实践

3.1.1　基础资料来源

气象资料主要来源于全国 752 个基本、基准地面气象观测站及自动站 1952—2014 年的逐日气象数据集，包括日平均气压、最高气压、最低气压、平均气温、最高气温、最低气温、平均相对湿度、最小相对湿度、平均风速、最大风速和风向、极大风速与风向、日照时数、降水量等。结合广西糖料蔗区的分布情况、气候特点及蔗区土壤类型，选择桂南的南宁站（经度 108°13″、纬度 22°38″）、桂南沿海的北海站（经度 109°08″、纬度 21°27″）、桂中的来宾站（经度 109°14″、纬度 23°45″）、桂西南的龙州站（经度 106°51″、纬度 22°20″）的逐日气象数据作为广西不同区域糖料蔗耗水规律及灌溉需水量研究的基础数据。

3.1.2　糖料蔗耗水量计算方法

糖料蔗耗水量主要由维持糖料蔗正常生长发育的蒸腾水量和棵间土壤蒸发水量构成。气象条件、作物生物生理特性、土壤水分状况是影响糖料蔗耗水量的主要因素。气象条件是糖料蔗耗水量的外在决定因素，由糖料蔗生长的环境决定。作物生物生理特性是糖料蔗耗水量的内在决定因素，由糖料蔗不同生长发育阶段的生物特性决定。土壤水分状况是糖料蔗耗水量的主要限制因素，当土壤水分含量低于糖料蔗生长发育阶段适宜的土壤水分含量值时，会出现水分亏缺，降低糖料蔗的实际耗水量，进而影响糖料蔗的生长发育，这是分析糖料蔗非充分灌溉时耗水量的主要因素。

本节主要分析糖料蔗充分灌溉时的耗水量，参照前人已有的研究成果，综合考虑气象条件和作物生物生理特性，采用作物系数法计算糖料蔗耗水量，即通过参考作物腾发量（ET_0）和糖料蔗不同生育期的作物系数（K_c）确定糖料蔗耗水量，计算公式为

$$ET_c = K_c \cdot ET_0 \tag{3-1}$$

式中　ET_c——糖料蔗耗水量；

K_c——糖料蔗不同生育期的作物系数；

ET_0——参考作物腾发量。

3.1.3 参考作物腾发量计算

参考作物腾发量是计算糖料蔗耗水量的关键指标，针对参考作物腾发量的计算方法众多，采用联合国粮农组织推荐、国内外普遍采用的 Penman - Monteith 公式计算。

3.1.3.1 Penman - Monteith 公式

Penman - Monteith 公式假定一种作物植株高度 0.12m，固定的作物表面阻力为 70m/s，反射率为 0.23，非常类似于表面开阔、高度一致、生长旺盛、完全遮盖地面而且水充分适宜的绿色草地，这种假定作物的蒸散量即为参考作物的腾发量。

Penman - Monteith 计算公式为

$$PE=\frac{0.408\Delta(R_n-G)+\gamma\frac{900}{T_{\text{mean}}+273}u_2(e_s-e_a)}{\Delta+\gamma(1+0.34u_2)} \tag{3-2}$$

式中 PE——参考作物的腾发量，mm/d；

R_n——地表净辐射，MJ/(m^2 · d)；

G——土壤热通量，MJ/(m^2 · d)；

T_{mean}——日平均气温，℃；

u_2——2 米高处风速，m/s；

e_s——饱和水气压，kPa；

e_a——实际水气压，kPa；

Δ——饱和水气压曲线斜率，kPa/℃；

γ——干湿表场数，kPa/℃。

3.1.3.2 Penman - Monteith 公式各分量的计算方法和计算步骤

(1) 日平均气温计算。日平均气温计算公式为

$$T_{\text{mean}}=\frac{T_{\max}+T_{\min}}{2} \tag{3-3}$$

式中 $T_{\max}$——日最高气温，℃；

$T_{\min}$——日最低气温，℃。

(2) 饱和水气压计算。饱和水气压计算公式为

$$e_s=\frac{e(T_{\max})+e(T_{\min})}{2}=\frac{0.6108\exp\left[\frac{17.27T_{\max}}{T_{\max}+237.3}\right]+0.6108\exp\left[\frac{17.27T_{\min}}{T_{\min}+237.3}\right]}{2} \tag{3-4}$$

(3) 实际水气压计算。实际水气压计算公式为

$$e_a = e_s RH_{mean} \tag{3-5}$$

式中 RH_{mean}——空气平均相对湿度。

（4）饱和水气压曲线斜率计算。饱和水气压曲线斜率计算公式为

$$\Delta = \frac{4098 \times \left[0.6108\exp\left(\frac{17.27T_{mean}}{T_{mean}+237.3}\right)\right]}{(T_{mean}+237.3)^2} \tag{3-6}$$

（5）净辐射计算。净辐射计算公式为

$$R_n = R_{ns} - R_{nl} \tag{3-7}$$

式中 R_{ns}——净短波辐射，MJ/(m^2 · d)；

R_{nl}——净长波辐射，MJ/(m^2 · d)。

（6）净短波辐射计算。净短波辐射计算公式为

$$R_{ns} = (1-\partial)R_s \tag{3-8}$$

式中 ∂——参考作物反射率，取值 0.23；

R_s——太阳辐射，MJ/(m^2 · d)。

（7）净长波辐射计算。净长波辐射使用斯蒂芬-波尔茨曼定律计算，计算公式为

$$R_{nl} = \sigma\left(\frac{T^4_{max,K}+T^4_{min,K}}{2}\right)(0.34-0.14\sqrt{e_a})\left(1.35\frac{R_s}{R_{s0}}-0.35\right) \tag{3-9}$$

式中 σ——斯蒂芬-波尔茨曼常数，取值 4.903×10^{-9}，MJ/(K^4 · m^2 · d)；

$T_{max,K}$——日最高绝对温度，K；

$T_{min,K}$——日最低绝对温度，K；

R_{s0}——晴空辐射，MJ/(m^2 · d)。

（8）太阳辐射计算。太阳辐射计算公式为

$$R_s = \left(a_s + b_s\frac{n}{N}\right)R_a \tag{3-10}$$

式中 a_s——阴天短波辐射通量与大气边缘太阳辐射通量的比例系数，取值 0.25；

b_s——回归系数，a_s+b_s 表示晴天短波辐射通量与大气边缘太阳辐射通量的比例系数，b_s 取值 0.50；

n——实际日照时数，h；

N——最大可能日照时数，h；

R_a——地球外辐射，MJ/(m^2 · d)。

（9）晴空太阳辐射计算。晴空太阳辐射计算公式为

$$R_{s0} = (a_s + b_s)R_a \tag{3-11}$$

（10）地球外辐射计算。地球外辐射计算公式为

$$R_a = \frac{24\times60}{\pi}G_{sc}d_r[\omega_s\sin(\varphi)\sin(\delta)+\cos(\varphi)\cos(\delta)\sin(\omega_s)] \tag{3-12}$$

$$d_r = 1 + 0.033\cos\left(\frac{2\pi}{365}J\right) \tag{3-13}$$

$$\delta = 0.408\sin\left(\frac{2\pi}{365}J - 1.39\right) \tag{3-14}$$

$$\omega_s = \arccos[-\tan(\varphi)\tan(\delta)] \tag{3-15}$$

以上式中 G_{sc}——太阳常数，取值0.0820，$MJ/(m^2 \cdot d)$；

d_r——日地平均距离系数；

ω_s——日出时角，rad；

φ——纬度，rad；

δ——太阳磁偏角，rad；

J——日序，取值范围为1～365或366，1月1日取日序为1。

（11）最大可能日照时数计算。最大可能可日照时数计算公式为

$$N = \frac{24}{\pi}\omega_s \tag{3-16}$$

（12）土壤热通量计算。土壤热通量计算公式为

$$G = c_s \frac{T_i - T_{i-1}}{\Delta t}\Delta z \approx 0.07(T_{i+1} + T_{i-1}) \tag{3-17}$$

式中 c_s——土壤热容量，$MJ/(m^3 \cdot d)$；

T_i——第i天的平均气温，℃；

T_{i-1}——第$i-1$天的平均气温，℃；

T_{i+1}——第$i+1$天的平均气温，℃；

Δt——时间步长，d；

Δz——有效土壤深度，m。

（13）风速计算。在计算可能蒸散时，需要2m高处测量的风速。其他高度测量到的风速应进行换算，换算公式为

$$u_2 = u_z \frac{4.87}{\ln(67.8z - 5.42)} \tag{3-18}$$

式中 u_2——2m高处测量的风速，m/s；

u_z——zm高处测量的风速，m/s；

z——风速计仪器安放的离地面高程，m。

（14）干湿表常数计算。干湿表常数计算公式为

$$\gamma = \frac{c_p P}{\varepsilon\lambda} = 0.665 \times 10^{-3} P \tag{3-19}$$

$$P = 101.3 \times \left(\frac{293 - 0.0065z}{293}\right)^{5.26} \tag{3-20}$$

以上式中　λ——蒸发潜热，取值2.45，MJ/kg；

c_p——空气定压比热，取值1.013×10^{-3}，MJ/(kg·℃)；

ε——水与空气的分子量之比，取值0.622；

z——当地的海拔高度，m；

P——大气压，kPa。

3.1.3.3　参考作物腾发量计算结果分析

根据南宁、北海、来宾、龙州的4个气象站长系列逐日观测得出的日平均气温、日最高气温、日最低气温、日平均相对湿度、日照时数、风标实际风速等指标，以及统计上述计算方法的得出的太阳近辐射量、土壤热通量等指标，采用Penman－Monteith公式计算得出参考作物逐日腾发量，并在此基础上统计得出逐月、逐年腾发量。南宁站、北海站、来宾站、龙州站1952—2014年（部分年资料缺失）参考作物腾发量逐年统计值、年均值及月均值如图3－1－1～图3－1－4及表3－1－1所示。

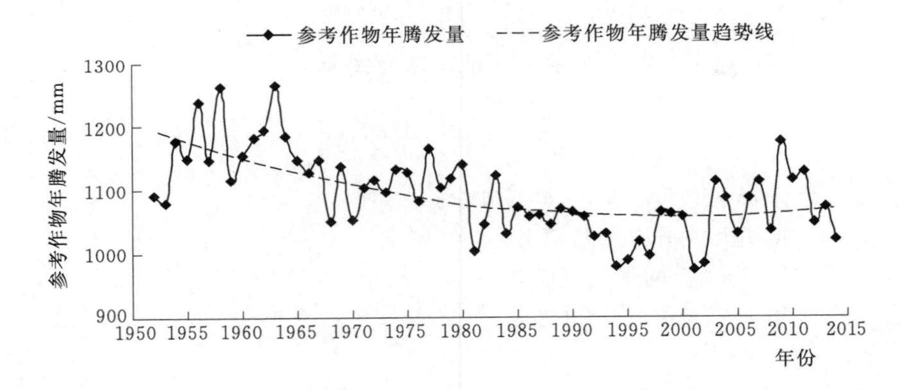

图3－1－1　南宁站1952—2014年参考作物腾发量统计

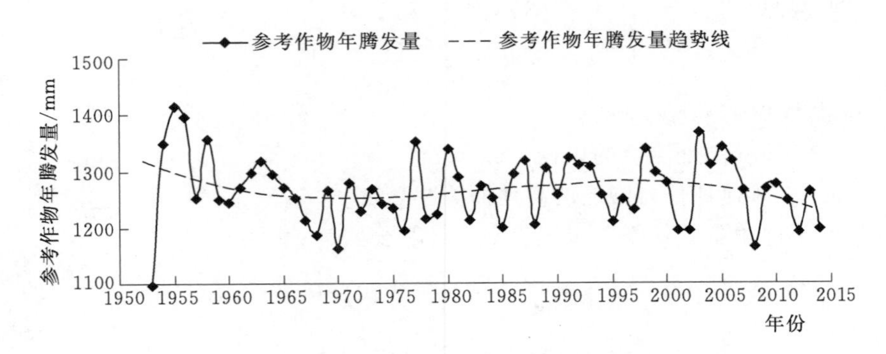

图3－1－2　北海站1953—2014年参考作物腾发量统计

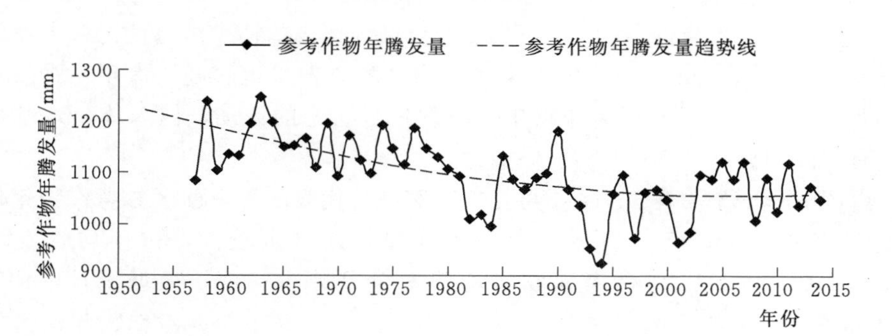

图 3-1-3　来宾站 1957—2014 年参考作物腾发量统计

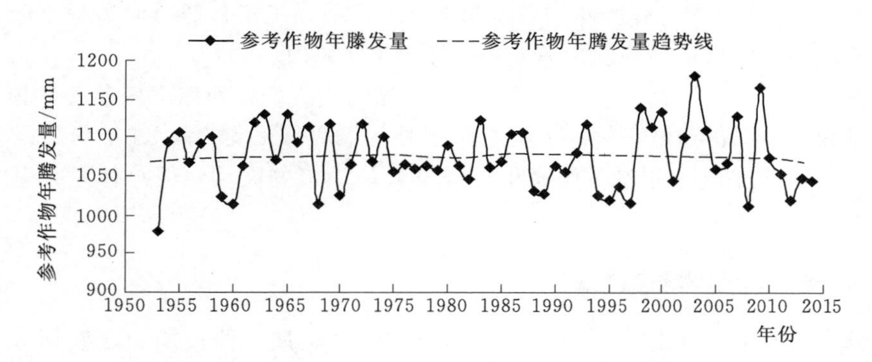

图 3-1-4　龙州站 1953—2014 年参考作物腾发量统计

表 3-1-1　　参考作物腾发量统计表

代表站	参考作物月均腾发量/mm												参考作物年均腾发量/mm
	1月	2月	3月	4月	5月	6月	7月	8月	9月	10月	11月	12月	
南宁站	49.1	50.9	68.5	89.9	117.9	120.5	136.3	128.5	116.0	94.7	67.1	53.6	1093.1
北海站	65.1	59.5	77.4	99.6	137.9	133.2	147.5	133.4	126.9	118.9	91.1	75.5	1266.0
来宾站	49.8	50.7	66.7	85.0	111.3	116.6	140.2	133.4	120.9	98.3	68.8	55.4	1097.1
龙州站	48.9	52.6	70.0	90.6	121.0	120.4	131.4	125.5	110.1	88.2	63.9	52.3	1074.8

由图 3-1-1 及表 3-1-1 可见，南宁站为代表的桂南蔗区参考作物年均腾发量为 1093.1mm，5—10 月参考作物月均腾发量较高，占年均腾发量的 65.3%。1952—2014 年参考作物年均腾发量呈减少趋势，根据统计，1952—1971 年参考作物年均腾发量为 1146.7mm，1972—1991 年参考作物年均腾发量为 1085.0mm，1992—2011 年参考作物年均腾发量为 1054.3mm。近 3 年（2012—2014 年）参考作物年均腾发量为 1047.9mm，年日照小时数呈下降趋势是造成参考作物年均腾发量呈下降趋势的主要原因。

由图 3-1-2 及表 3-1-1 可见，北海站为代表的桂南沿海蔗区参考作物年均腾发量为 1266.0mm，5—10 月参考作物月均腾发量也较高，占年均腾发量的 63.0%。1953—2014 年参考作物年均腾发量呈一定的波动，但总体呈现基本稳定略有下降趋势。

由图 3-1-3 及表 3-1-1 可见，来宾站为代表的桂中蔗区参考作物年均腾发量为 1097.1mm，5—10 月参考作物月均腾发量也较高，占年均腾发量的 65.7%。1957—2014 年参考作物年均腾发量呈减少趋势，根据统计，1957—1971 年参考作物年均腾发量为 1158.5mm，1972—1991 年参考作物年均腾发量为 1105.9mm，1992—2011 年参考作物年均腾发量为 1048.9mm，近 3 年（2012—2014 年）参考作物年均腾发量为 1053.7mm。年日照小时数呈下降趋势也是造成参考作物年均腾发量呈下降趋势的主要原因。

由图 3-1-4 及表 3-1-1 可见，龙州站为代表的桂西南蔗区参考作物年均腾发量为 1074.8mm，5—10 月参考作物月均腾发量也较高，占年均腾发量的 64.8%。1953—2014 年参考作物年均腾发量呈一定的波动，但总体呈现基本稳定略有上升趋势。

3.1.4 糖料蔗作物系数确定

糖料蔗整个生育期分为萌芽期、幼苗期、分蘖期、伸长期和成熟期 5 个阶段，各生育期特征见表 3-1-2。

表 3-1-2　糖料蔗主要生育期特征

主要生育期	生理特征	适宜生长环境
萌芽期	下种后到萌发出土的芽数占原定总发芽数的 80%以上	适宜温度 25～32℃；适宜水分为田间持水量 60%～70%
幼苗期	自萌芽出土有 10%蔗苗发生第 1 片真叶起，到有 50%以上的苗产生 5 片真叶止	适宜温度 25℃左右；适宜水分为田间持水量 60%～70%；肥料用量不大但需求迫切，对缺乏肥料最敏感
分蘖期	从有分蘖的幼苗占 10%至全田幼苗开始拔节，且蔗叶平均伸长速度达每旬一寸	适宜温度 30℃左右；适宜水分为田间持水量 70%左右；氮、磷、钾肥料用量占全生育期用量 20%～30%
伸长期	蔗株自开始拔节且蔗茎平均伸长速度达每旬 3cm 以上起至伸长基本停止	适宜温度 30℃左右；适宜水分为田间持水量 60%～85%，用水量占全生育期用水量的 50%～60%
成熟期	蔗茎上下锤度达 0.9～1.0	适宜昼夜温差 10℃左右；适宜水分为田间持水量 60%～70%

1998年联合国粮农组织出版的《FAO Irrigation and Drainage Paper No. 56: Crop Evapotranspiration》中提出糖料蔗分为生育初期、分蘖期、生育旺盛期、成熟期等4个阶段，对应阶段的作物系数分别为0.40、0.81、1.25、0.75，简称作物系数Ⅰ。但部分学者通过试验对比，认为联合国粮农组织推荐的糖料蔗蔗作物系数在生育初期和成熟期的值偏小，并在试验的基础上提出糖料蔗生育初期、分蘖期、生育旺盛期、成熟期的作物系数为0.54、0.83、1.25、1.10，简称作物系数Ⅱ。结合广西糖料蔗种植情况，萌芽期和幼苗期（生育初期）为3月1日—4月30日，分蘖期为5月1日—6月10日，伸长期（生育旺盛期）为6月11日—10月20日，成熟期为10月21日—12月30日。

为对比分析采用作物系数Ⅰ还是采用作物系数Ⅱ更符合广西实际，笔者采用南宁灌溉试验站2013年在江州区孔香灌溉试验站采用有底测坑开展糖料蔗灌溉制度试验的资料做参考。试验过程中，试验人员自3月1日糖料蔗萌芽开始，每隔5天监测一次有底测坑中土壤含水率，得出糖料蔗5日平均日耗水量，并记录的气象资料，如图3-1-5所示。笔者根据记录的气象资料采用Penman-Monteith公式及作物系数Ⅰ、作物系数Ⅱ，计算得出糖料蔗腾发量计算值，并与糖料蔗5日平均日耗水量实测值进行比较，如图3-1-6所示。采用作物系数Ⅰ计算的糖料蔗生育初期和成熟期耗水量比实测值偏低，采用作物系数Ⅱ计算的糖料蔗不同生育期耗水量与实测值基本一致，较符合广西实际。

图3-1-5 孔香灌溉试验站有底测坑试验区及试验现场照片

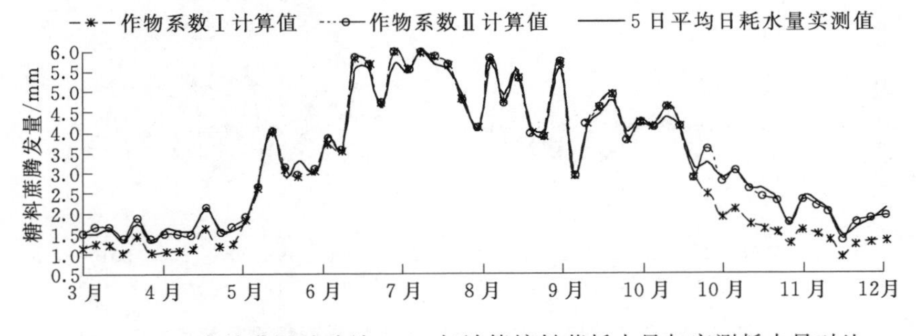

图3-1-6 孔香灌溉试验站2013年计算糖料蔗耗水量与实测耗水量对比

3.1.5 糖料蔗耗水规律

采用Penman－Monteith公式及糖料蔗作物系数计算得出南宁站、北海站、来宾站、龙州站糖料蔗逐日耗水量，并在此基础上统计得出逐月、逐年耗水量。各站糖料蔗耗水量统计见表3－1－3，各站1952—2014年糖料蔗耗水量统计如图3－1－7～图3－1－10所示。

表3－1－3 各站糖料蔗耗水量统计表

代表站	糖料蔗月均耗水量/mm										糖料蔗年均耗水量/mm
	3月	4月	5月	6月	7月	8月	9月	10月	11月	12月	
南宁站	36.0	48.0	96.8	132.5	170.3	160.7	145.6	114.8	74.3	59.3	1038.4
北海站	40.7	53.3	113.2	146.8	184.2	167.0	159.0	143.2	100.6	83.9	1191.9
来宾站	35.1	45.5	91.3	128.3	174.8	166.7	151.8	119.2	76.1	61.5	1050.3
龙州站	36.9	48.5	99.3	132.5	164.1	157.2	138.1	106.9	70.7	57.8	1012.2

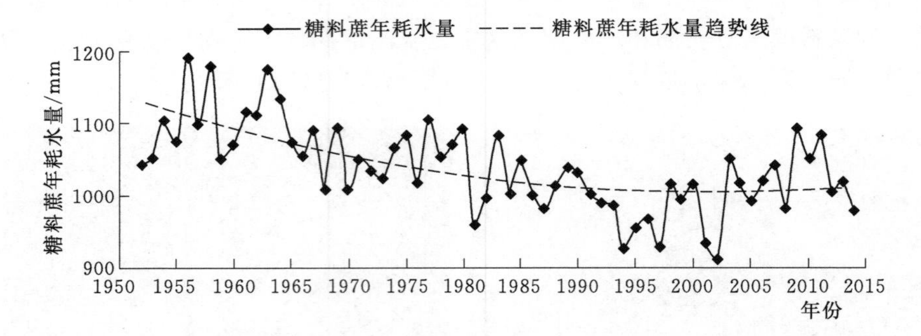

图3－1－7 南宁站1952—2014年糖料蔗耗水量统计

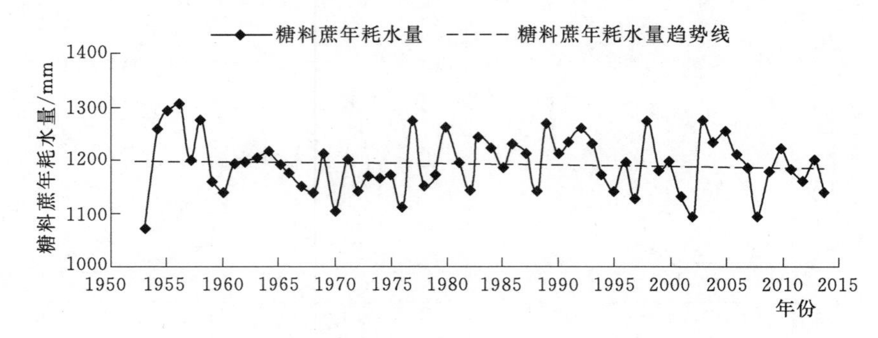

图3－1－8 北海站1953—2014年糖料蔗耗水量统计

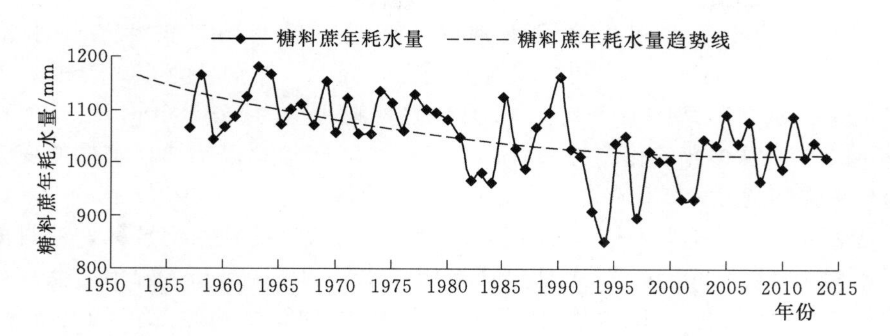

图 3-1-9 来宾站 1957—2014 年糖料蔗耗水量统计

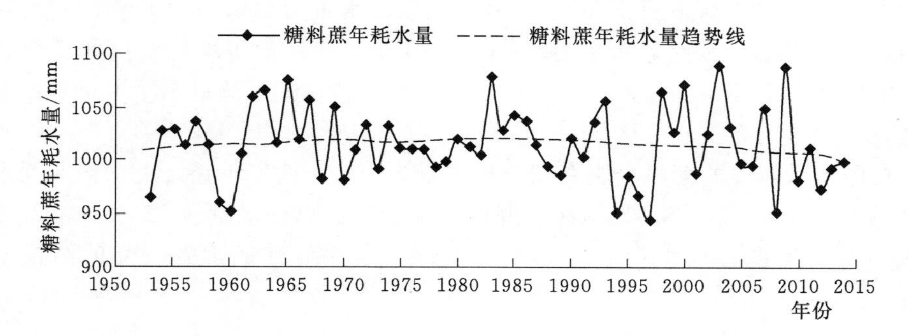

图 3-1-10 龙州站 1953—2014 年糖料蔗耗水量统计

从表 3-1-3 及图 3-1-7 可见，南宁站为代表的桂南蔗区，糖料蔗自 3 月初萌芽到 12 月底收获，年均耗水量为 1038.4mm。3—4 月生育初期耗水量为 84mm，占年均耗水量的 8.1%；5 月及 6 月上旬生育发展期耗水量为 142mm，占年均耗水量的 13.7%；6 月中旬至 10 月中旬为糖料蔗生育旺盛期，耗水量为 641.9mm，占年均耗水量的 61.8%；10 月下旬至 12 月成熟期耗水量为 170.5mm，占年均耗水量的 16.4%。从多年变化趋势来看，1952—2014 年糖料蔗年均耗水量的变化趋势与参考作物腾发量变化趋势一致，均呈减少趋势。

从表 3-1-3 及图 3-1-8 可见，北海站为代表的桂南沿海蔗区，糖料蔗年均耗水量为 1191.9mm。3—4 月生育初期耗水量为 94mm，占年均耗水量的 7.9%；5 月及 6 月上旬生育发展期耗水量为 162.2mm，占年均耗水量的 13.7%；6 月中旬至 10 月中旬为糖料蔗生育旺盛期，耗水量为 705mm，占年均耗水量的 59.1%；10 月下旬至 12 月成熟期耗水量为 230.7mm，占年均耗水量的 19.3%。从多年变化趋势来看，1953—2014 年糖料蔗的年耗水量呈一定的波动，但总体呈现基本稳定略有下降趋势。

从表 3-1-3 及图 3-1-9 可见，来宾站为代表的桂中蔗区，糖料蔗年均耗水量为 1050.3mm。3—4 月生育初期耗水量为 80.6mm，占年均耗水量的

7.7%；5月及6月上旬生育发展期耗水量为132.6mm，占年均耗水量的12.6%；6月中旬至10月中旬为糖料蔗生育旺盛期，耗水量为660.3mm，占年均耗水量的62.9%；10月下旬至12月成熟期耗水量为176.8mm，占年均耗水量的16.8%。从多年变化趋势来看，1957—2014年糖料蔗年均耗水量的变化趋势与参考作物腾发量变化趋势一致，均呈减少趋势。

从表3-1-3及图3-1-10可见，龙州站为代表的桂西南蔗区，糖料蔗年均耗水量为1012.2mm。3—4月生育初期耗水量为85.4mm，占年均耗水量的8.4%；5月及6月上旬生育发展期耗水量为142.8mm，占年均耗水量的14.1%；6月中旬至10月中旬为糖料蔗生育旺盛期，耗水量为620.4mm，占年均耗水量的61.3%，10月下旬至12月成熟期耗水量为163.6mm，占年均耗水量的16.2%。从多年变化趋势来看，1953—2014年糖料蔗年均耗水量的变化趋势与参考作物腾发量变化趋势一致，均呈一定的波动，但总体呈现基本稳定略有上升趋势。

总体来看，广西糖料蔗生育期总耗水量为1000～1200mm，生育初期耗水量占总耗水量的7.7%～8.4%，生育旺盛期耗水量占总耗水量的76.6%～79.2%，成熟期耗水量占总耗水量的12.7%～15.5%，这与其他学者研究的结论基本一致。

3.2 糖料蔗灌溉需水规律研究的理论与实践

3.2.1 有效降雨量测算

降雨径流、深层渗漏和蔗叶对降雨的截留是蔗区降雨损耗的主要途径，由于深层渗漏与糖料蔗土壤涵养水资源的能力和糖料蔗实际耗水的情况有关，本书将在糖料蔗灌溉需水量中予以考虑，本节计算的蔗区有效降雨量是指蔗区降雨量扣除降雨径流量和蔗叶截留量，以下均简称有效降雨量。

3.2.1.1 蔗区降雨径流量计算

蔗区降雨径流量采用美国土壤保持局的径流曲线法（USDA-SCS）计算，计算公式为

$$R=\frac{(P-0.2S)^2}{P+0.8S} \quad P\geqslant 0.2S \tag{3-21}$$

$$R=0 \qquad P<0.2S$$

$$S=254(100-C_n)/C_n \tag{3-22}$$

式中 R——降雨径流量，mm；

P——日降雨量，mm；

S——表面水分保持力因子，mm；

C_n——土壤径流曲线值，直接查阅美国农业部土壤保持局手册，结合蔗区土壤及植被覆盖情况：桂南蔗区与桂西南蔗区以黏土、黏壤土为主，取值80；桂中蔗区以壤土、粉砂壤土为主，取值72；桂南沿海蔗区以壤质砂土、砂质壤土为主，取值60。

3.2.1.2 蔗叶截留量计算

糖料蔗不同生育期蔗叶的叶面面积不同，冠层对降雨的截留量也不同。根据已有的研究成果，糖料蔗伸长期和成熟期蔗叶对降雨的截留作用明显，穿透雨占降雨总量的比例仅有50%～60%，但是冠层截留的雨量又顺着蔗茎回流到蔗田中，进行再分配，实际由于蔗叶截留的雨量所占的比例较小。糖料蔗对降雨再分配影响情况统计见表3-2-1。

表3-2-1　　糖料蔗对降雨再分配影响情况统计表

生育期	叶面积指数	穿透雨占总降雨量的比例/%	茎秆流占总降雨量的比例/%	冠层截留占总降雨量的比例/%
幼苗期	0.72	94.7	5.1	0.3
分蘖期	1.69	83.9	15.1	1.0
伸长期	3.25	63.2	34.4	2.4
成熟期	4.06	49.4	47.3	3.4

由于萌芽期糖料蔗对降雨的影响基本可忽略，本节主要参照以上研究成果提出的冠层截留占总降雨量的比例计算糖料蔗不同生育期冠层截留雨量。

3.2.1.3 蔗区有效降雨量

根据南宁站、北海站、来宾站、龙州站1952—2014年逐日降雨量数据（部分年份数据缺失），扣除降雨径流量和蔗叶截留量，得出不同区域蔗区的有效降雨量。各站月均、年均有效降雨量统计见表3-2-2，各站1952—2014年有效降雨量统计如图3-2-1～图3-2-4所示。

表3-2-2　　各站月均、年均有效降雨量统计表

代表站	月均有效降雨量/mm												年均有效降雨量/mm
	1月	2月	3月	4月	5月	6月	7月	8月	9月	10月	11月	12月	
南宁站	35.19	38.96	53.33	78.93	144.71	168.89	165.96	155.85	98.90	51.60	36.33	23.60	1052.2
北海站	30.67	37.92	57.00	81.82	124.77	244.30	282.98	344.88	181.82	67.92	35.22	23.64	1512.9
来宾站	41.40	48.80	67.55	105.79	189.25	216.07	170.90	155.34	70.99	54.13	44.29	31.11	1195.6
龙州站	27.86	29.22	46.38	78.45	138.20	177.23	169.28	182.05	103.36	60.86	32.44	21.30	1066.6

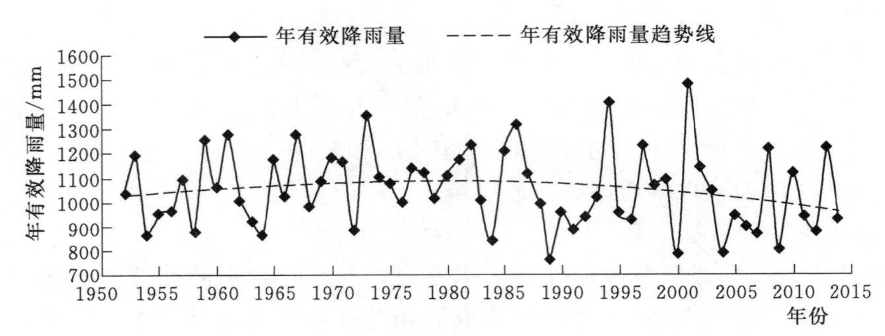

图 3-2-1 南宁站 1952—2014 年有效降雨量统计

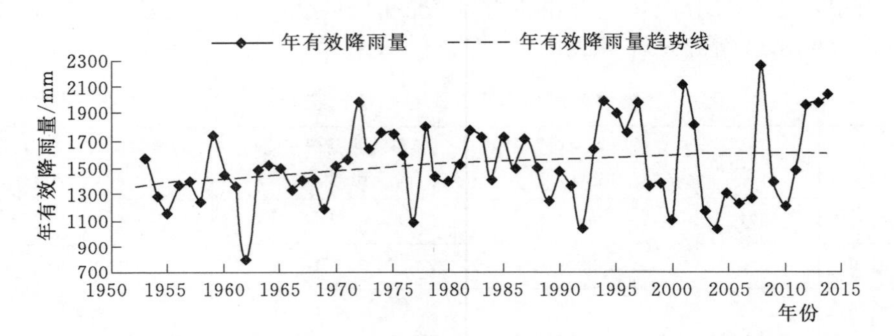

图 3-2-2 北海站 1953—2014 年有效降雨量统计

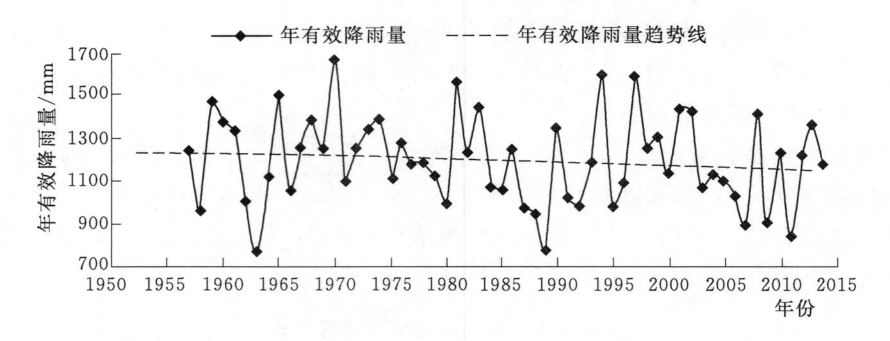

图 3-2-3 来宾站 1957—2014 年有效降雨量统计

从表 3-2-2 及图 3-2-1 可见，南宁站为代表的桂南蔗区，年均有效降雨量为 1052.2mm，扣除 1 月、2 月的月均有效降雨量 74.15mm，则自 3 月初糖料蔗萌芽到 12 月底收获，年均有效降雨量为 978.0mm，略少于表 3-1-3 提出的该区域糖料蔗年均耗水量 1038.4mm。从变化趋势来看，近年来该区域有效降雨的总量呈明显下降趋势。

从表 3-2-2 及图 3-2-2 可见，北海站为代表的桂南沿海蔗区，年均有效

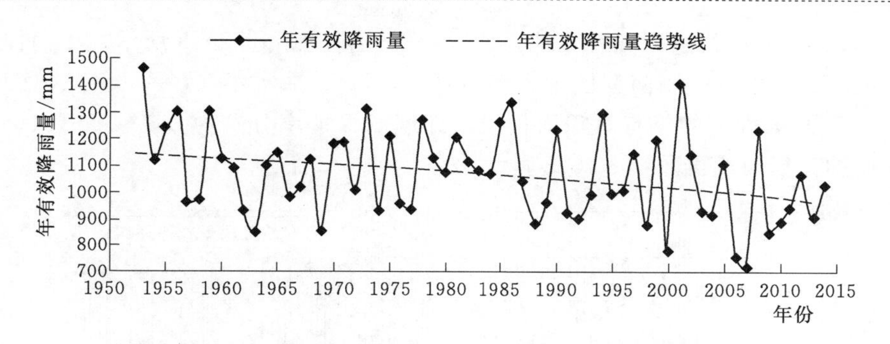

图 3-2-4 龙州站 1953—2014 年有效降雨量统计

降雨量为 1512.9mm，扣除 1 月、2 月的月均有效降雨量 68.59mm，则自 3 月初糖料蔗萌芽到 12 月底收获，年均有效降雨量为 1444.3mm，高于表 3-1-3 提出的该区域糖料蔗年均耗水量 1191.9mm。从变化趋势来看，近年来该区域有效降雨的总量呈上升趋势。

从表 3-2-2 及图 3-2-3 可见，来宾站为代表的桂中蔗区，年均有效降雨量为 1195.6mm。扣除 1 月、2 月的月均有效降雨量 90.2mm，则自 3 月初糖料蔗萌芽到 12 月底收获，年均有效降雨量为 1105.4mm，略高于表 3-1-3 提出的该区域糖料蔗年均耗水量 1050.3mm。从变化趋势来看，近年来该区域有效降雨的总量呈下降趋势。

从表 3-2-2 及图 3-2-4 可见，龙州站为代表的桂西南蔗区，年均有效降雨量为 1066.6mm。扣除 1 月、2 月的月均有效降雨量 57.08mm，则自 3 月初糖料蔗萌芽到 12 月底收获，年均有效降雨量为 1009.5mm，基本持平表 3-1-3 提出的该区域糖料蔗年均耗水量 1012.2mm。从变化趋势来看，近年来该区域有效降雨的总量呈明显下降趋势。

总体来看，除桂南沿海蔗区外，桂南蔗区、桂中蔗区、桂西南蔗区糖料蔗生育期内的有效降雨量与年均耗水量基本接近。但广西蔗区降雨时空分配不均，大雨、暴雨的比重较大，由于蔗田土壤的水分调蓄能力有限，降雨量较多时会导致深层渗漏，水分利用效率降低。连续多天不降雨时，随着糖料蔗生长发育的消耗，可有效利用的土壤水分不足，影响糖料蔗的生长发育。对于桂南沿海蔗区，虽然总降雨量较大，但该区域的土壤以壤质砂土、砂质壤土为主，土壤保水性较差，土壤水分调蓄能力也较差，降雨量较多时深层渗漏更明显。连续不降雨时，对干旱威胁也更敏感。因此，下节将在选取典型年份，在得出该年份有效降雨的基础上，结合蔗区土壤水分的调蓄情况，研究糖料蔗的灌溉需水规律。

3.2.2 典型年份的选取

根据南宁站、北海站、来宾站、龙州站 1952—2014 年逐年有效降雨量，采用P-Ⅲ型频率曲线进行配线，结果如图3-2-5～图3-2-8所示，得到桂南、桂南沿海、桂中、桂西南蔗区丰水年（$P=25\%$）、平水年（$P=50\%$）、枯水年（$P=85\%$）条件下的年有效降雨量值，即灌溉保证率分别为25%、50%、85%时对应的计算雨量值。

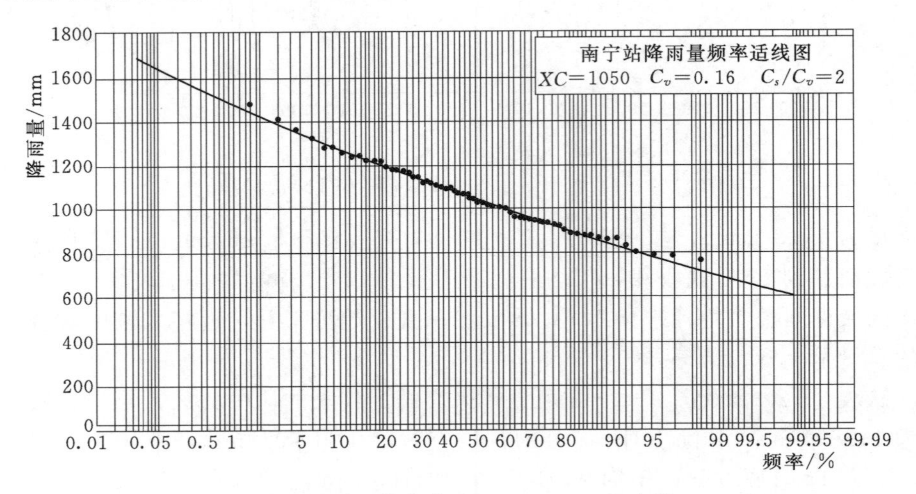

图3-2-5 桂南蔗区1952—2014年有效降雨量P-Ⅲ型频率曲线配线图

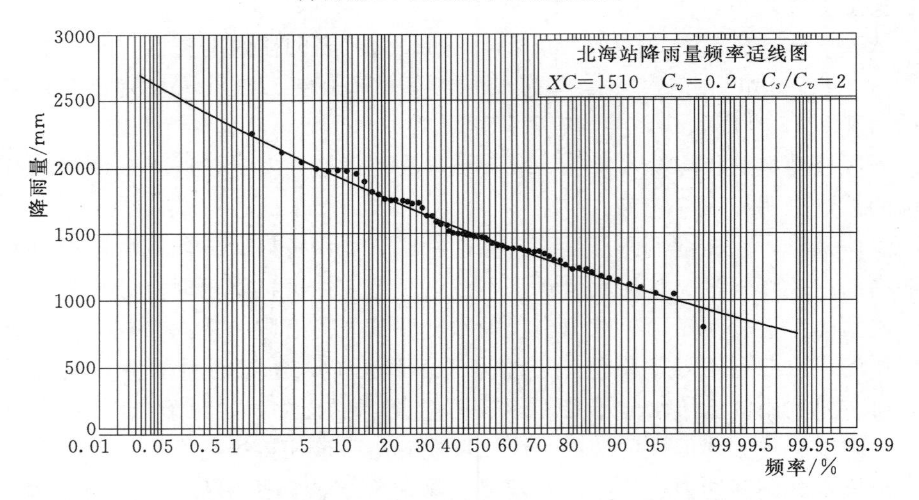

图3-2-6 桂南沿海蔗区1953—2014年有效降雨量P-Ⅲ型频率曲线配线图

选择实际雨量最接近计算雨量的年份作为该灌溉保证率下的典型年份，但为避免个别年份降雨分布对计算结果的影响，同一灌溉保证率下选取3个降雨量相近的年份作为典型年份。不同灌溉保证率条件下的典型年份选择结果见表3-2-3。

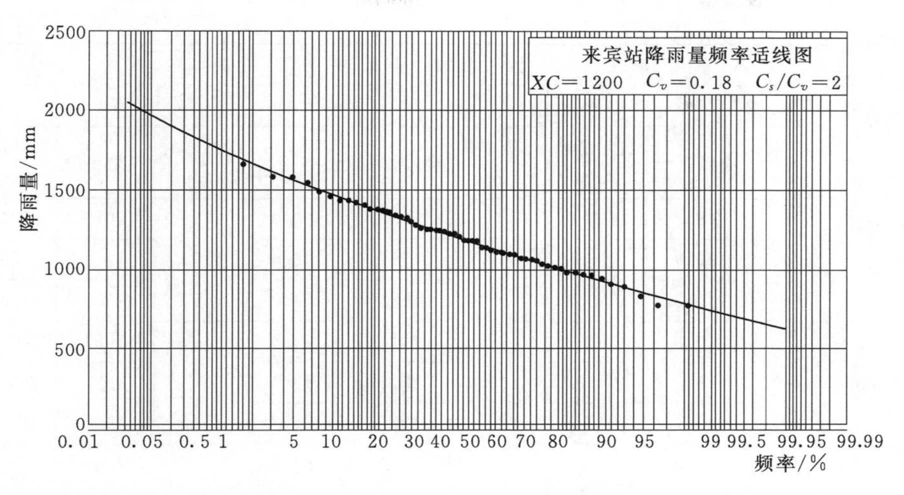

图 3-2-7　桂中蔗区 1957—2014 年有效降雨量 P-Ⅲ型频率曲线配线图

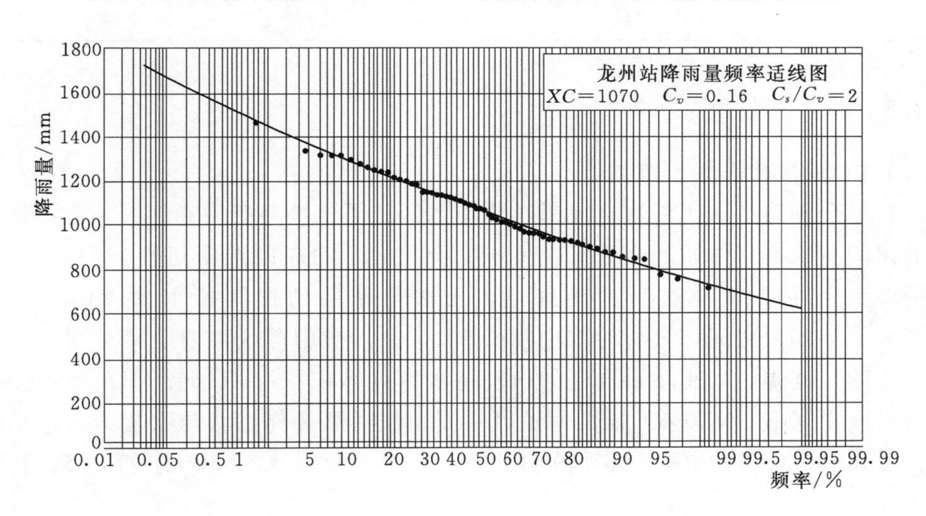

图 3-2-8　桂西南蔗区 1953—2014 年有效降雨量 P-Ⅲ型频率曲线配线图

表 3-2-3　　不同灌溉保证率条件下的典型年份选择

代表站	灌溉保证率								
	25%			50%			85%		
	计算雨量/mm	典型年份	实际雨量/mm	计算雨量/mm	典型年份	实际雨量/mm	计算雨量/mm	典型年份	实际雨量/mm
南宁站	1160	1971	1165.8	1040	2003	1043.0	874	2007	868.6
		1981	1175.2		1998	1068.7		1972	884.8
		1977	1146.1		1952	1037.6		1958	874.4

续表

代表站	灌溉保证率								
	25%			50%			85%		
	计算雨量/mm	典型年份	实际雨量/mm	计算雨量/mm	典型年份	实际雨量/mm	计算雨量/mm	典型年份	实际雨量/mm
北海站	1700	1987	1706.9	1490	1988	1490.0	1195	2010	1210.8
		1959	1738.6		1981	1516.9		1958	1236.8
		1993	1636.3		1963	1474.9		1969	1175.2
来宾站	1340	2013	1363.2	1190	2014	1177.8	977	1987	971.9
		1973	1342.2		2012	1219.3		1992	978.6
		1961	1332.2		1977	1185.4		1958	962.9
龙州站	1180	1970	1183.4	1060	2012	1064.6	892	2009	854.2
		1979	1133.4		1983	1086.1		1992	901.8
		1997	1146.5		2014	1031.4		1969	857.1

3.2.3 糖料蔗灌溉需水规律

3.2.3.1 蔗田代表性土壤类型

根据全国第二次土壤普查成果，桂南蔗区主要土壤类型为赤红壤，土壤耕作层的田间持水率（体积）在37.5%～46.0%之间，分析时取中间值41.75%。桂南沿海蔗区主要土壤类型为砖红壤，土壤耕作层的田间持水率（体积）在25.5%～35.5%之间，分析时取中间值30.05%。桂中蔗区主要土壤类型为赤红壤、红壤、硅质土，土壤耕作层的田间持水率（体积）在31.6%～38.8%之间，分析时取中间值35.20%。桂西南蔗区主要土壤类型为赤红壤与石灰岩土，土壤耕作层的田间持水率（体积）在37.2%～48.3%之间，分析时取中间值42.75%。

3.2.3.2 蔗田土壤持水特征分析

对于旱作耕地，已有的研究成果按照土壤含水量变化的规律和剧烈程度，将土层按垂直方向分为墒情速变层、墒情缓变层和墒情基本稳定层。墒情速变层的范围一般指自地表到0.5m深的土层，该层土壤受地面蒸发、作物蒸腾、降雨、灌溉等因素影响，也是作物根系最活跃的区域，是作物正常生长发育水分的主要来源，水分补给和排泄过程均较强烈。墒情缓变层的范围一般指土壤层0.5～1.0m深的土层，该层土壤含水率变化幅度一般在5%～10%之间，在干旱无雨且无灌溉补充的状况下，作物生长后期受旱时主要通过吸收该层土壤水分。墒情基本稳定层的范围一般指土壤层1.0m深度以下土层，该层土壤变幅很小，几乎为恒定值，主要为深根作物提供水分补给。

在江州区孔香灌溉试验站大棚内有底测坑开展糖料蔗不同生育期充足灌溉条件下土壤含水率变化试验时（土壤为赤红壤，田间持水率为42.73%），在测坑中预埋1.5m的探管，采用德国Imko公司的手持管式水分传感器，对测坑中土壤水分变化规律进行监测。当土壤含水率低于适宜土壤含水率低限时进行灌溉。萌芽期、幼苗期、分蘖期单次灌水量为40mm，伸长期、成熟期单次灌水量65mm，并在灌水前1天、灌水后1天、中间每隔7天左右监测土壤含水率变化的情况，如图3-2-9和图3-2-10所示。

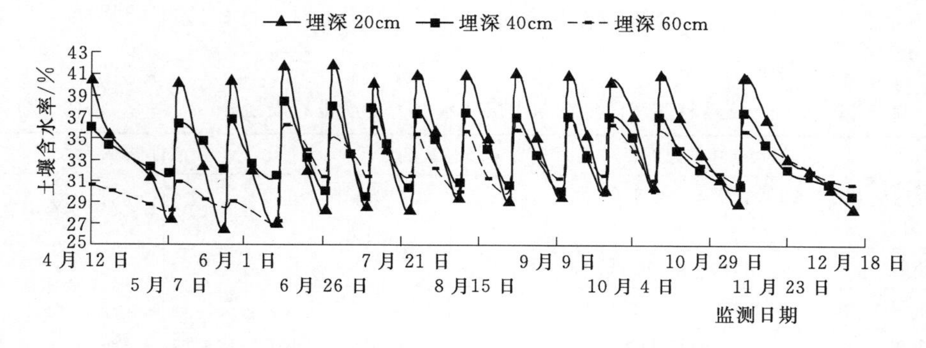

图3-2-9 测坑不同土层深度土壤含水率变化情况（一）

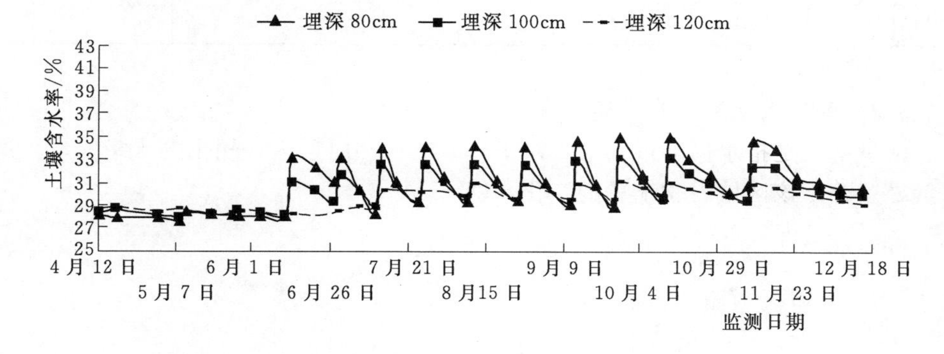

图3-2-10 测坑不同土层深度土壤含水率变化情况（二）

从图3-2-9和图3-2-10可以看出，土壤含水率变化幅度为20cm＞40cm＞60cm＞80cm＞100cm＞120cm，20cm处与40cm处土壤含水率变化较剧烈，幅度在10%～15%之间，土壤含水量在田间持水量与田间持水量的60%之间。60cm处、80cm处与100cm处土壤含水率变化幅度明显减小，幅度在5%左右。120cm处土壤含水率变幅较小，总体变化趋势与其他学者的研究结果基本吻合。因此，按垂直方向将蔗田土层划分如下：墒情速变层取表层以下0～0.5m土层，并根据该层土壤墒情作为是否灌溉的依据；墒情缓变层取表层以下0.5～1.0m

土层，该层土壤含水率变幅为 5%，降雨量较大时储水，可补充糖料蔗用水；1.0m 以下土层为墒情基本稳定层，不考虑储水和补水。

另外，相关研究表明：糖料蔗根系 62%分布在 0～20cm 土层内，23.4%分布在 20～40cm 土层内。糖料蔗萌芽期、幼苗期土壤表层 30cm 内，保持土壤田间持水量的 65%～75%为宜。分蘖期土壤表层 30cm 内，保持土壤田间持水量的 60%～80%为宜。伸长期土壤表层 50cm 内，保持土壤田间持水量的 70%～90%为宜。成熟期土壤表层 50cm 内，保持土壤田间持水量的 60%～75%为宜。

根据蔗田土层划分及糖料蔗不同生育期根系分布情况，制定糖料蔗不同生育期内墒情速变层持水和墒情缓变层补水能力，并据此划定蔗田灌排的界限，见表 3-2-4。

表 3-2-4　　糖料蔗不同生育期土层持水能力及灌排界限划分

生育期	墒情速变层			墒情缓变层		灌排界限	
	厚度 /cm	最大含水率 /%	最小含水率 /%	厚度 /cm	最大补水率 /%	灌溉	地下水渗漏
萌芽期	30	田持	田持的 65			土壤持水量小于墒情速变层最小含水量	土壤持水量大于墒情速变层最大持水量＋墒情缓变层最大补水量
幼苗期	30	田持	田持的 65				
分蘖期	30	田持	田持的 60				
伸长期	50	田持	田持的 70	50	5		
成熟期	50	田持	田持的 60	50	5		

注　田持即田间持水量。

3.2.3.3 蔗田水量平衡分析模型

水量平衡是指水循环过程中，对于任一区域和时段内，输出的水量与输入的水量之差等于该区域内蓄水量的变化，即

$$I-O=W_2-W_1=\Delta W \tag{3-23}$$

式中 I——时段内输入的水量，mm；

O——时段内输出的水量，mm；

W_1、W_2——时段初、时段末区域内的蓄水量，mm；

ΔW——时段内蓄水量的变化，正值表示蓄水量增加，反之减少，mm。

对于蔗田，大气中的水汽凝结形成降雨，补给蔗田耕作土壤水分和深层地下水，降雨不足时，需通过灌溉进行补充（由于坡耕地蔗区地下水埋深较深，不考虑深层地下水对蔗田耕作层的补给）。耕作土层中的水分通过糖料蔗根系吸水、并在植株体内传输，部分被植株体吸收，其他的经植株蒸腾和株间蒸发扩散至大气中，形成水循环。当降雨量较大时，超过耕作层土壤持水能力时，多余水量通过地下水渗漏，则蔗田水量平衡模型为

$$W_{n+1}=W_n+P_n+I_n-D_n-E_{an}-R_n-P_{int}=W_n+P_{wn}+I_n-D_n-E_{an} \tag{3-24}$$

式中 W_n、W_{n+1}——时段初、时段内蔗田土壤含水量，mm；

P_n——时段内的降雨量，mm；

I_n——时段内的灌溉水量，mm；

D_n——时段内的地下水渗漏量，mm；

E_{an}——时段内蔗田腾发量，mm；

R_n——时段内的地表径流量，mm；

P_{int}——糖料蔗冠层截留量，mm；

P_{wn}——扣除地表径流和糖料蔗冠层截留量后的有效降雨量，mm。

3.2.3.4 蔗区典型年份灌水频次及灌水量计算

蔗区典型年份灌溉频次和灌水量采用水量平衡计算方法，以日为时段求解，计算过程如图 3-2-11 所示，计算步骤如下：

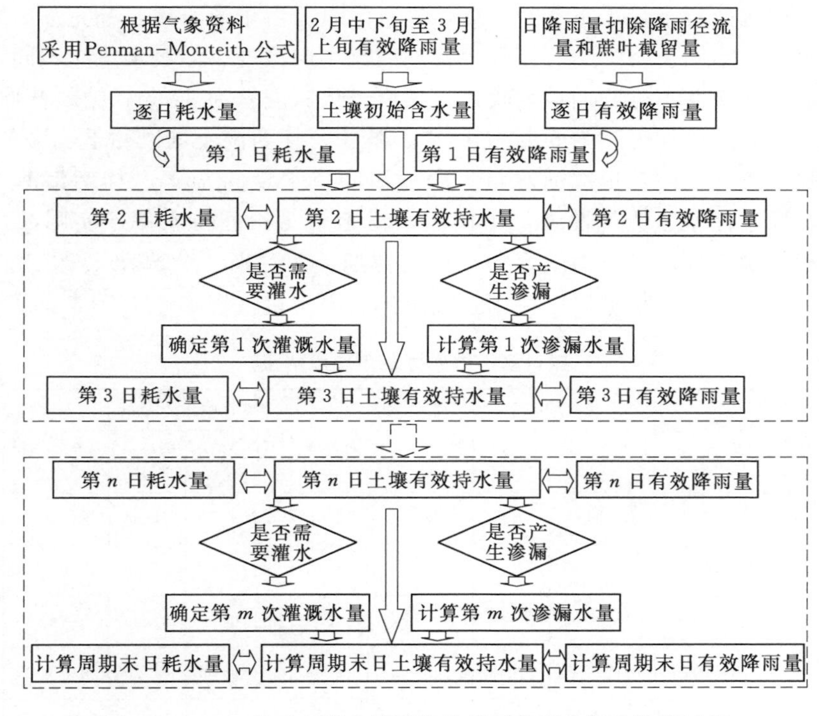

图 3-2-11 基于土壤水量平衡的糖料蔗灌水频次计算过程

(1) 采用 Penman - Monteith 公式计算糖料蔗生育期内（由于 12 月属糖料蔗积糖期，一般不灌溉，计算周期取 3 月 1 日—11 月 30 日）第 n 日耗水量，即 E_{an}。

（2）根据气象站观测的日降雨量扣除降雨径流量和蔗叶截留量得到第 n 日有效降雨量，即 P_{un}。

（3）确定蔗田土壤初始含水量。糖料蔗一般3月初开始萌芽期，当2月中下旬至3月上旬有效降雨量少于20mm时，应在3月初进行一次促芽保苗的灌溉。3月1日土壤初始含水率为灌溉后的田间持水率。当2月中下旬至3月上旬有效降雨量较大时，能满足发芽出苗用水需求，则3月1日土壤初始含水率为适宜田间持水率上限，即 W_1。

（4）根据土壤土层持水能力及灌排界限，确定糖料蔗不同生育期的每次灌水的时间、灌水量和地下渗漏量。为了便于分析，将"土壤持水量扣除墒情速变层最小含水量的值"称为土壤有效持水量，将"墒情速变层最大有效持水量加上墒情缓变层最大补水量的值"称为土壤最大有效持水量。通过初始含水量、逐日耗水量、逐日有效降雨量，计算逐日土壤有效持水量，直至计算周期末日。

当土壤有效持水量小于0时，需要进行灌溉。由于灌溉主要补充蔗田墒情速变层的水分，不同土壤类型、不同生育期灌溉土层深度、灌溉水量应不同。糖料蔗萌芽期、幼苗期、分蘖期根系较浅，灌溉土层深度宜为30cm，糖料蔗伸长期、成熟期，灌溉土层深度宜为50cm。桂南、桂中、桂西南土壤以黏土、壤土为主，保水性强、透气性差，单次灌水量上限为田间持水量的95%。桂南沿海以砂壤土为主，保水性差、透气性强，单次灌水量上限为田间持水率。实际灌溉过程中，一般单次灌溉水量分为生育初期（幼苗期、萌芽期、分蘖期）、生育旺盛期（伸长期、成熟期）。根据以上原则，确定单次灌水量（表3-2-5），即 I_n。

表3-2-5　　糖料蔗不同生育期单次灌水量

生育期	灌水深度/cm	含水率下限/%	桂南蔗区		桂南沿海蔗区		桂中蔗区		桂西南蔗区	
			含水率上限/%	灌水量/mm	含水率上限/%	灌水量/mm	含水率上限/%	灌水量/mm	含水率上限/%	灌水量/mm
萌芽期	30	田持的65	田持的95	37.58	田持	31.55	田持的95	31.68	田持的95	38.48
幼苗期	30	田持的65	田持的95	37.58	田持	31.55	田持的95	31.68	田持的95	38.48
分蘖期	30	田持的65	田持的95	37.58	田持	31.55	田持的95	31.68	田持的95	38.48
伸长期	50	田持的70	田持的95	52.19	田持	45.08	田持的95	44.00	田持的95	53.44
成熟期	50	田持的60	田持的85	52.19	田持的90	45.08	田持的85	44.00	田持的85	53.44

注　田持即田间持水量。

当土壤有效持水量超过土壤最大有效持水量（表3-2-6）时，多余的水量向地下渗漏，即 D_n。

表 3-2-6　　糖料蔗不同生育期土壤最大有效持水量　　单位：mm

生育期	桂南蔗区 土壤最大有效持水量	桂南沿海蔗区 土壤最大有效持水量	桂中蔗区 土壤最大有效持水量	桂西南蔗区 土壤最有效大持水量
萌芽期	43.84	31.55	36.96	44.89
幼苗期	43.84	31.55	36.96	44.89
分蘖期	50.10	36.06	42.24	51.30
伸长期	87.63	70.08	77.80	89.13
成熟期	108.50	85.10	95.40	110.50

以桂南蔗区 1958 年为例，采用水量平衡计算方法确定糖料蔗不同生育期的每次灌水的时间及灌水总量，具体过程如下：

（1）采用 Penman-Monteith 公式计算糖料蔗生育期内逐日耗水量 E_{an}，如图 3-2-12 所示。

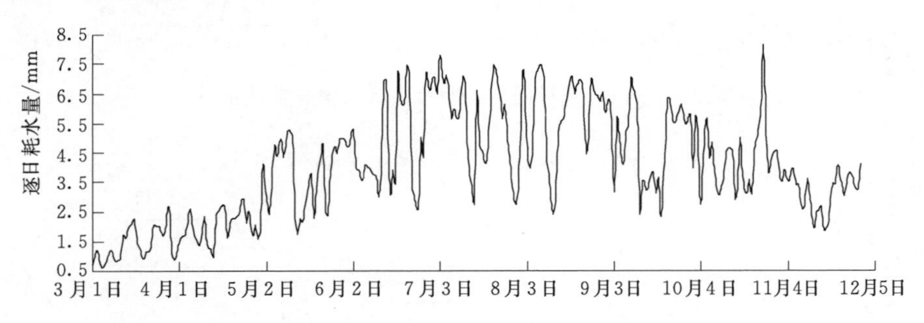

图 3-2-12　基于 Penman-Monteith 公式的糖料蔗生育期内逐日耗水量

（2）根据气象站观测的日降雨量扣除降雨径流量和蔗叶截留量得到逐日有效降雨量 P_{un}，如图 3-2-13 所示。

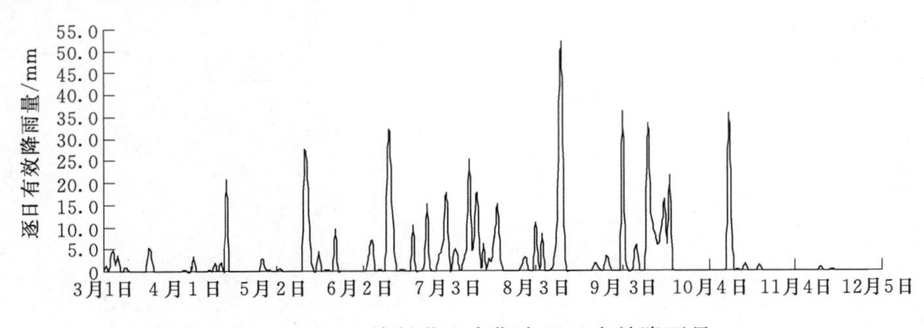

图 3-2-13　糖料蔗生育期内逐日有效降雨量

（3）确定蔗田土壤初始含水量，该年度 2 月 16 日—3 月 10 日有效降雨量为 44.24mm，雨水充足，3 月 1 日土壤初始含水率为田间持水量的 95%，即 $W_1=41.65$mm。

(4) 计算逐日土壤有效持水量，确定糖料蔗不同生育期的每次灌水的时间、灌水量和地下渗漏量。根据土壤初始含水量、逐日耗水量、逐日有效降雨量，计算得出逐日土壤有效持水量，如图 3-2-14 所示。当逐日土壤有效持水量小于 0 时，进行灌溉，灌水时间及累计灌水量如图 3-2-15 所示。当逐日土壤有效持水量大于土壤最大有效持水量，多余水量向地下渗漏，渗漏时间及累计渗漏水量如图 3-2-16 所示。

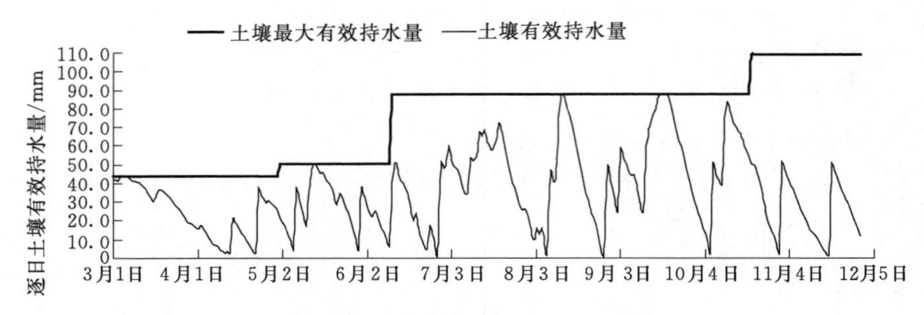

图 3-2-14 糖料蔗生育期内逐日土壤有效持水量

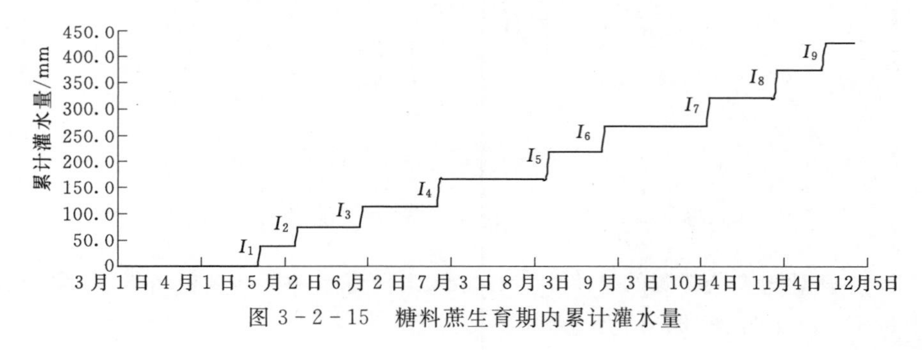

图 3-2-15 糖料蔗生育期内累计灌水量

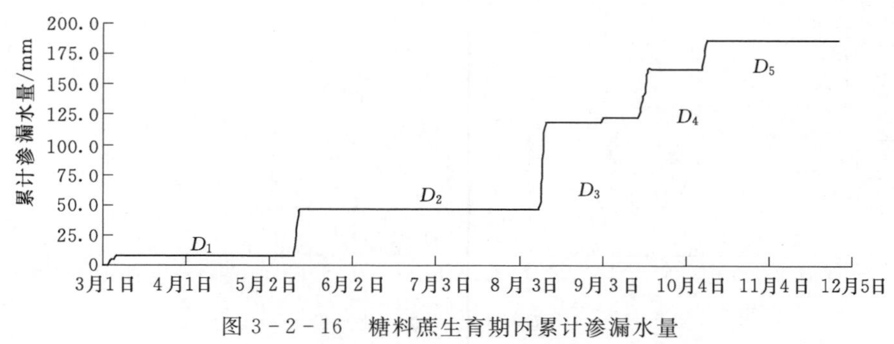

图 3-2-16 糖料蔗生育期内累计渗漏水量

根据上述计算方法和步骤，分布计算桂南蔗区、桂南沿海蔗区、桂中蔗区、桂西南蔗区丰水年（$P=25\%$）、平水年（$P=50\%$）、枯水年（$P=85\%$）选取典型年的灌水频次和灌水量，计算结果见表 3-2-7～表 3-2-10。

表 3-2-7　桂南蔗区典型年份灌水频次及灌水量统计表

灌溉保证率	典型年	糖料蔗不同生育期灌水频次及灌水量									
		萌芽、幼苗期		分蘖期		伸长期		成熟期		合计	
		灌水日期/(月.日)	灌水量/mm	灌水日期/(月.日)	灌水量/mm	灌水日期/(月.日)	灌水量/mm	灌水日期/(月.日)	灌水量/mm	灌水次数/次	灌水量/mm
85%	1958年	4.23	37.58	5.7、5.31	75.16	6.29、8.8、8.29、10.7	208.76	11.1、11.19	104.38	9	425.88
	1972年	3.1	37.58	6.10	37.58	6.25、7.7、7.15、9.13、10.7	260.95			7	336.11
	2007年	3.1	37.58	5.2	37.58	6.23、7.30、10.9	156.57	10.23、11.19	104.38	7	336.11
50%	1952年	3.1	37.58			6.15、7.10、10.5、10.19	208.76	11.23	52.19	6	298.53
	1998年					8.1、8.22、9.17、9.28、10.13	260.95	10.26、11.14	104.38	7	365.33
	2003年					7.2、7.19、10.9	156.57	10.21、11.9、11.30	156.57	6	313.14
25%	1971年	4.14	37.58			6.17、9.18、9.27、10.19	208.76	11.21	52.19	6	298.53
	1977年			5.3	37.58	8.27、9.18、10.14	156.57	11.28	52.19	5	246.34
	1981年					6.19、8.17、8.31、9.25	208.76	10.26	52.19	5	260.95

表 3-2-8　桂南沿海蔗区典型年份灌水频次及灌水量统计表

灌溉保证率	典型年	糖料蔗不同生育期灌水频次及灌水量									
		萌芽、幼苗期		分 蘖 期		伸 长 期		成 熟 期		合 计	
		灌水日期/(月.日)	灌水量/mm	灌水日期/(月.日)	灌水量/mm	灌水日期/(月.日)	灌水量/mm	灌水日期/(月.日)	灌水量/mm	灌水次数/次	灌水量/mm
85%	1958年	4.2、4.28	63.10	5.6、5.28	63.10	6.17、7.6、8.25、10.1、10.10	225.40	10.22、10.30、11.9、11.21	180.32	13	531.92
	1969年	4.10	31.55	5.1、5.23	63.10	6.13、6.28、7.6、8.30、9.7、9.14、9.26、10.3、10.11	405.72	11.4、11.19	90.16	14	590.53
	2010年	3.5、3.23	63.10	5.7、5.18、5.27	94.65	6.16、7.8、7.14	135.24	10.23、10.31、11.12、11.26	180.32	12	473.31
50%	1963年	3.1、4.13	63.10	5.2、5.9	63.10	6.12、6.18、8.31、10.13	180.32	10.22、11.29	90.16	10	396.68
	1981年	3.1、4.7	63.10	5.9、6.3	63.10	6.21、8.7、8.25	135.24	10.26、11.12	90.16	9	351.60
	1988年	4.28	31.55	5.7、5.18、5.24、6.8	126.20	7.14、9.24、10.15	135.24	11.29	45.08	9	338.07
25%	1987年	3.1	31.55	5.3	31.55	6.14、7.17、9.6、9.13、10.12	225.40	11.12	45.08	8	333.58
	1993年			5.9	31.55	6.16、9.11、10.11	135.24	10.22、11.01、11.15	135.24	7	302.03
	1959年			5.11	31.55	10.5、10.14	90.16	10.23、11.2、11.30	135.24	6	256.95

表 3-2-9 桂中蔗区典型年份灌水频次及灌水量统计表

灌溉保证率	典型年	糖料蔗不同生育期灌水频次及灌水量									
		萌芽、幼苗期		分蘖期		伸长期		成熟期		合计	
		灌水日期/(月.日)	灌水量/mm	灌水日期/(月.日)	灌水量/mm	灌水日期/(月.日)	灌水量/mm	灌水日期/(月.日)	灌水量/mm	灌水次数/次	灌水量/mm
85%	1958年			5.6、6.1	63.36	6.21、7.11、8.18、8.27、10.20	220.00	10.29、11.12、11.28	132.00	10	415.36
	1987年	3.1	31.68			6.23、7.17、8.15、8.27、9.11、9.30	264.00	10.28	44.00	8	339.68
	1992年					7.30、8.6、8.12、8.28、9.3、9.22、10.3、10.12	352.00	10.23、11.6	88.00	10	440.00
50%	1977年	3.6	31.68	5.2	31.68	7.24、8.21、9.18、9.24、10.11	220.00			7	283.36
	2012年			5.7	31.68	7.15、8.27、9.8、9.16、10.1、10.12	264.00	10.23	44.00	8	339.68
	2014年	3.1	31.68			8.8、9.14、9.27、10.9、10.19	220.00			6	251.68
25%	1961年					6.29、8.21、9.12、9.19、10.12	220.00	10.22	44.00	6	264.00
	1973年					6.22、8.2、9.30、10.9	176.00	11.2、11.20	88.00	6	264.00
	2013年	3.17	31.68			7.21、10.8	88.00	10.21、11.4	88.00	5	207.68

表 3-2-10　　桂西南蔗区典型年份灌水频次及灌水量统计表

灌溉保证率	典型年	糖料蔗不同生育期灌水频次及灌水量									
		萌芽、幼苗期		分蘖期		伸长期		成熟期		合计	
		灌水日期/(月.日)	灌水量/mm	灌水日期/(月.日)	灌水量/mm	灌水日期/(月.日)	灌水量/mm	灌水日期/(月.日)	灌水量/mm	灌水次数/次	灌水量/mm
85%	1969年	3.1	38.48	5.20	38.48	6.27、9.24、10.3、10.14	213.76			6	290.72
	1992年	4.25	38.48	5.9	38.48	8.17、8.28、9.15、10.7	213.76	10.22	53.44	7	344.16
	2009年	3.1	38.48			7.24、9.2、9.30、10.13	213.76	11.8、11.25	106.9	7	359.12
50%	1983年	4.15	38.48	5.16	38.48	6.18、7.8、7.22、8.10	213.76			6	290.72
	2012年			5.18	38.48	7.21、9.15、9.30	160.32	10.24	53.44	5	252.24
	2014年	3.1	38.48	5.21	38.48	6.26、10.18	106.88			4	183.84
25%	1970年	3.1	38.48			6.18、10.15	106.88	11.18	53.44	4	198.80
	1979年					7.24、10.10	106.88	10.22、11.8	106.88	4	213.76
	1997年					6.27	53.44	10.24、11.23	106.88	3	160.32

如表3-2-7所示，桂南蔗区枯水年（P=85%）年灌溉7～9次，年灌水量336.11～425.88mm，占糖料蔗年均耗水量的32.4%～41.0%。整个生育期中：萌芽、幼苗期灌水1次，灌水量37.58mm，占糖料蔗该生育期平均耗水量的44.7%；分蘖期灌水1～2次，灌水量37.58～75.16mm，占糖料蔗该生育期平均耗水量的26.7%～53.4%；伸长期灌水3～5次，灌水量156.57～260.95mm，占糖料蔗该生育期平均耗水量的24.4%～40.7%；成熟期灌水0～2次，灌水量0～104.38mm，占糖料蔗该生育期平均耗水量的0～60.7%。

桂南蔗区平水年（P=50%）年灌溉6～7次，年灌水量298.53～365.33mm，占糖料蔗年均耗水量的28.7%～35.2%。整个生育期中：萌芽、幼苗期灌水0～1次，灌水量0～37.58mm，占糖料蔗该生育期平均耗水量的0～44.7%；分蘖期灌水0次，灌水量0，糖料蔗该生育期需水基本靠雨水给予；伸长期灌水3～5次，灌水量156.57～260.95mm，占糖料蔗该生育期平均耗水量的24.4%～40.7%；成熟期灌水1～3次，灌水量52.19～156.57mm，占糖料蔗该生育期平均耗水量的30.3%～91.0%。

桂南蔗区丰水年（P=25%）年灌溉5～6次，年灌水量246.34～298.53mm，占糖料蔗年均耗水量的23.7%～28.7%。整个生育期中：萌芽、幼苗期灌水0～1次，灌水量0～37.58mm，占糖料蔗该生育期平均耗水量的0～44.7%；分蘖期灌水0～1次，灌水量0～37.58mm，占糖料蔗该生育期平均耗水量的0～26.7%；伸长期灌水3～4次，灌水量156.57～208.76mm，占糖料蔗该生育期平均耗水量的24.4%～32.5%；成熟期灌水1次，灌水量52.19mm，占糖料蔗该生育期平均耗水量的30.3%。

总体而言，桂南蔗区糖料蔗生育期耗水量为1038.4mm，略高于生育期内有效降雨量978.1mm。但如图3-2-17所示，桂南蔗区在糖料蔗萌芽、幼苗期和分蘖期的有效降雨量比糖料蔗耗水量高，但根系层较浅，土层储水调蓄能力弱，需要适量的灌溉补水。伸长期和成熟期有效降雨量比糖料蔗耗水量低，更需要灌溉补水。因此，桂南蔗区总灌水量一般不超过糖料蔗生育期总耗水量的2/5，灌溉主要集中在伸长期和成熟期，但同时也要注重在枯水年（P=85%）萌芽、幼

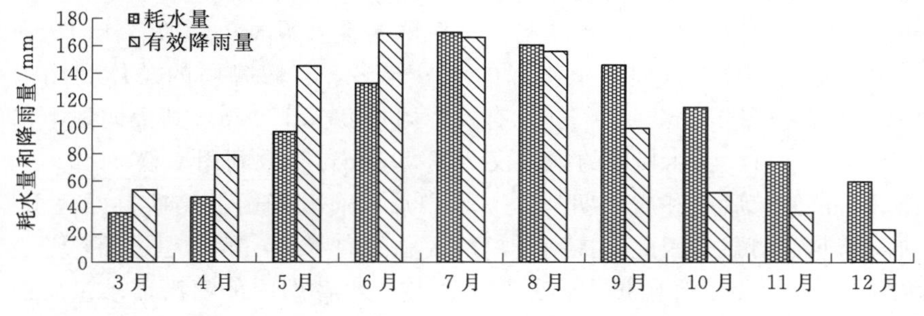

图3-2-17　桂南蔗区有效降雨量与糖料蔗耗水量对比

苗期和分蘖期的灌溉。

如表3-2-8所示，桂南沿海蔗区枯水年（$P=85\%$）年灌溉12～14次，年灌水量473.31～590.53mm，占糖料蔗年均耗水量的39.7%～49.5%。整个生育期中：萌芽、幼苗期灌水1～2次，灌水量31.55～63.10mm，占糖料蔗该生育期平均耗水量的33.6%～67.1%；分蘖期灌水2～3次，灌水量63.10～94.65mm，占糖料蔗该生育期平均耗水量的38.9%～58.4%；伸长期灌水3～9次，灌水量135.24～405.72mm，占糖料蔗该生育期平均耗水量的17.2%～51.7%；成熟期灌水2～5次，灌水量90.16～180.32mm，占糖料蔗该生育期平均耗水量的30.7%～61.3%。

桂南沿海蔗区平水年（$P=50\%$）年灌溉9～10次，年灌水量338.07～396.68mm，占糖料蔗年均耗水量的28.4%～33.3%。整个生育期中：萌芽、幼苗期灌水1～2次，灌水量31.55～63.10mm，占糖料蔗该生育期平均耗水量的33.6%～67.1%；分蘖期灌水2～4次，灌水量63.10～126.20mm，占糖料蔗该生育期平均耗水量的38.9%～77.80%；伸长期灌水3～4次，灌水量135.24～180.32mm，占糖料蔗该生育期平均耗水量的17.2%～23.0%；成熟期灌水1～2次，灌水量45.08～90.16mm，占糖料蔗该生育期平均耗水量的15.3%～30.7%。

桂南沿海蔗区丰水年（$P=25\%$）年灌溉6～8次，年灌水量256.95～333.58mm，占糖料蔗年均耗水量的21.6%～28.0%。整个生育期中：萌芽、幼苗期灌水0～1次，灌水量0～31.55mm，占糖料蔗该生育期平均耗水量的0%～33.6%；分蘖期灌水1次，灌水量31.55mm，占糖料蔗该生育期平均耗水量的19.5%；伸长期灌水2～5次，灌水量90.16～225.40mm，占糖料蔗该生育期平均耗水量的11.5%～28.7%；成熟期灌水1～3次，灌水量45.08～135.24mm，占糖料蔗该生育期平均耗水量的15.3%～46.0%。

总体而言，桂南沿海蔗区糖料蔗生育期耗水量为1191.9mm，明显低于生育期内有效降雨量1444.4mm。但如图3-2-18所示，在糖料蔗萌芽、幼苗期和分蘖期（5月及以前）的有效降雨量与糖料蔗耗水量基本一致，但根系层浅，土壤储水调蓄能力较差，灌水的需求明显。伸长期前、中期受台风雨的影响有效降雨量非常集中，但降雨分布极不均匀，单次降雨量大历时短，加之桂南沿海蔗区土壤储水调蓄能力较差，向地下渗漏的水量较多，有效降雨的总体利用效率不高，如桂南沿海蔗区1958年6—9月有效降雨量897.12mm，其中向地下渗漏的水量为614.62mm，实际利用的雨量仅282.50mm，有效利用率仅31.5%，需要灌溉补水。在伸长后期和成熟期（10月及以后）有效降雨量比糖料蔗耗水量低，灌溉的需求非常明显。因此，桂南沿海蔗区总的灌水量一般不超过糖料蔗生育期总耗水量的1/2，虽然降雨量大，但糖料蔗整个生育期内的灌溉需求量反而比其他蔗区要高，而且整个生育期的灌溉需求都较明显，一般生育旺盛期7天内无有

效降雨就需要灌溉1次。

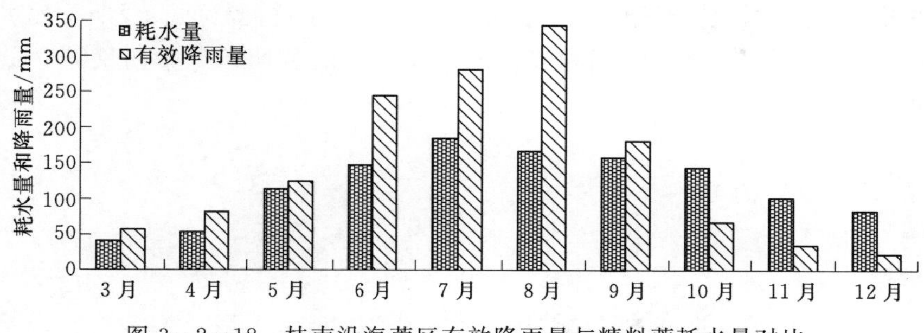

图3-2-18 桂南沿海蔗区有效降雨量与糖料蔗耗水量对比

如表3-2-9所示，桂中蔗区枯水年（$P=85\%$）年灌溉8～10次，年灌水量339.68～440.00mm，占糖料蔗年均耗水量的32.3%～41.9%。整个生育期中：萌芽、幼苗期灌水0～1次，灌水量0～31.68mm，占糖料蔗该生育期平均耗水量的0～39.3%；分蘖期灌水0～2次，灌水量0～63.36mm，占糖料蔗该生育期平均耗水量的0～47.2%；伸长期灌水5～8次，灌水量220.00～352.00mm，占糖料蔗该生育期平均耗水量的33.4%～53.5%；成熟期灌水1～3次，灌水量44.00～132.00mm，占糖料蔗该生育期平均耗水量的24.8%～74.5%。

桂中蔗区平水年（$P=50\%$）年灌溉6～8次，年灌水量251.68～339.68mm，占糖料蔗年均耗水量的24.0%～32.3%。整个生育期中：萌芽、幼苗期灌水0～1次，灌水量0～31.68mm，占糖料蔗该生育期平均耗水量的0%～39.3%；分蘖期灌水0～1次，灌水量0～31.68mm，占糖料蔗该生育期平均耗水量的0～23.6%；伸长期灌水5～6次，灌水量220.00～264.00mm，占糖料蔗该生育期平均耗水量的33.4%～40.1%；成熟期灌水0～1次，灌水量0～44.00mm，占糖料蔗该生育期平均耗水量的0～24.8%。

桂中蔗区丰水年（$P=25\%$）年灌溉5～6次，年灌水量207.68～264.00mm，占糖料蔗年均耗水量的19.8%～25.1%。整个生育期中：萌芽、幼苗期灌水0～1次，灌水量0～31.68mm，占糖料蔗该生育期平均耗水量的0～39.3%；分蘖期灌水0次，糖料蔗该生育期平均耗水基本依靠雨水给予；伸长期灌水2～5次，灌水量88.00～220.00mm，占糖料蔗该生育期平均耗水量的13.4%～33.4%；成熟期灌水1～2次，灌水量44.00～88.00mm，占糖料蔗该生育期平均耗水量的24.8%～49.6%。

总体而言，桂中蔗区糖料蔗生育期耗水量为1050.3mm，略低于生育期内有效降雨量1105.4mm。但如图3-2-19所示，由于桂中蔗区在糖料蔗萌芽、幼苗期的有效降雨量比糖料蔗耗水量高，分蘖期和伸长期初期有效降雨量比糖料蔗耗水量高更多，一般年份仅需少量的灌溉补水。伸长期中、后期和成熟期有效降雨量比糖料蔗耗水量低，虽然土壤有一定的储水调蓄能力，但不能满足要求，需要灌溉补水。因此，桂中蔗区总的灌溉水量一般不超过糖料蔗生育期总耗水量的2/5，灌溉也主要集中在伸长期和成熟期，萌芽、幼苗期和分蘖期仅需少量的灌溉补水。

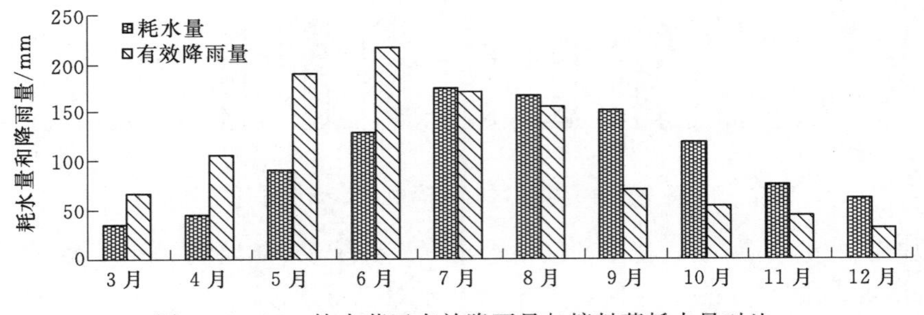

图 3-2-19 桂中蔗区有效降雨量与糖料蔗耗水量对比

如表3-2-10所示，桂西南蔗区枯水年（$P=85\%$）年灌溉6～7次，年灌水量290.72～359.12mm，占糖料蔗年均耗水量的28.7%～35.5%。整个生育期中：萌芽、幼苗期灌水1次，灌水量38.48mm，占糖料蔗该生育期平均耗水量的45.1%；分蘖期灌水0～1次，灌水量0～38.48mm，占糖料蔗该生育期平均耗水量的0～26.8%；伸长期灌水4次，灌水量213.76mm，占糖料蔗该生育期平均耗水量的34.5%；成熟期灌水0～2次，灌水量0～106.9mm，占糖料蔗该生育期平均耗水量的0～65.1%。

桂西南蔗区平水年（$P=50\%$）年灌溉4～6次，年灌水量183.84～290.72mm，占糖料蔗年均耗水量的18.2%～28.7%。整个生育期中：萌芽、幼苗期灌水0～1次，灌水量0～38.48mm，占糖料蔗该生育期平均耗水量的0～45.1%；分蘖期灌水1次，灌水量38.48mm，占糖料蔗该生育期平均耗水量的26.8%；伸长期灌水2～4次，灌水量106.88～213.76mm，占糖料蔗该生育期平均耗水量的17.3%～34.5%；成熟期灌水0～1次，灌水量0～53.44mm，占糖料蔗该生育期平均耗水量的0～32.6%。

桂西南蔗区丰水年（$P=25\%$）年灌溉3～4次，年灌水量160.32～213.76mm，占糖料蔗年均耗水量的15.8%～21.1%。整个生育期中：萌芽、幼苗期灌水0～1次，灌水量0～38.48mm，占糖料蔗该生育期平均耗水量的0～45.1%；分蘖期灌水0次，糖料蔗该生育期耗水量基本依靠降雨给予；伸长期灌水1～2次，灌水量53.44～106.88mm，占糖料蔗该生育期平均耗水量的8.6%～17.3%；成熟期灌水1～2次，灌水量53.44～106.88mm，占糖料蔗该生育期平均耗水量的32.6%～65.1%。

总体来看，桂西南蔗区糖料蔗生育期耗水量为1012.2mm，与生育期内有效降雨量 1009.5mm 基本一致。但如图 3-2-20 所示，由于桂西南蔗区在糖料蔗萌芽、幼苗期和分蘖期的有效降雨量比糖料蔗耗水量高，根系层较浅，土层储水调蓄能力弱，需要少量的灌溉补水。伸长期前、中期有效降雨量比糖料蔗耗水量略高，虽然土壤有一定的储水调蓄能力，但不能完全满足要求，需要适量的灌溉补水。伸长期后期和成熟期有效降雨量比糖料蔗耗水量低，更需要灌溉补水。桂西南蔗区总的灌水量一般不超过糖料蔗生育期总耗水量的 1/3，灌溉主要集中在伸长期和成熟期，但同时也要注重在枯水年（$P=85\%$）、平水年（$P=50\%$）萌芽、幼苗期和分蘖期的灌溉。

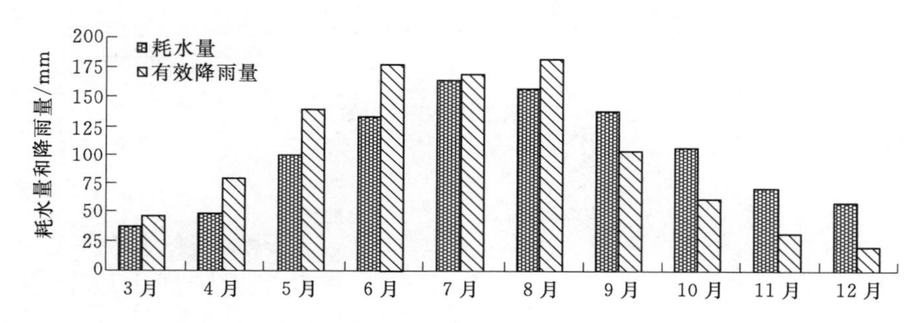

图 3-2-20 桂西南蔗区有效降雨量与糖料蔗耗水量对比

综上所述，广西不同区域的蔗区、不同降雨水平年所需的灌水频次及灌水量存在一定差异，但总体上，虽然广西降雨总量较大，但除个别丰水年外，大部分年份各蔗区对补充灌溉的需求均较明显。而且近几年试验测产情况也表明有效的补充灌溉能促进糖料蔗增产 50%以上，因此，发展蔗区灌溉对糖料蔗生产具有重要意义。结合广西降雨情况分析蔗区灌水频次及灌水量对糖料蔗生产具有重要指导意义。

3.3 蔗区降雨变化趋势及其影响分析

3.3.1 蔗区年降雨量变化趋势

南宁站、北海站、来宾站、龙州站 1952—2014 年（部分年资料缺失）年降雨量趋势如图 3-3-1～图 3-3-4 所示。

由图 3-3-1 可见，南宁站 1952—1980 年年降雨量呈现增长趋势，1980—2014 年年降雨量变幅明显加大但降雨量呈现略微减少趋势，近 10 年（2005—2014 年）年均降雨量均值为 1239.5mm，比多年平均年降雨量少 3.8%。为消除异常年份对年降雨量变化趋势的影响，分别采用 20 年、30 年滑动平均法对整个

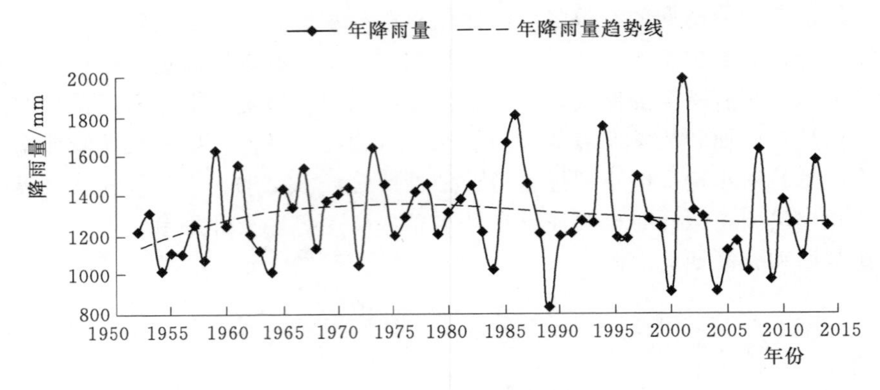

图 3-3-1 南宁站年降雨量趋势

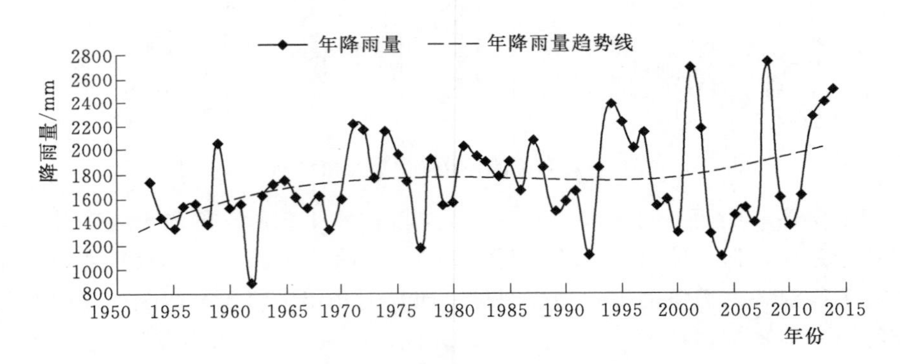

图 3-3-2 北海站年降雨量趋势

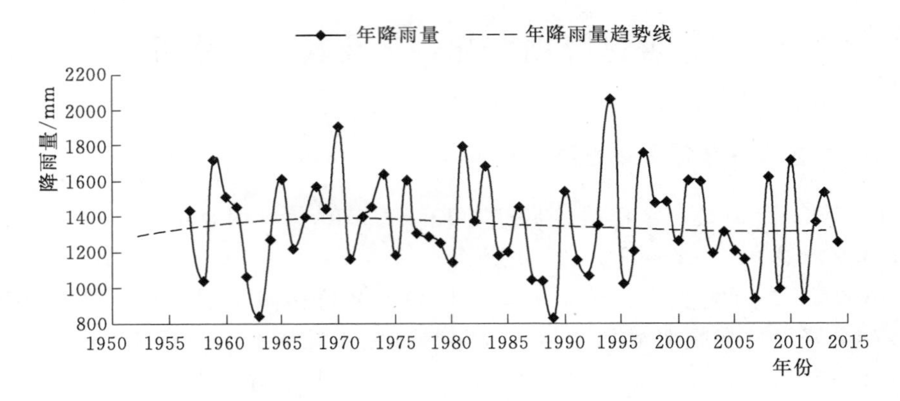

图 3-3-3 来宾站年降雨量趋势

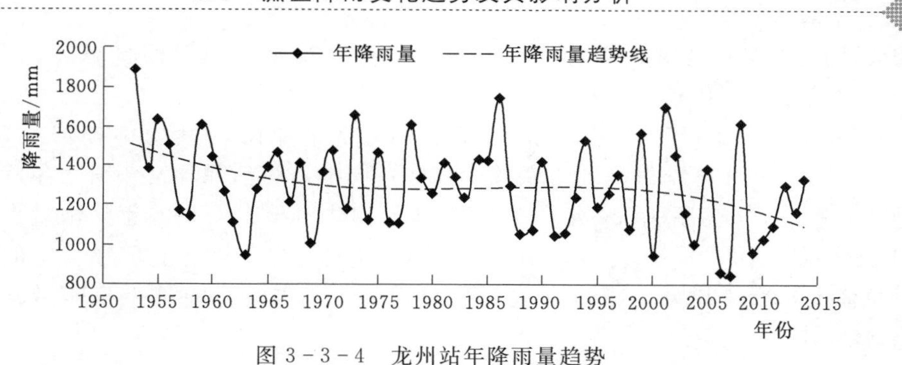

图 3-3-4　龙州站年降雨量趋势

系列的年降雨量重新整理（即取最近 20 年和最近 30 年降雨量的平均值作为该年降雨量的代表值），结果如图 3-3-5 所示，南宁站年降雨量在 1985 年之前呈现增长趋势，1985 年之后呈现略微减少趋势。

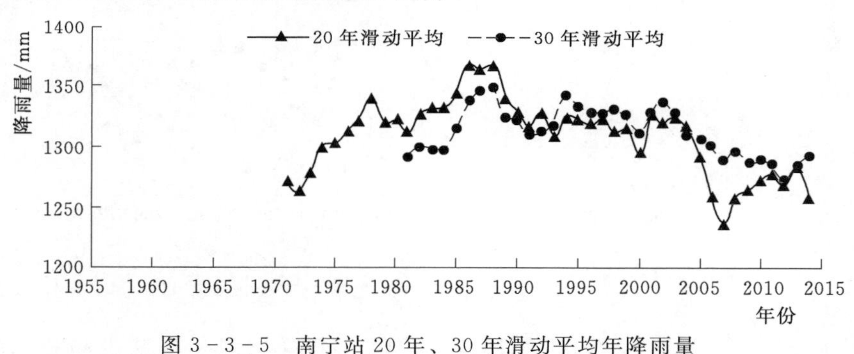

图 3-3-5　南宁站 20 年、30 年滑动平均年降雨量

由图 3-3-2 可见，北海站 1953—2014 年年降雨量呈现明显增长趋势，且 1985 年之后的年降雨量变幅明显大于之前年份的变幅。同上，为消除异常年份对年降雨量趋势的影响，分别采用 20 年、30 年滑动平均法对整个系列的年降雨量重新整理，结果如图 3-3-6 所示，北海站年降雨量在 2002 年之前呈现一定

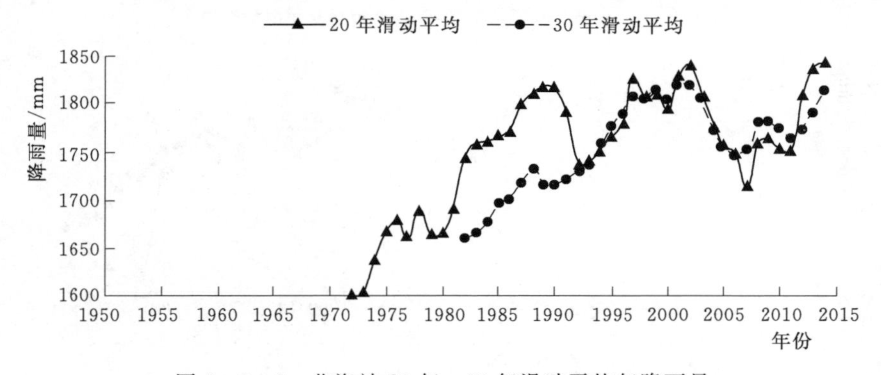

图 3-3-6　北海站 20 年、30 年滑动平均年降雨量

的波动但总体上呈增长趋势。2003—2011 年呈现年降雨量略微减少的趋势，2012 年之后年降雨量迅速提高至 2002 年的年降雨量水平。

图 3-3-3 可见，来宾站 1957—1975 年年降雨量呈现小幅增长趋势，1976—2014 年年降雨量呈现略微减少趋势。同上，为消除异常年份对年降雨量趋势的影响，分别采用 20 年、30 年滑动平均法对整个系列的年降雨量重新整理，结果如图 3-3-7 所示，来宾站年降雨量在 1985 年之前呈现一定的波动但总体上呈增长趋势，1985 年之后也呈现一定的波动但总体上呈略微减少的趋势。

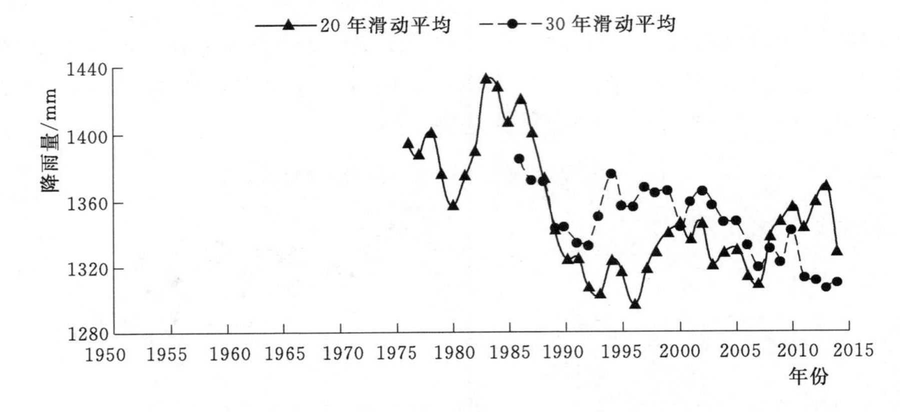

图 3-3-7　来宾站 20 年、30 年滑动平均年降雨量

由图 3-3-4 可见，龙州站 1953—2014 年年降雨量呈现减少趋势。同上，为消除异常年份对年降雨量趋势的影响，分别采用 20 年、30 年滑动平均法对整个系列的年降雨量重新整理，结果如图 3-3-8 所示，龙州站年降雨量在 1985 年之前呈现一定的波动，1975—1982 年年降雨量相对较小，至 1985 年恢复到较高水平，1985 年之后呈现减少趋势。

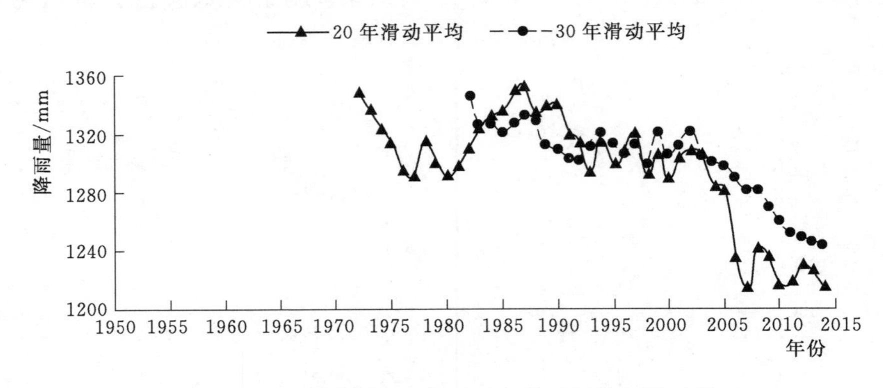

图 3-3-8　龙州站 20 年、30 年滑动平均年降雨量

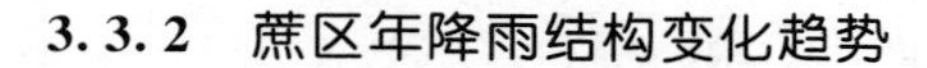

3.3.2 蔗区年降雨结构变化趋势

按照国家气象局颁布的降水强度等级划分标准（内陆部分），将24h降水总量划分为11个等级的降雨强度：0.1～9.9mm/d为小雨、阵雨；5.0～16.9mm/d为小雨～中雨；10.0～24.9mm/d为中雨；17.0～37.9mm/d为中雨～大雨；25.0～49.9mm/d为大雨；33.0～74.9mm/d为大雨～暴雨；50.0～99.9mm/d为暴雨；75.0～174.9mm/d为暴雨～大暴雨；100.0～249.9mm/d为大暴雨；175.0～299.9mm/d为大暴雨～特大暴雨；≥250.0mm/d为特大暴雨。为便于分析，本书按照0.1～9.9mm/d为小雨、10.0～24.9mm/d为中雨、25.0～49.9mm/d为大雨、≥50.0mm/d为暴雨（含暴雨、大暴雨、特大暴雨）4个等级对南宁站、北海站、来宾站、龙州站1952—2014年每年不同等级的降雨天数及降雨量进行统计，结果如表3-3-1～表3-3-4和图3-3-9～图3-3-12所示。

由表3-3-1和图3-3-9可见，南宁站1952—2014年各等级降雨频次、降雨量变化趋势：每年降小雨的天数呈现先明显增加至1976年左右达到峰值，随后明显逐步减少至2009年左右。1952—1971年、1972—1991年平均每年降小雨的天数分别为126天与128天，远高于1992—2011年平均每年降小雨天数101天，近3年略有提升，达到112天，但仍明显少于历史平均水平。每年降小雨的雨量及占年降雨量的比例呈明显减少趋势，1952—1971年平均每年降小雨的雨量为295.6mm，占年降雨量的23.3%，1972—1991年平均每年降小雨的雨量271.3mm，占年降雨量的20.6%，1992—2011年平均每年降小雨雨量238.6mm，占年降雨量的18.7%。近3年平均每年降小雨的雨量254.7mm，占年降雨量的19.6%，低于历史平均水平，但高于1992—2011年平均水平。

每年降中雨的天数及雨量呈略微减少趋势。1952—1971年、1972—1991年、1992—2011年平均每年降中雨的天数分别为21.6天、20.5天、20.4天，平均每年降中雨的雨量分别为341.5mm、326.6mm、328.4mm。近3年平均每年降中雨的天数为21.7天，平均每年降中雨的雨量为352.1mm，高于历史平均水平。

每年降大雨的天数及雨量均呈现先略微增加至1980年左右达到峰值，随后略微减少趋势，1952—1971年、1972—1991年、1992—2011年平均每年降大雨的天数分别为9.75天、10.70天、10.40天，平均每年降大雨的雨量分别为341.4mm、374.1mm、366.7mm。近3年平均每年降大雨的天数为8.67天，平均每年降大雨的雨量为283.1mm，明显低于历史平均水平。

每年降暴雨的天数、雨量及占年降雨量的比例呈现先明显增加的趋势，至1978年之后基本持平，但近年呈明显增加。1952—1971年、1972—1991年、1992—2011年平均每年降暴雨的天数分别为4.10天、4.35天、4.60天，平均每

表 3-3-1 南宁站降雨频次、降雨量变化趋势统计表

降雨等级	1952—1971 年平均值			1972—1991 年平均值			1992—2011 年平均值			近 3 年（2012—2014 年）平均值		
	降雨频次/d	降雨量/mm	所占比重/%	降雨频次/d	降雨量/mm	所占比重/%	降雨频次/d	降雨量/mm	所占比重/%	降雨频次/d	降雨量/mm	所占比重/%
小雨	126	295.6	23.3	128	271.3	20.6	101	238.6	18.7	112	254.7	19.6
中雨	21.6	341.5	26.9	20.5	326.6	24.8	20.4	328.4	25.7	21.7	352.1	27.1
大雨	9.75	341.4	26.9	10.70	374.1	28.4	10.40	366.7	28.7	8.67	283.1	21.9
暴雨	4.10	292.6	22.9	4.35	345.8	26.2	4.60	343.5	26.9	4.33	407.1	31.4

表 3-3-2 北海站降雨频次、降雨量变化趋势统计表

降雨等级	1952—1971 年平均值			1972—1991 年平均值			1992—2011 年平均值			近 3 年（2012—2014 年）平均值		
	降雨频次/d	降雨量/mm	所占比重/%	降雨频次/d	降雨量/mm	所占比重/%	降雨频次/d	降雨量/mm	所占比重/%	降雨频次/d	降雨量/mm	所占比重/%
小雨	98	225.5	14.4	100	234.0	13.1	85	192.2	11.0	91	194.8	8.1
中雨	18.8	299.3	19.1	20.5	326.7	18.2	18.5	298.7	17.0	24.0	381.6	15.9
大雨	9.42	323.4	20.5	11.80	410.7	23.0	11.20	392.8	22.4	15.00	533.5	22.3
暴雨	7.58	721.9	46.0	8.55	818.9	45.7	8.85	868.8	49.6	11.33	1283.4	53.7

表 3-3-3　来宾站降雨频次、降雨量变化趋势统计表

降雨等级	1952—1971年平均值			1972—1991年平均值			1992—2011年平均值			近3年（2012—2014年）平均值		
	降雨频次/d	降雨量/mm	所占比重/%	降雨频次/d	降雨量/mm	所占比重/%	降雨频次/d	降雨量/mm	所占比重/%	降雨频次/d	降雨量/mm	所占比重/%
小雨	122	292.6	21.3	125	286.8	21.6	107	259.1	19.3	109	259.9	18.8
中雨	22.1	347.4	25.3	21.0	329.0	24.8	22.2	353.4	26.3	26.3	418.4	30.2
大雨	11.07	386.0	28.1	10.40	360.1	27.2	10.25	364.9	27.1	10.67	342.3	24.7
暴雨	4.87	349.1	25.3	4.60	348.9	26.4	4.65	366.9	27.3	5.33	363.3	26.3

表 3-3-4　龙州站降雨频次、降雨量变化趋势统计表

降雨等级	1953—1971年平均值			1972—1991年平均值			1992—2011年平均值			近3年（2012—2014年）平均值		
	降雨频次/d	降雨量/mm	所占比重/%	降雨频次/d	降雨量/mm	所占比重/%	降雨频次/d	降雨量/mm	所占比重/%	降雨频次/d	降雨量/mm	所占比重/%
小雨	121	267.1	19.7	120	267.2	20.3	108	251.6	20.6	118	263.9	20.9
中雨	22.7	365.3	26.9	23.9	378.2	28.7	21.7	344.4	28.3	20.3	314.9	24.9
大雨	10.47	355.9	26.2	10.95	379.2	28.7	9.15	314.6	25.8	10.00	337.4	26.7
暴雨	4.89	368.7	27.2	4.05	294.5	22.3	4.20	308.3	25.3	4.33	346.3	27.5

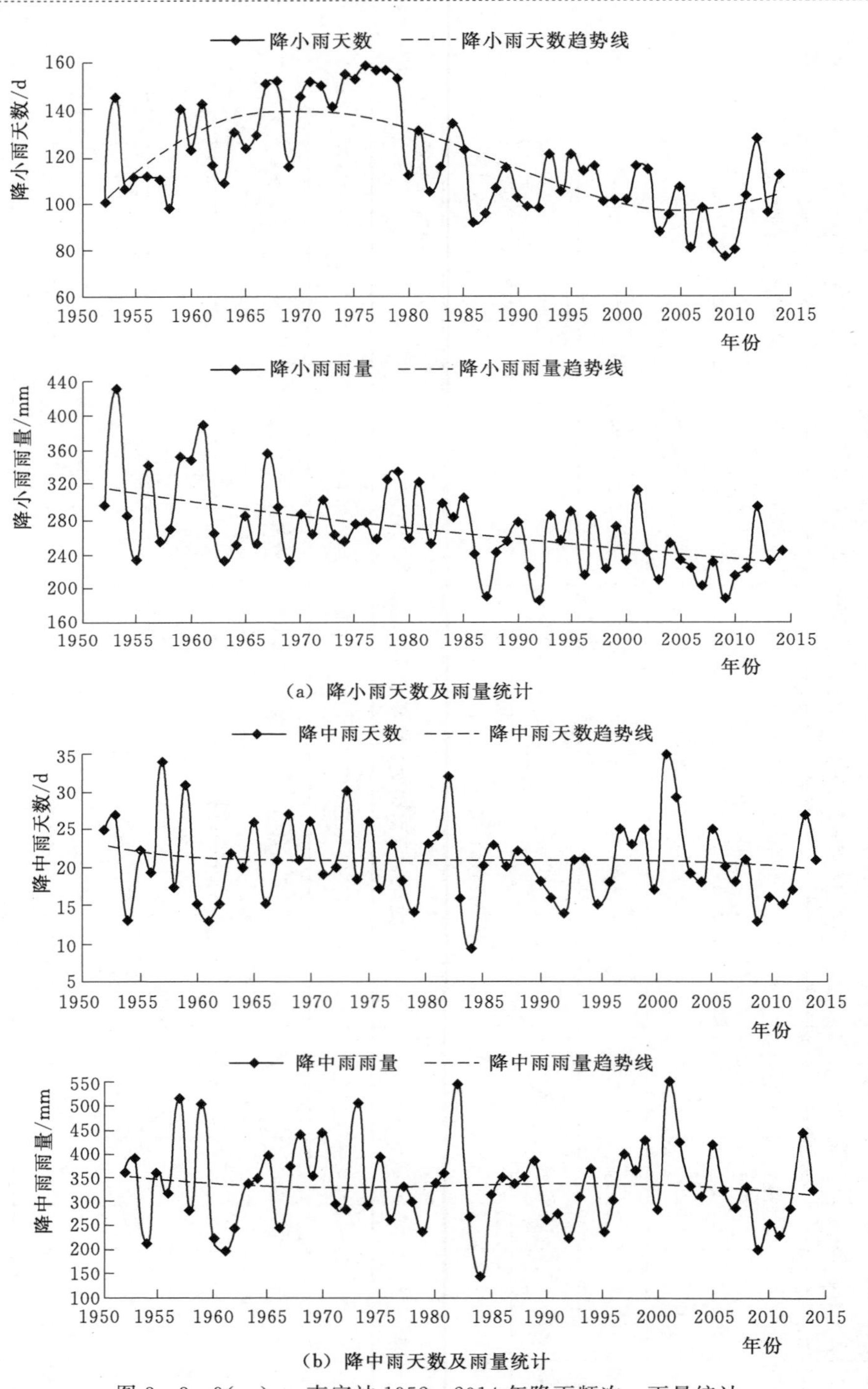

(a) 降小雨天数及雨量统计

(b) 降中雨天数及雨量统计

图 3-3-9(一) 南宁站 1952—2014 年降雨频次、雨量统计

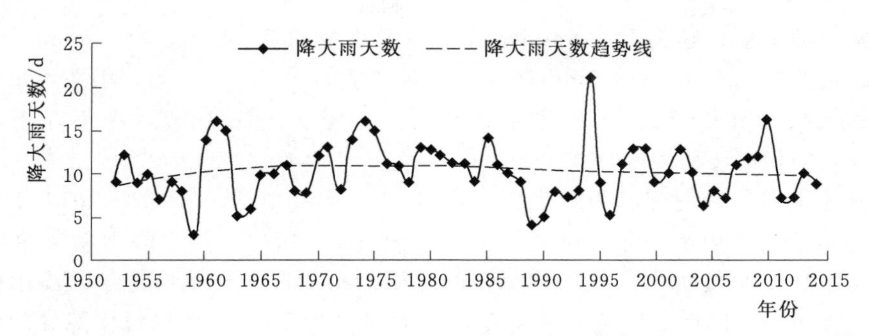

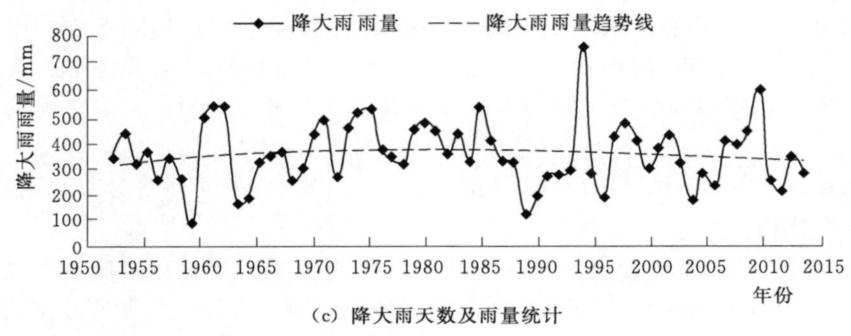

(c) 降大雨天数及雨量统计

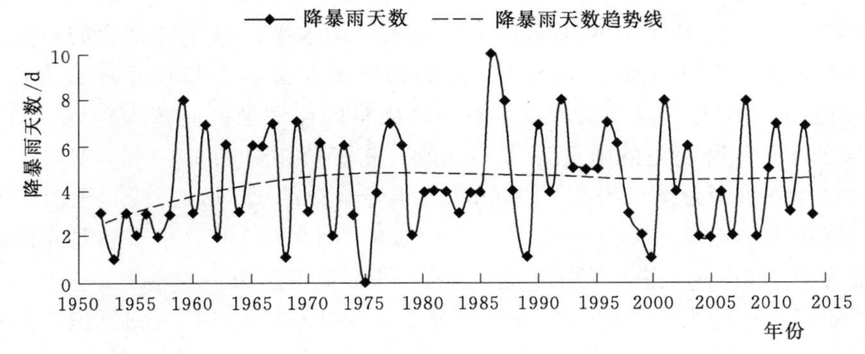

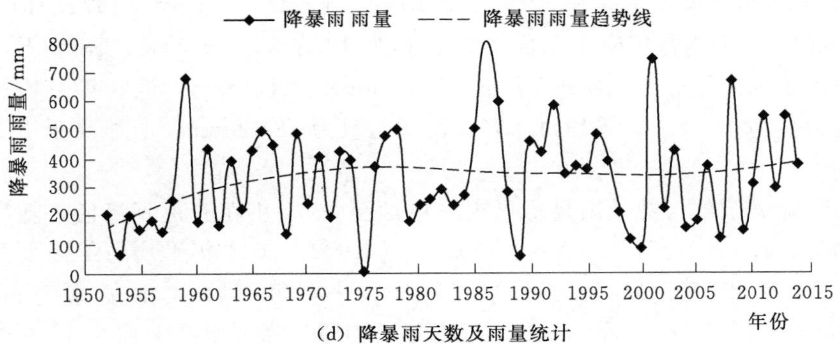

(d) 降暴雨天数及雨量统计

图 3-3-9(二) 南宁站 1952—2014 年降雨频次、雨量统计

年降暴雨的雨量分别为 292.6mm（占年降雨总量的 22.9%）、345.8mm（占年降雨总量的 26.2%）、343.5mm（占年降雨总量的 26.9%）。近 3 年平均每年降暴雨的天数为 4.33 天，平均每年降暴雨的雨量为 407.1mm，占年降雨量的 31.4%，明显高于历史平均水平。

总体来看，以南宁站为代表的桂南蔗区，近 20 余年（1992—2014 年）平均年降雨量比历史平均年降雨总量少约 13mm，占历史平均年降雨总量的 1%，基本持平历史平均水平。但平均每年降小雨的雨量比历史平均每年降小雨的雨量少约 45mm，比历史平均每年降小雨的雨量减少 16%。平均每年降暴雨的雨量比历史平均每年降暴雨的雨量多约 35mm，比历史平均每年降暴雨的雨量增加 11%。而平均每年降中雨、大雨的雨量基本与历史平均水平持平。从降雨结构上看，每年降雨的总天数趋于减少，降雨分布更不均匀，极端降雨的比重提高。

由表 3-3-2 和图 3-3-10 可见，北海站 1953—2014 年各等级降雨频次、降雨量变化趋势如下：

每年降小雨的天数呈现先明显增加至 1972 年左右达到峰值，随后明显逐步减少至 2009 年左右为止。1952—1971 年、1972—1991 年平均每年降小雨的天数分别为 98 天与 100 天，远高于 1992—2011 年平均每年降小雨的天数 85 天，近 3 年略有提升，达到 91 天，但仍明显少于历史平均水平。每年降小雨的雨量呈现先明显增加至 1972 年左右达到峰值，随后明显逐步减少至 2009 年左右为止。近 3 年略有提升，但每年降小雨的雨量占年降雨量的比例呈明显减少趋势。1952—1971 年平均每年降小雨的雨量为 225.5mm，占年降雨量的 14.4%，1972—1991 年平均每年降小雨的雨量为 234.0mm，占年降雨量的 13.1%，1992—2011 年平均每年降小雨的雨量 192.2mm，占年降雨量的 11.0%。近 3 年平均每年降小雨的雨量为 194.8mm，占年降雨量的 8.1%，明显低于历史平均水平。

每年降中雨的天数及雨量呈现先明显增加至 1975 年左右达到峰值，然后明显减少至 2006 年左右，随后又明显增加。1952—1971 年、1972—1991 年、1992—2011 年平均每年降中雨的天数分别为 18.8 天、20.5 天、18.5 天，平均每年降中雨的雨量分别为 299.3mm、326.7mm、298.7mm。近 3 年平均每年降中雨的天数为 24.0 天，平均每年降中雨的雨量为 381.6mm，明显高于历史平均水平。

每年降大雨的天数及雨量均呈现先增加至 2002 年左右达到峰值，随后略微减少趋势。1952—1971 年、1972—1991 年、1992—2011 年平均每年降大雨的天数分别为 9.42 天、11.80 天、11.20 天，平均每年降大雨的雨量分别为 323.4mm、410.7mm、392.8mm。近 3 年平均每年降大雨的天数为 15.0 天，平均每年降大雨的雨量为 533.5mm，明显高于历史平均水平。

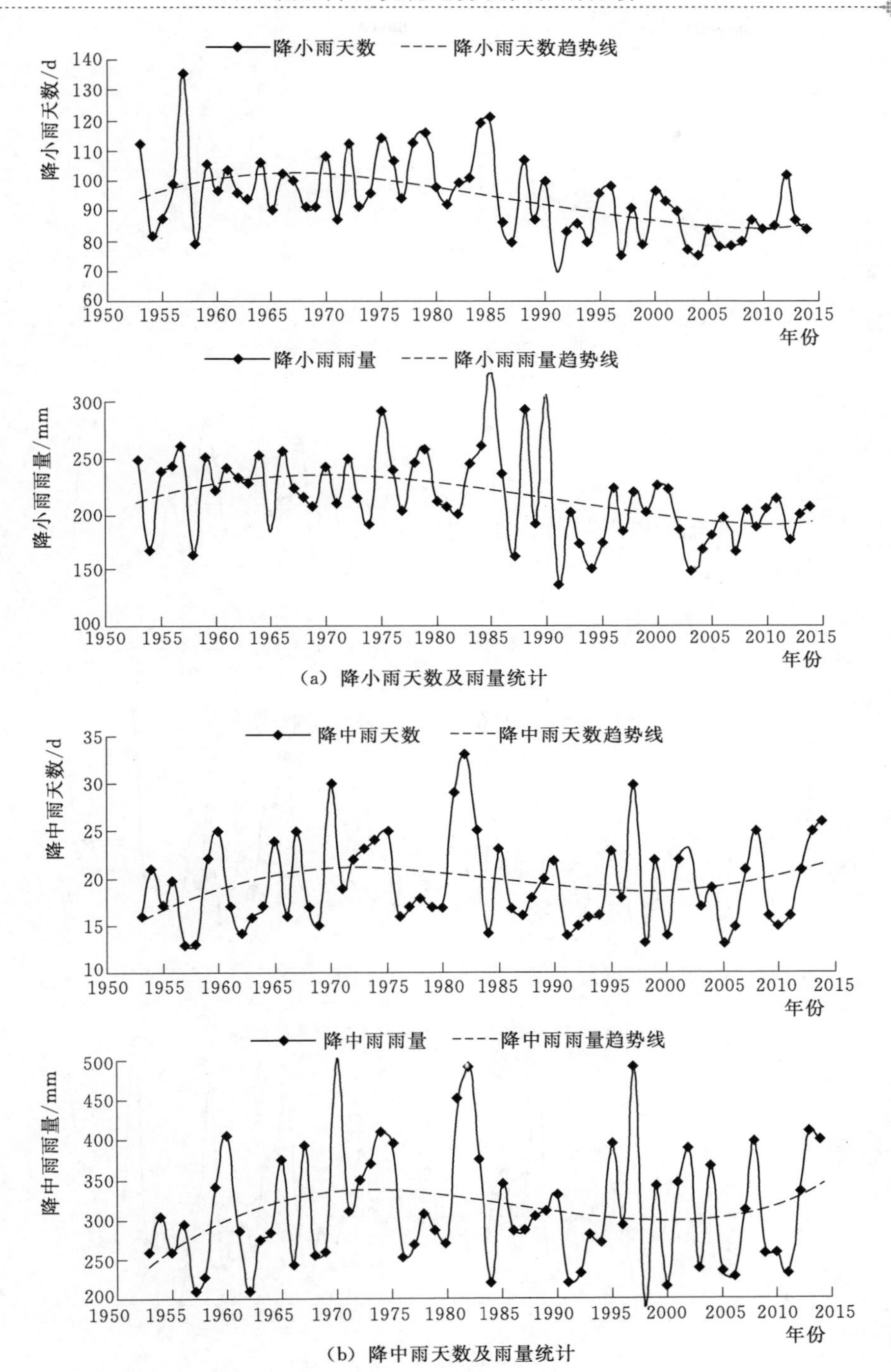

(a) 降小雨天数及雨量统计

(b) 降中雨天数及雨量统计

图 3-3-10（一） 北海站 1953—2014 年降雨频次、雨量统计

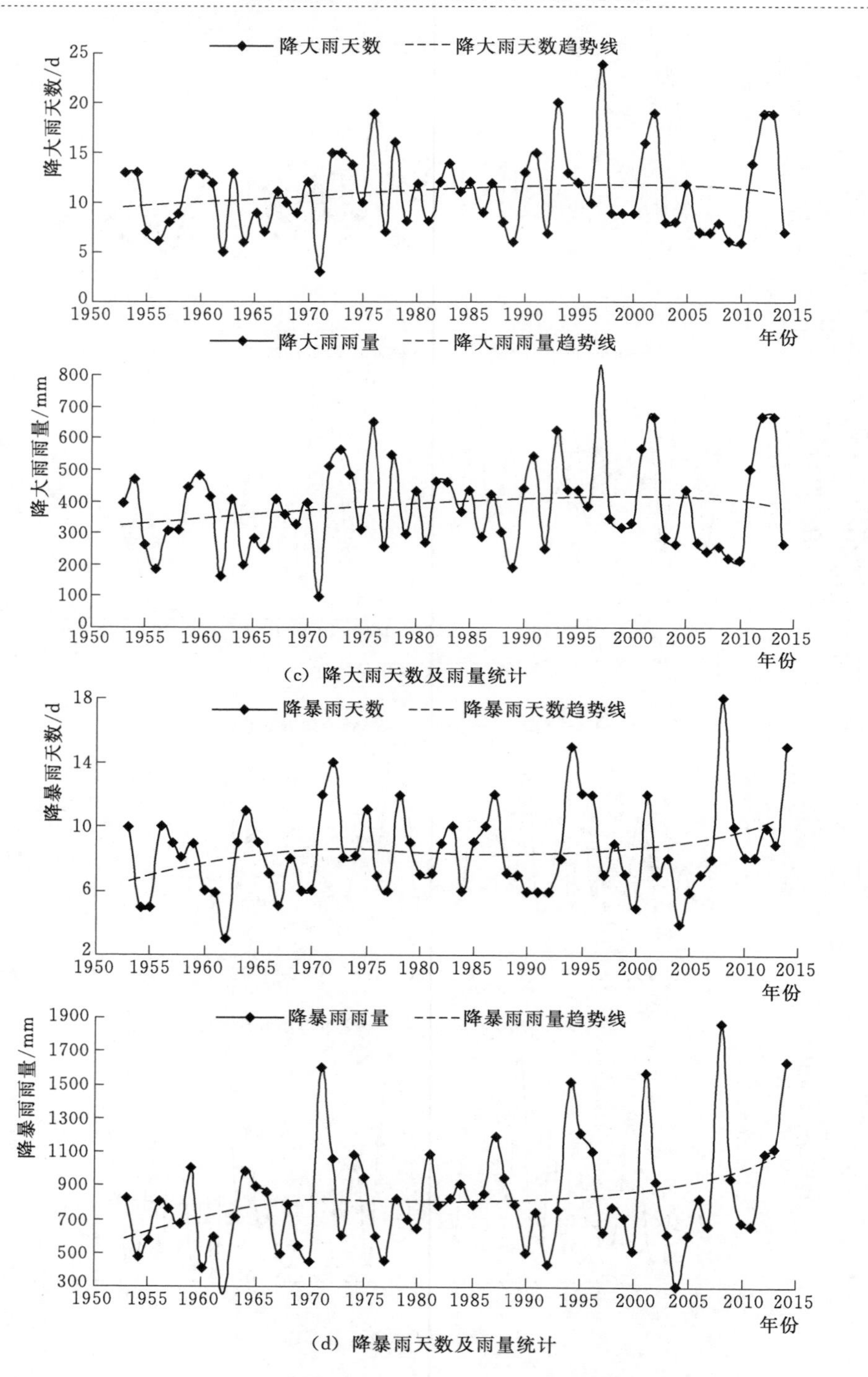

(c) 降大雨天数及雨量统计

(d) 降暴雨天数及雨量统计

图 3-3-10（二） 北海站 1953—2014 年降雨频次、雨量统计

每年降暴雨的天数、雨量呈明显增加趋势。1952—1971 年、1972—1991 年、1992—2011 年平均每年降暴雨的天数分别为 7.58 天、8.55 天、8.85 天，平均每年降暴雨的雨量及占年降雨量的比例分别为：721.9mm，占年降雨量的 46.0%；818.9mm，占年降雨量的 45.7%；868.8mm，占年降雨量的 49.6%。近 3 年平均每年降暴雨的天数为 11.33 天，平均每年降暴雨的雨量为 1283.4mm，占年降雨量的 53.7%，明显高于历史平均水平。

总体来看，以北海站为代表的桂南沿海蔗区，近 20 余年（1992—2014 年）平均年降雨量比历史平均年降雨量多约 153mm，比历史平均年降雨量增加 9.1%。但平均每年降小雨的雨量比历史平均每年降小雨的雨量少约 37mm，比历史平均每年降小雨的雨量减少 16.3%。平均每年降大雨的雨量比历史平均每年降大雨的雨量多约 43mm，比历史平均每年降大雨的雨量增加 11.7%。平均每年降暴雨的雨量比历史平均每年降暴雨的雨量多约 151mm，比历史平均每年降暴雨的雨量增加 19.6%。而平均每年降中雨的雨量基本与历史平均水平持平。从降雨结构上看，虽然桂南沿海蔗区降雨量大幅增加缓解了降雨分布不均匀的部分影响，但极端降雨比重提高的趋势明显。

由表 3-3-3 和图 3-3-11 可见，来宾站 1957—2014 年各等级降雨频次、降雨量变化趋势如下：

每年降小雨的天数呈现先明显增加至 1975 年左右达到峰值，随后明显逐步减少至 2014 年左右。1957—1971 年、1972—1991 年平均每年降小雨的天数分别为 122 天与 125 天，远高于 1992—2011 年平均每年降小雨的天数 107 天。近 3 年为 109 天，明显少于历史平均水平。每年降小雨的雨量呈现明显增加至 1972 年左右达到峰值，随后明显逐步减少至 2014 年左右，每年降小雨的雨量占年降雨量的比例的变化趋势相同。1957—1971 年平均每年降小雨的雨量为 292.6mm，占年降雨量的 21.3%，1972—1991 年平均每年降小雨的雨量为 286.8mm，占年降雨量的 21.6%，1992—2011 年平均每年降小雨的雨量为 259.1mm，占年降雨量的 19.3%。近 3 年平均每年降小雨的雨量为 259.9mm，占年降雨量的 18.8%，明显低于历史平均水平。

每年降中雨的天数及雨量呈现先减少至 1989 年左右达到低值，然后增加至 2014 年左右。1957—1971 年、1972—1991 年、1992—2011 年平均每年降中雨的天数分别为 22.1 天、21.0 天、22.2 天，平均每年降中雨的雨量分别为 347.4mm、329.0mm、353.4mm。近 3 年平均每年降中雨天数为 26.3 天，平均每年降中雨的雨量为 418.4mm，明显高于历史平均水平。

每年降大雨的天数及雨量均呈略微减少趋势。1957—1971 年、1972—1991 年、1992—2011 年平均每年降大雨的天数分别为 11.07 天、10.40 天、10.25 天，平均每年降大雨的雨量分别为 386.0mm、360.1mm、364.9mm。近 3 年平均

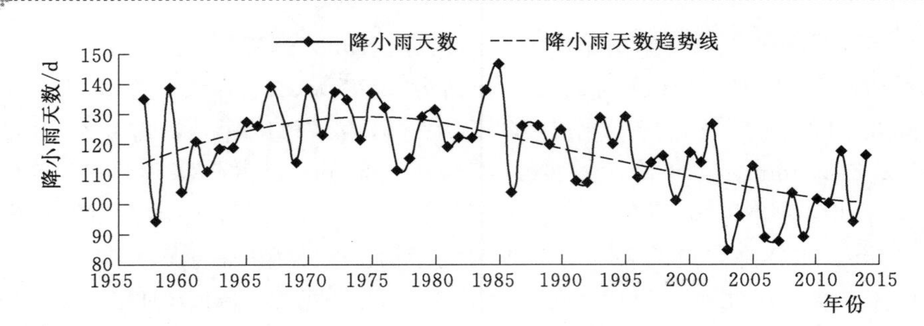

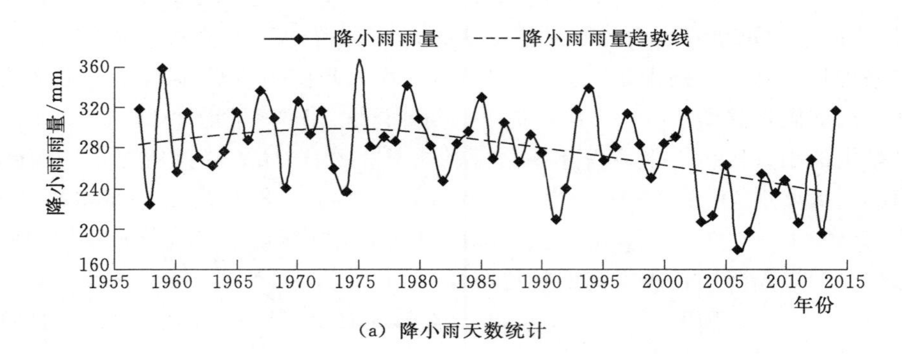

(a) 降小雨天数统计

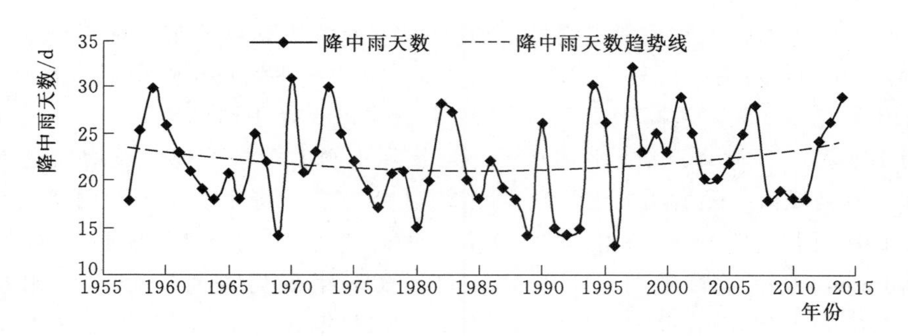

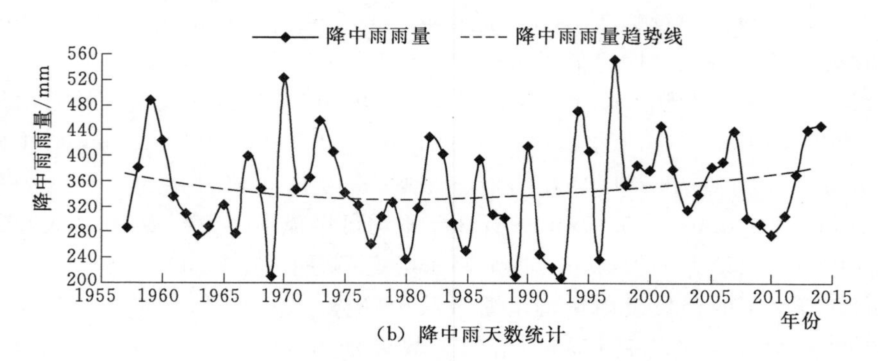

(b) 降中雨天数统计

图 3-3-11(一) 来宾站 1957—2014 年降雨频次、雨量统计

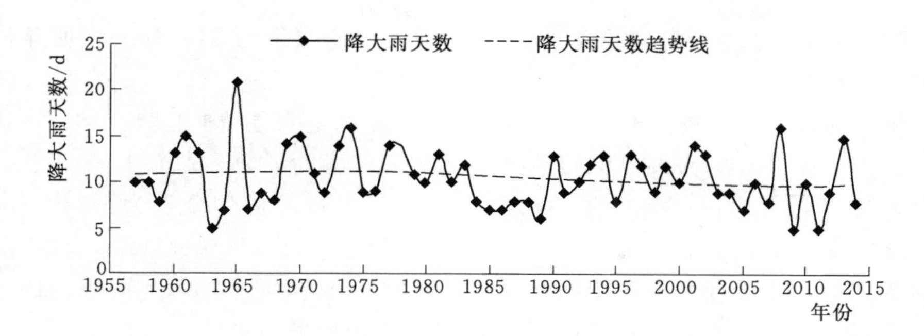

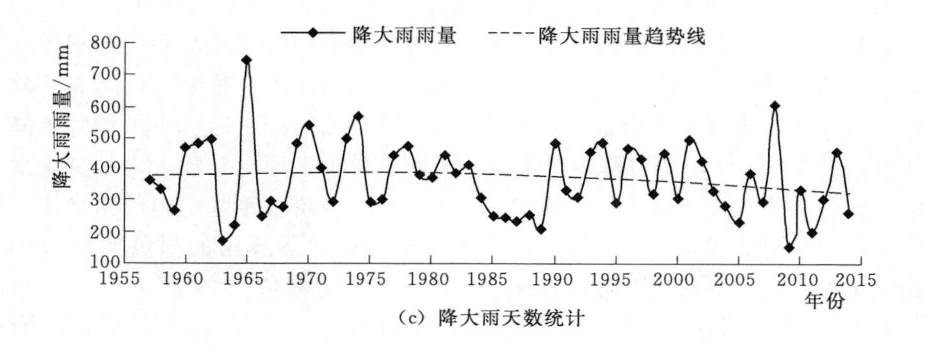

（c）降大雨天数统计

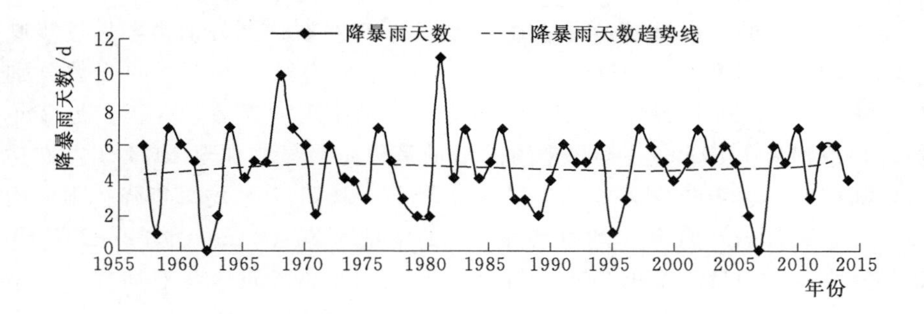

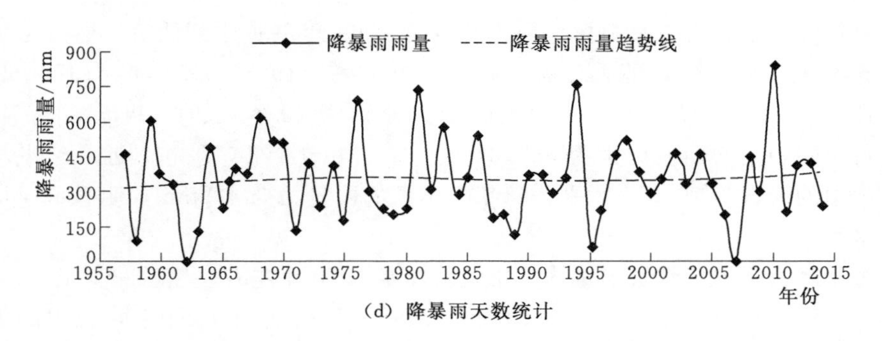

（d）降暴雨天数统计

图 3-3-11(二)　来宾站 1957—2014 年降雨频次、雨量统计

每年降大雨的天数为 10.67 天，平均每年降大雨的雨量为 342.3mm，明显低于历史平均水平。

每年降暴雨的天数、雨量及占年降雨量的比例呈明显增加趋势。1957—1971 年、1972—1991 年、1992—2011 年平均每年降暴雨的天数分别为 4.87 天、4.60 天、4.65 天，平均每年降暴雨的雨量及占年降雨量的比例分别为：349.1mm，占年降雨量的 25.3%；348.9mm，占年降雨量的 26.4%；366.9mm，占年降雨量的 27.3%。近 3 年平均每年降暴雨的天数为 5.33 天，平均每年降暴雨的雨量为 363.3mm，占年降雨量的 26.3%，明显高于历史平均水平。

总体来看，以来宾站为代表的桂中蔗区，近 20 余年（1992—2014 年）平均年降雨量与历史平均年降雨量基本持平。但平均每年降小雨的雨量比历史平均每年降小雨的雨量少约 30mm，比历史平均每年降小雨的雨量减少 10.0%，平均每年降中雨的雨量比历史平均每年降中雨的雨量多约 25mm，比历史平均每年降中雨的雨量增加 7.4%，平均每年降大雨的雨量比历史平均每年降大雨的雨量少约 9mm，比历史平均每年降大雨的雨量减少 2.5%，平均每年降暴雨的雨量比历史平均每年降暴雨的雨量多约 17mm，比历史平均每年降暴雨的雨量增加 5.0%。从降雨结构看，小雨的比例降低，极端降雨比重有所提高。

由表 3-3-4 和图 3-3-12 可见，龙州站 1953—2014 年各等级降雨频次、降雨量变化趋势如下：

每年降小雨的天数呈现先明显增加至 1974 年左右达到峰值，随后逐步减少至 2009 年左右。1953—1971 年、1972—1991 年平均每年降小雨的天数分别为 121 天与 120 天，高于 1992—2011 年平均每年降小雨的天数 108 天。近 3 年有所提升，达到为 118 天。每年降小雨的雨量呈现先明显增加至 1974 年左右达到峰值，随后明显逐步减少至 2009 年左右。1957—1971 年平均每年降小雨的雨量 267.1mm，1972—1991 年平均每年降小雨的雨量为 267.2mm，1992—2011 年平均每年降小雨的雨量为 251.6mm，比历史平均水平低。近 3 年有所提升，平均每年降小雨的雨量为 263.9m，基本持平历史平均水平。

每年降中雨的天数及雨量呈现先减少至 1969 年左右达到低值，然后增加至 2000 年左右达到高值，随后又减少至 2014 年左右。1953—1971 年、1972—1991 年、1992—2011 年平均每年降中雨的天数分别为 22.7 天、23.9 天、21.7 天，平均每年降中雨的雨量分别为 365.3mm、378.2mm、344.4mm。近 3 年平均每年降中雨的天数为 20.3 天，平均每年降中雨的雨量为 314.9mm，明显低于历史平均水平。

每年降大雨的天数及雨量均呈略微增加至 1970 年左右，然后减少至 2014 年左右。1957—1971 年、1972—1991 年、1992—2011 年平均每年降大雨的天数分别为 10.47 天、10.95 天、9.15 天，平均每年降大雨的雨量分别为 355.9mm、

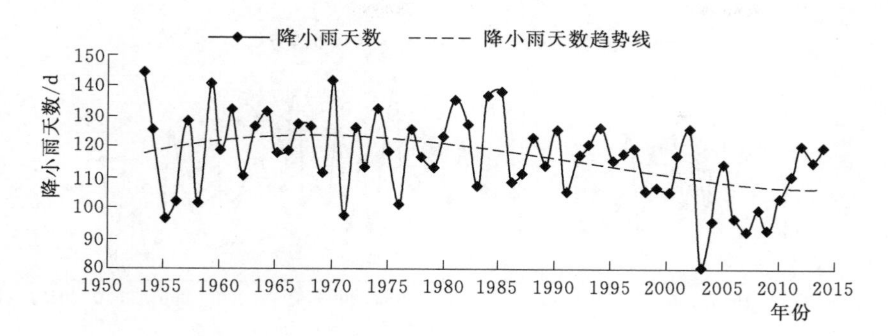

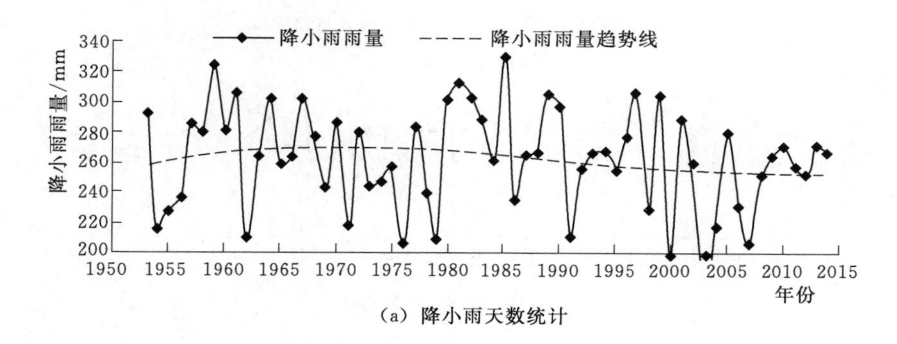

(a) 降小雨天数统计

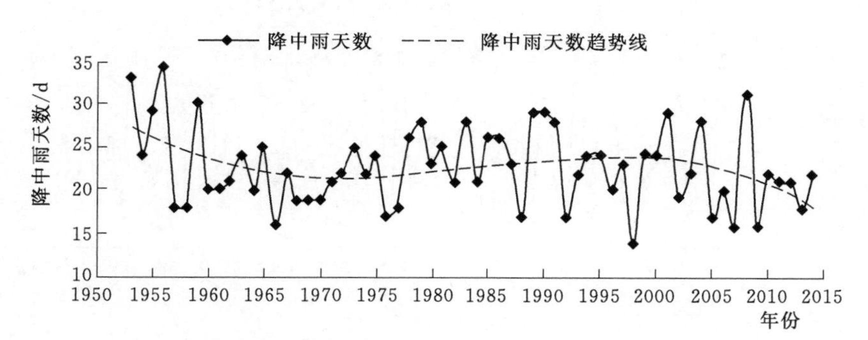

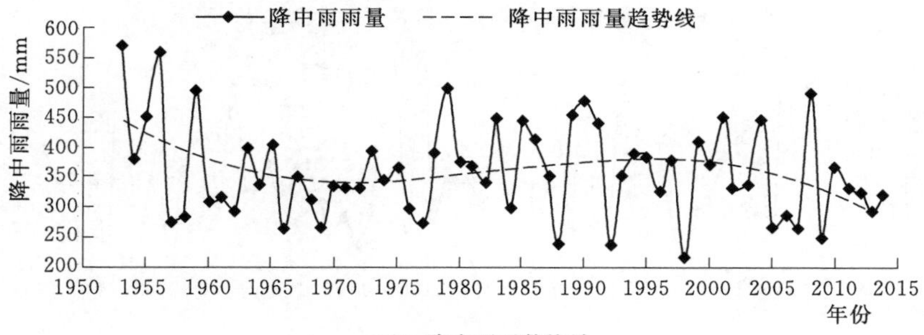

(b) 降中雨天数统计

图 3-3-12(一) 龙州站 1953—2014 年降雨频次、雨量统计

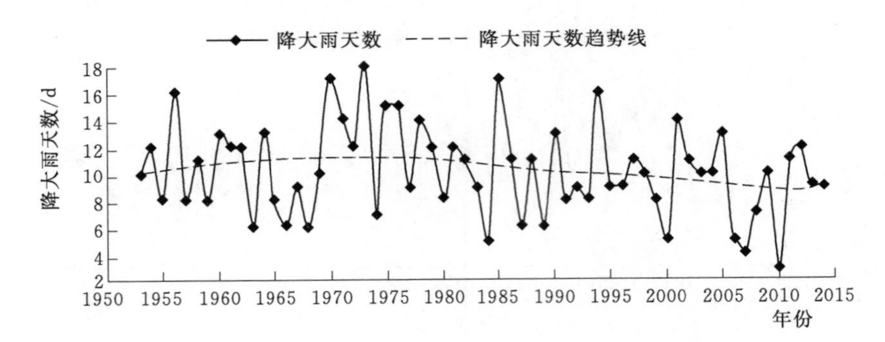

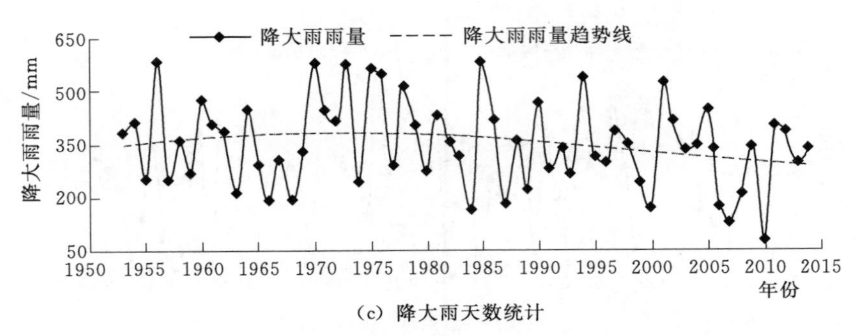

(c) 降大雨天数统计

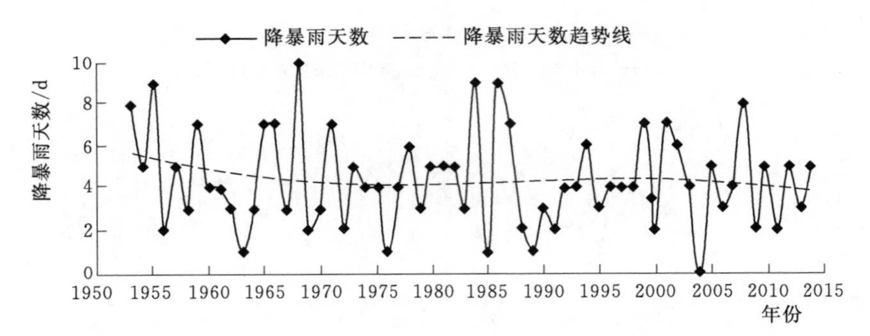

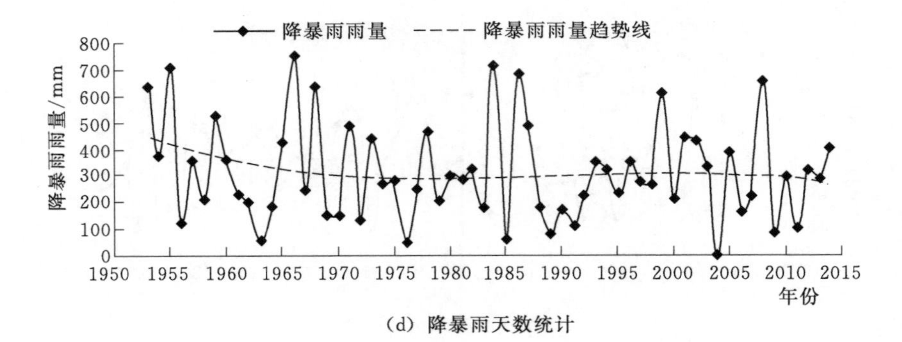

(d) 降暴雨天数统计

图 3-3-12(二) 龙州站 1953—2014 年降雨频次、雨量统计

379.2mm、314.6mm。近3年平均每年降大雨的天数为10.00天，平均每年降大雨的雨量为337.4mm，基本持平历史平均水平。

每年降暴雨的天数、雨量及占年降雨量的比例呈明显减少后略有提升趋势。1957—1971年、1972—1991年、1992—2011年平均每年降暴雨的天数分别为4.89天、4.05天、4.20天，平均每年降暴雨的雨量及占年降雨量的比例分别为：368.7mm，占年降雨量的27.2%；294.5mm，占年降雨量的22.3%；308.3mm，占年降雨量的25.3%。近3年平均每年降暴雨的天数为4.33天，平均每年降暴雨的雨量为346.3mm，占年降雨量的27.5%，基本持平历史平均水平。

总体来看，以龙州站为代表的桂西南蔗区，近20余年（1992—2014年）平均年降雨量比历史平均年降雨量减少约113mm，比历史平均年降雨量减少8.4%。平均每年降小雨的雨量比历史平均每年降小雨的雨量少约14mm，比历史平均每年降小雨的雨量减少5.2%。平均每年降中雨的雨量比历史平均每年降中雨的雨量少约31mm，比历史平均每年降中雨的雨量减少8.4%。平均每年降大雨的雨量比历史平均每年降大雨的雨量少约50mm，比历史平均每年降大雨的雨量减少13.7%。平均每年降暴雨的雨量比历史平均每年降暴雨的雨量少约17mm，比历史平均每年降暴雨的雨量减少5.3%。从降雨结构上看，降雨总量呈明显减少，特别是大雨和中雨减少的雨量和比重较大。

综上所述，广西主要蔗区每年降小雨的雨量及占年降雨量的比例普遍呈明显下降趋势，每年降暴雨的雨量及占年降雨量的比例普遍呈明显上升趋势，总体上广西蔗区的降雨结构向极端强降雨发展的趋势明显，这与其他学者研究的结论基本一致。结合上节所述降雨量的变化趋势来看，广西除桂南沿海外，其余蔗区降雨总量呈下降趋势，加之降雨结构的变化，广西蔗区受旱灾威胁的风险正在逐步加大，虽然2011—2014年广西蔗区整体上处于丰水年份，但未来加强灌溉保障的需求会更迫切。

3.3.3 蔗区降雨变化对干旱发生频次的影响分析

糖料蔗生产实践中，5—10月蔗区温度较高，是糖料蔗生长发育的旺盛期，需水量较大的时期。这段时期，一般连续7天无有效降雨，蔗叶会出现明显的萎蔫，如果无法及时灌溉补水，糖料蔗的产量将受影响，连续30天无有效降雨，则对糖料蔗当年的产量造成较大影响。参照现有的研究成果：亚热带丘陵区在作物主要生长期内，连续10天降雨≤5.0mm，作物出现萎蔫，处于水分亏缺状态，但有旱未成灾；连续20天≤5.0mm，作物生长发育受到轻微影响，即使及时复水也减产5%左右，属轻旱；连续30天≤5.0mm，作物生长发育受到影响，即使及时复水也减产8%～27%，属中旱；连续40天≤5.0mm，作物生长发育受到严重影响，即使及时复水也减产30%以上，属重旱。为便于分析统计，广西蔗区参照上述标准分析糖料蔗生长旺盛期（5—10月）的干旱情况及变化趋势。

由图3-3-13及表3-3-5可见，南宁站1952—2014年干旱情况及变化趋势如下：

每年水分亏缺发生的次数呈现先略微减少至1962年左右达到低值，然后增加至2009年左右达到高值，但近3年呈明显减少的趋势。1952—1971年、1972—1991年平均每年水分亏缺发生的次数分别为4.95次和5.10次，但1992—2011年增加到5.75次，增幅明显。虽然近3年（2012—2014年）明显回落到历史平均水平，但每年水分亏缺发生的次数总体呈明显的增加趋势。

每年轻旱发生的次数也呈现先略微减少至1970年左右达到低值，然后增加至2009年左右达到高值，但近3年呈明显减少的趋势。1952—1971年、1972—1991年平均每年轻旱发生的次数分别为1.15次和0.90次，但1992—2011年增加到1.65次，增幅明显。虽然近3年（2012—2014年）明显回落到历史平均水平，但每年轻旱发生的次数总体呈明显的增加趋势。

每年中旱发生的次数同样呈现先略减少至1970年左右达到低值，然后增加至2005年左右达到高值，但近3年呈明显减少的趋势。1952—1971年、1972—1991年平均每年中旱发生的次数分别为0.35次和0.40次，但1992—2011年增加到0.75次，增幅明显，虽然近3年（2012—2014年）无中旱发生。但每年中旱发生的次数总体呈明显的增加趋势，而且1年中出现2次中旱的频率明显增加。1952—2001年近50年中仅有1979年和1991年出现2次中旱，而2002—2011年的10年中有2003年、2006年、2010年出现2次中旱。

每年重旱发生的次数同样呈现先略减少至1970年左右达到低值，然后增加至2005年左右达到高值，但近3年呈明显减少的趋势。1952—1971年、1972—1991年平均每年重旱发生的次数分别为0.25次和0.20次，但1992—2011年增加到0.50次，增幅明显，虽然近3年（2012—2014年）无重旱发生。但每年重旱发生的次数总体呈明显的增加趋势，而且1年中出现1次重旱的频率明显增加。1952—2014年的63年中共有19年出现1次重旱，平均3年一次重旱，但仅1990—2014年的25年中就有12次，基本达到2年一次重旱。

表3-3-5　南宁站干旱情况统计表　单位：次

干旱等级	1952—1971年年均频次	1972—1991年年均频次	1992—2011年年均频次	近3年年均频次
水分亏缺	4.95	5.10	5.75	5.00
轻旱	1.15	0.90	1.65	1.00
中旱	0.35	0.40	0.75	0.00
重旱	0.25	0.20	0.50	0.00

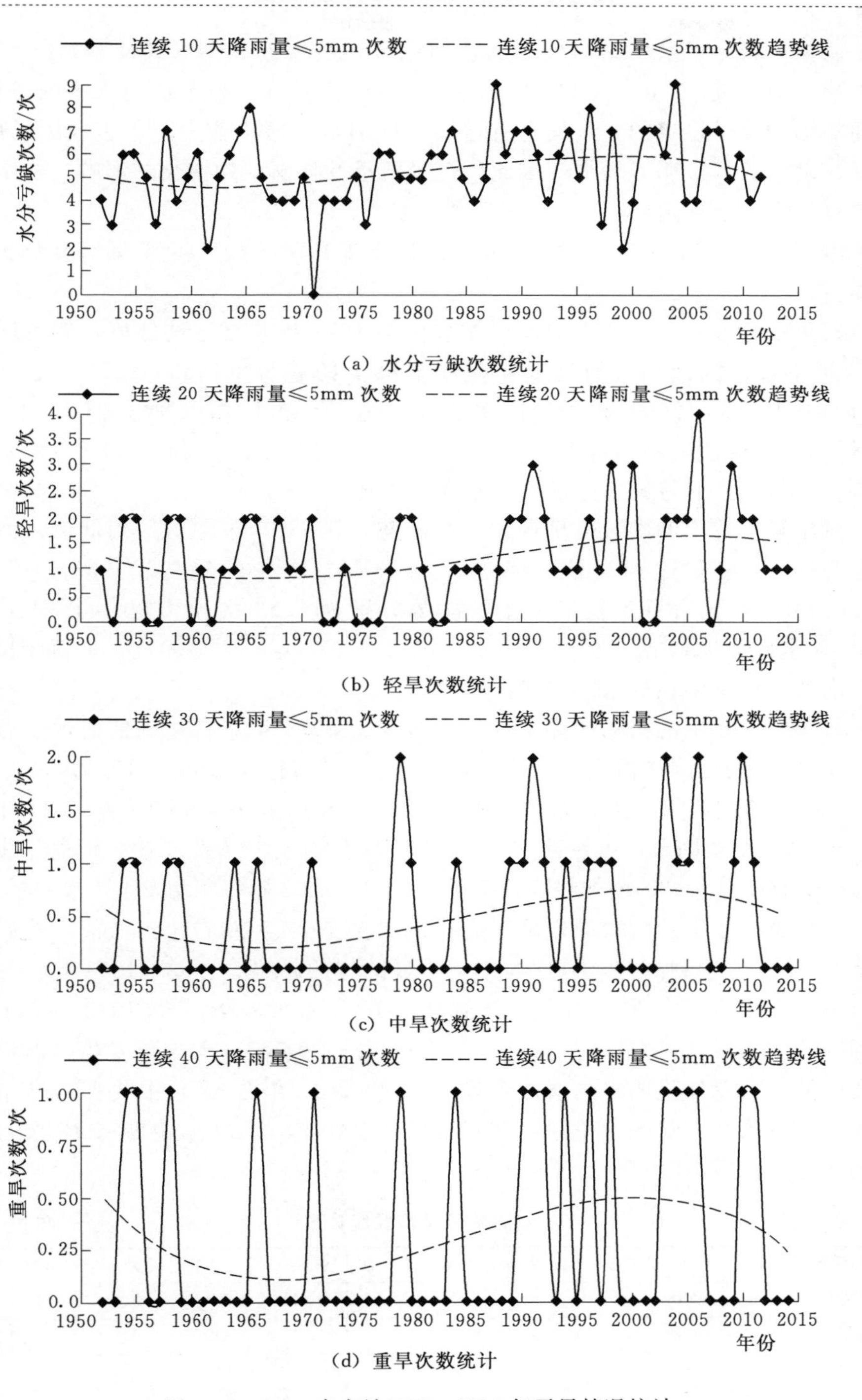

(a) 水分亏缺次数统计

(b) 轻旱次数统计

(c) 中旱次数统计

(d) 重旱次数统计

图3-3-13 南宁站1952—2014年干旱情况统计

总体来看，以南宁站为代表的桂南蔗区，虽然近 3 年（2012—2014 年）风调雨顺，但较近 20 年（1992—2011 年），在降雨量基本持平历史水平的条件下，不同等级的干旱发生的频次均有所增加，特别是对糖料蔗生产危害较大的中旱、重旱，发生的频次明显增加。因此，受降雨量及降雨结构变化的影响，桂南蔗区对灌溉的需求会更迫切。

由图 3-3-14 及表 3-3-6 可见，北海站 1953—2014 年干旱情况及变化趋势如下：

每年水分亏缺发生的次数呈现先减少至 1974 年左右达到低值，然后增加至 2006 年左右达到高值，但近 3 年呈明显减少的趋势。1953—1971 年、1972—1991 年平均每年水分亏缺发生的次数分别为 6.0 次和 4.80 次，但 1992—2011 年增加到 5.95 次，基本持平历史最高水平。虽然近 3 年（2012—2014 年）明显回落，但每年水分亏缺发生的次数总体明显增加。

每年轻旱发生的次数也呈现先减少趋势，至 1975 年左右达到低值，然后增加至 2005 年左右达到高值，但近 3 年呈明显减少的趋势。1953—1971 年、1972—1991 年平均每年轻旱发生的次数分别为 1.53 次和 1.00 次，但 1992—2011 年增加到 1.45 次，虽然近 3 年（2012—2014 年）明显回落，但每年轻旱发生的次数总体呈明显的增加趋势。

每年中旱发生的次数同样呈现先略减少至 1975 年左右达到低值，然后增加至 2005 年左右达到高值，但近 3 年呈明显减少的趋势。1953—1971 年、1972—1991 年平均每年中旱发生的次数分别为 0.58 次和 0.45 次，但 1992—2011 年增加到 0.65 次，增幅明显，虽然近 3 年（2012—2014 年）仅发生 1 次，但每年中旱发生的次数总体呈明显的增加趋势，特别是 2001—2007 年每年均发生 1 次中旱。

每年重旱发生的次数同样呈现先略减少至 1967 年左右达到低值，然后增加至 2004 年左右达到高值，但近 3 年呈明显减少的趋势。1953—1971 年、1972—1991 年平均每年重旱发生的次数分别为 0.37 次和 0.35 次，但 1992—2011 年增加到 0.55 次，增幅明显，虽然近 3 年（2012—2014 年）无重旱发生，但每年重旱发生的次数总体呈明显的增加趋势。1953—2014 年的 62 年中共有 25 年出现 1 次重旱，平均 2.5 年一次重旱，但仅 1990—2014 年的 25 年中就有 12 次，基本达到 2 年一次重旱。

表 3-3-6　　北海站干旱情况统计表　　单位：次

干旱等级	1953—1971 年年均频次	1972—1991 年年均频次	1992—2011 年年均频次	近 3 年年均频次
水分亏缺	6.00	4.80	5.95	3.67
轻旱	1.53	1.00	1.45	0.67
中旱	0.58	0.45	0.65	0.33
重旱	0.37	0.35	0.55	0.00

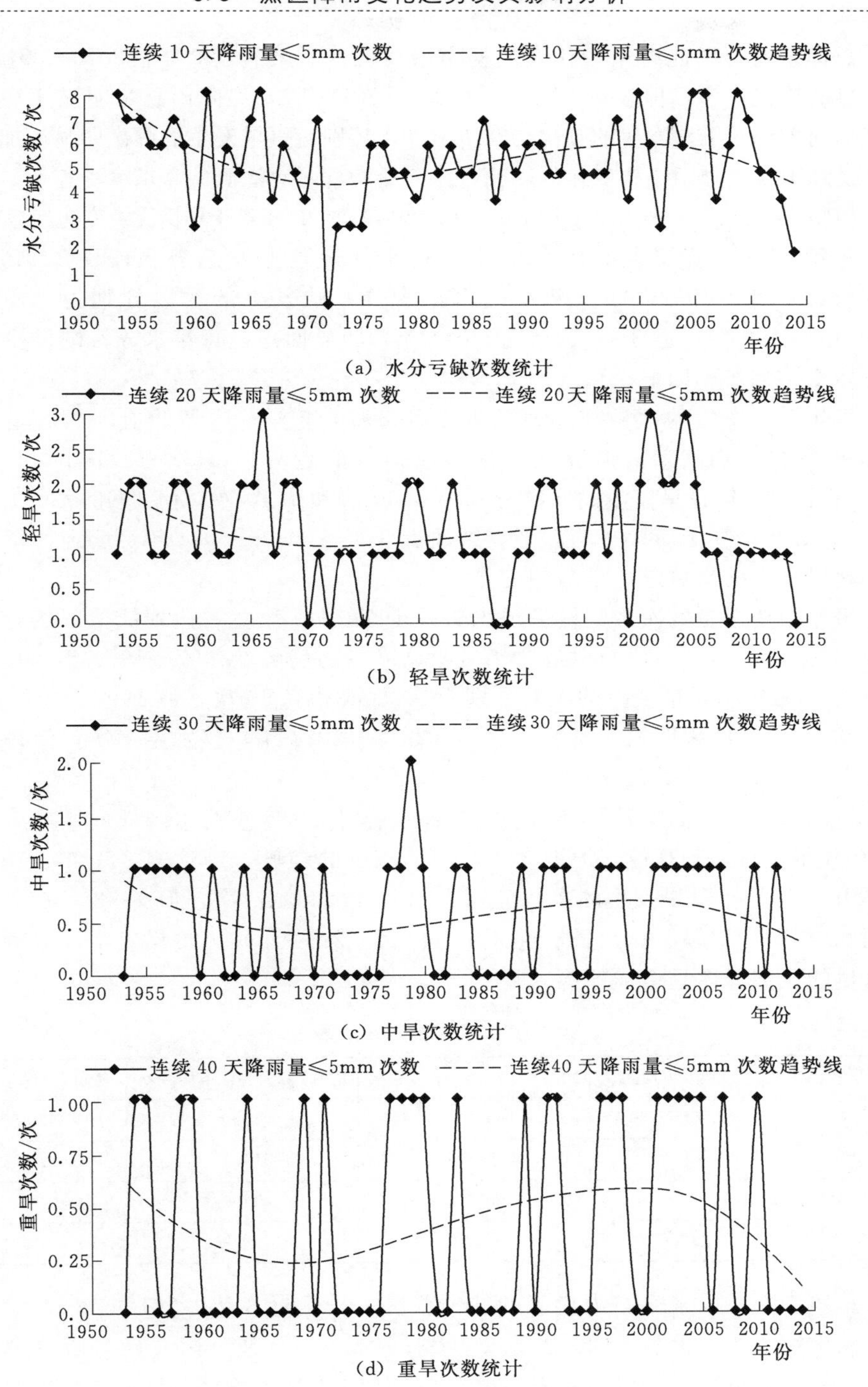

(a) 水分亏缺次数统计

(b) 轻旱次数统计

(c) 中旱次数统计

(d) 重旱次数统计

图 3-3-14　北海站1953—2014 年干旱情况统计

总体来看，以北海站为代表的桂南沿海蔗区，虽然近3年（2012—2014年）无明显的旱灾危害，但较近20余年（1992—2011年），在降雨总量明显增加的情况，不同等级的干旱发生的频次均有所增加，特别是重旱发生的频次明显增加。因此，受降雨量及降雨结构变化的影响，桂南沿海蔗区对灌溉的需求会更迫切。

由图3-3-15及表3-3-7可见，来宾站1957—2014年干旱情况及变化趋势如下：

每年水分亏缺发生的次数呈总体持平、略微上升趋势。1957—1971年、1972—1991年、1992—2011年平均每年水分亏缺发生的次数分别为5.40次、5.50次、5.60次，近3年（2012—2014年）明显回落，每年水分亏缺发生的次数总体变化趋势不明显。

每年轻旱发生的次数也呈现先减少至1970年左右达到低值，然后增加至2010年左右达到高值，但近3年呈明显减少的趋势。1957—1971年、1972—1991年平均每年轻旱发生的次数分别为1.40次和1.10次，但1992—2011年增加到1.45次，高于历史平均水平，虽然近3年（2012—2014年）明显回落，但每年轻旱发生的次数总体呈增加趋势。

每年中旱发生的次数同样呈现先略减少至1970年左右达到低值，然后增加至2005年左右达到高值，但近3年呈明显减少的趋势。1957—1971年、1972—1991年平均每年中旱发生的次数分别为0.40次和0.50次，但1992—2011年增加到0.60次，增幅明显，虽然近3年（2012—2014年）仅发生1次，但每年中旱发生的次数总体呈增加趋势。

每年重旱发生的次数同样呈现先略减少至1980年左右达到低值，然后增加至2005年左右达到高值，但近3年呈明显减少的趋势。1957—1971年、1972—1991年平均每年重旱发生的次数分别为0.20次和0.20次，但1992—2011年增加到0.30次，增幅明显。虽然近3年（2012—2014年）无重旱发生，但每年重旱发生的次数总体呈增加趋势。

表3-3-7　　来宾站受旱情况统计表　　单位：次

干旱等级	1957—1971年年均频次	1972—1991年年均频次	1992—2011年年均频次	近3年年均频次
水分亏缺	5.40	5.50	5.60	4.00
轻旱	1.40	1.10	1.45	1.33
中旱	0.40	0.50	0.60	0.33
重旱	0.20	0.20	0.30	0.00

总体来看，以来宾站为代表的桂中蔗区，虽然近3年（2012—2014年）无明显的旱灾危害。但较近20余年（1992—2011年），在降雨总量与历史平均水平基本持平的情况下，对糖料蔗生产危害较大的中旱、重旱，发生的频次有所增加，但幅度较其他地区相对较小。

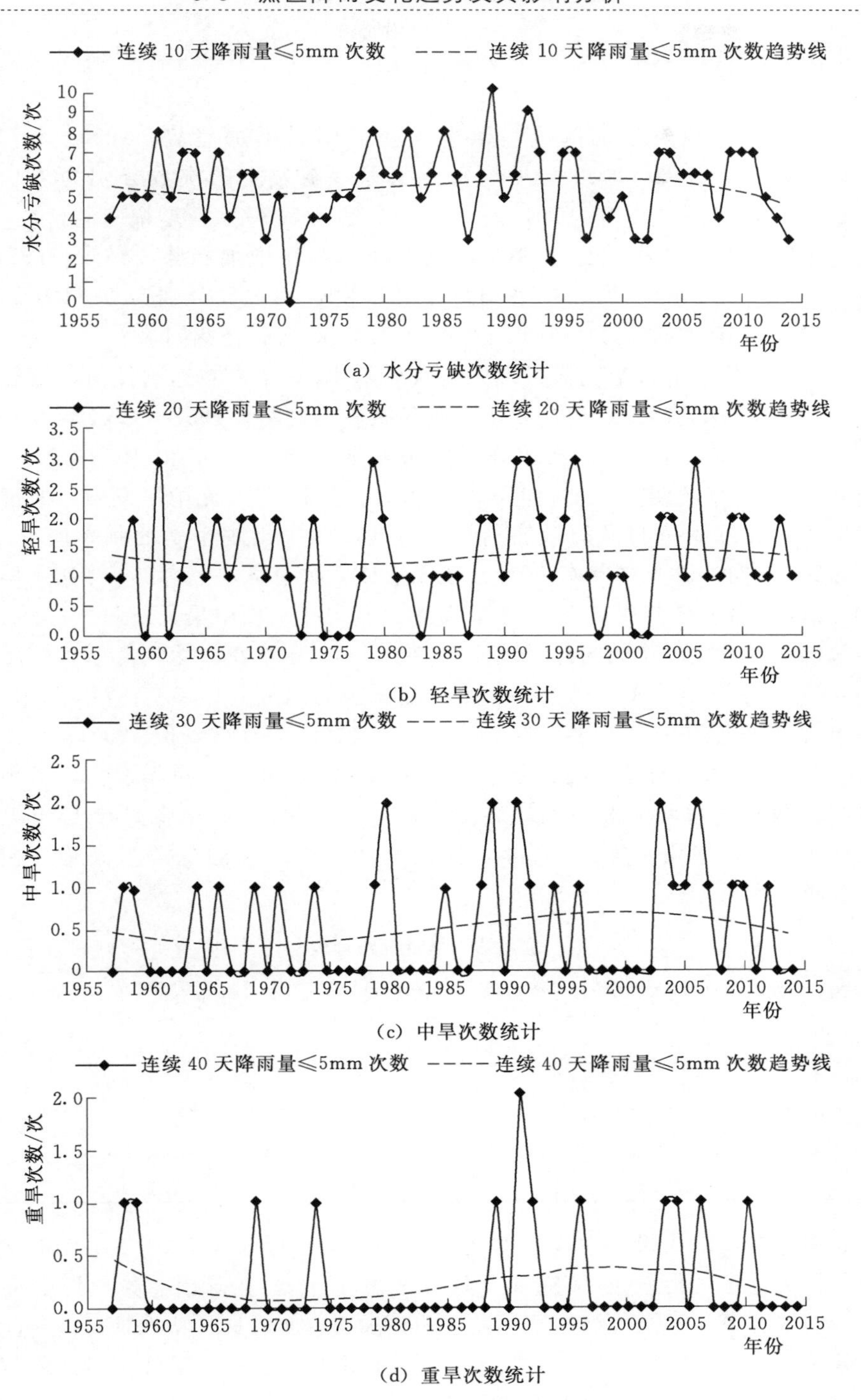

(a) 水分亏缺次数统计

(b) 轻旱次数统计

(c) 中旱次数统计

(d) 重旱次数统计

图 3-3-15 来宾站1957—2014 年干旱情况统计

由图 3-3-16 及表 3-3-8 可见，龙州站 1953—2014 年干旱情况及变化趋势如下：

每年水分亏缺发生的次数呈略微下降后明显增加趋势。1953—1971 年、1972—1991 年、1992—2011 年平均每年水分亏缺发生的次数分别为 4.05 次、3.75 次、4.75 次，近 3 年（2012—2014 年）达到 5.33 次，增幅明显。

每年轻旱发生的次数也呈现先略微下降后明显增加趋势。1953—1971 年、1972—1991 年、1992—2011 年平均每年轻旱发生的次数分别为 0.84 次、0.55 次、1.30 次，近 3 年（2012—2014 年）达到 1.33 次，增幅明显。

每年中旱发生的次数同样呈现先略减少至 1970 年左右达到低值，然后增加至 2005 年左右达到高值，但近 3 年呈明显减少的趋势。1953—1971 年、1972—1991 年平均每年中旱发生的次数分别为 0.32 次和 0.30 次，但 1992—2011 年增加到 0.65 次，增幅明显。虽然近 3 年（2012—2014 年）无中旱发生，但每年中旱发生的次数总体呈明显的增加趋势，而且 1 年中出现中旱的频率明显增加。1953—2014 年的 62 年中共有 23 年出现 1 次或 2 次中旱，平均 3 年一次中旱，但 1990—2014 年的 25 年中就有 13 次，基本达到 2 年一次中旱。

每年重旱发生的次数同样呈现先略减少至 1970 年左右达到低值，然后增加至 2005 年左右达到高值，但近 3 年呈明显减少的趋势。1953—1971 年、1972—1991 年平均每年重旱发生的次数分别为 0.16 次和 0.15 次，但 1992—2011 年增加到 0.50 次，增幅明显。虽然近 3 年（2012—2014 年）无重旱发生，但年重旱发生的次数总体呈明显的增加趋势。1953—2014 年的 62 年中共有 15 年出现 1 次或 2 次重旱，平均 4 年一次重旱，但仅 1990—2014 年的 25 年中就有 9 次，达到 2.8 年一次重旱。

表 3-3-8　　龙州站干旱情况统计表　　单位：次

干旱等级	1953—1971 年年均频次	1972—1991 年年均频次	1992—2011 年年均频次	近 3 年年均频次
水分亏缺	4.05	3.75	4.75	5.33
轻旱	0.84	0.55	1.30	1.33
中旱	0.32	0.30	0.65	0.00
重旱	0.16	0.15	0.50	0.00

总体来看，以龙州站为代表的桂南蔗区，虽然近 3 年（2012—2014 年）无明显的旱灾危害，但较近 20 余年（1992—2011 年），在降雨总量比历史平均水平减少的情况下，不同等级的干旱发生的频次均有所增加，特别是对糖料蔗生产危害较大的中旱、重旱，发生的频次更是大幅增加。因此，受降雨量及降雨结构变化的影响，桂西南蔗区对灌溉的需求会更迫切。

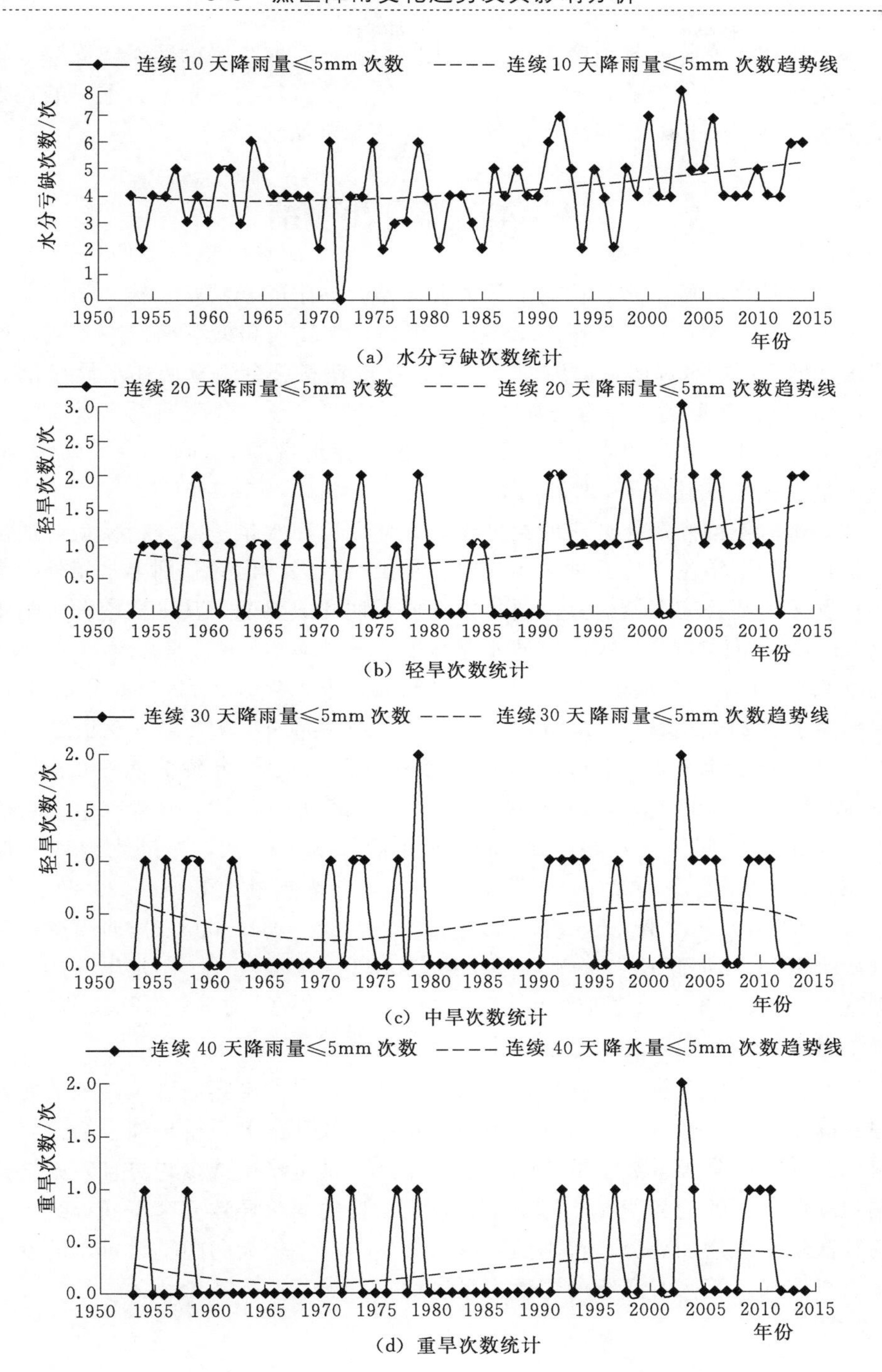

图 3-3-16　龙州站1953—2014年干旱情况统计

综上所述，受降雨量及降雨结构变化的影响，广西主要蔗区不同等级干旱发生的频次均呈现增加趋势，特别是对糖料蔗生产危害较大的中旱、重旱的发生频次呈明显增加，干旱对糖料蔗生产的威胁将进一步加剧。

3.4 本章小结

（1）以桂南的南宁站、桂南沿海的北海站、桂中的来宾站、桂西南的龙州站的逐日气象资料为基础，采用 Penman - Monteith 公式和糖料蔗作物系数，推算这些区域糖料蔗需水规律，得出如下结论：广西糖料蔗全生育期耗水量在 1000～1200mm，生育初期耗水量占总耗水量的 7.7%～8.4%，分蘖期耗水量占总耗水量的 12.6%～14.1%，生育旺盛期耗水量占总耗水量的 59.1%～62.9%，成熟期耗水量占总耗水量的 16.2%～19.3%。

（2）选取不同灌溉保证率的典型年，并建立蔗田水量平衡分析模型，通过计算分析得出如下结论：广西蔗区年降雨总量虽然较大，但除个别丰水年外，大部分年份蔗区需要补充灌溉，且主要集中在伸长期和成熟期，其中桂南蔗区枯水年（P=85%）年灌溉 7～9 次，年灌水量 336.11～425.88mm，平水年（P=50%）年灌溉 6～7 次，年灌水量 298.53～365.33mm，丰水年（P=25%）年灌溉 5～6 次，年灌水量 246.34～298.53mm；桂南沿海蔗区枯水年（P=85%）年灌溉 12～14 次，年灌水量 473.31～590.53mm，平水年（P=50%）年灌溉 9～10 次，年灌水量 338.07～396.68mm，丰水年（P=25%）年灌溉 6～8 次，年灌水量 256.95～333.58mm；桂中蔗区枯水年（P=85%）年灌溉 8～10 次，年灌水量 339.68～440.0mm，平水年（P=50%）年灌溉 6～8 次，年灌水量 251.68～339.68mm，丰水年（P=25%）年灌溉 5～6 次，年灌水量 207.68～264.0mm；桂西南蔗区枯水年（P=85%）年灌溉 6～7 次，年灌水量 290.72～359.12mm，平水年（P=50%）年灌溉 4～6 次，年灌水量 183.84～290.72mm，丰水年（P=25%）年灌溉 3～4 次，年灌水量 160.32～213.76mm。

（3）以桂南的南宁站、桂南沿海的北海站、桂中的来宾站、桂西南的龙州站的逐日降雨资料为基础，分析蔗区降雨变化趋势及其影响，得出如下结论：广西糖料蔗区受年际降雨量波动的影响，近年年降雨量呈略微减少趋势且降雨结构向极端强降雨发展的趋势明显。降雨量及降雨结构的变化导致蔗区不同等级干旱发生的频次均呈现增加趋势，特别是对糖料蔗生产危害较大的中旱、重旱的发生频次呈明显增加，蔗区对灌溉的需要将更迫切。

4　糖料蔗水分亏缺效应及灌溉制度

4.1　水分亏缺试验处理设计

4.1.1　测坑试验区概况

为探索糖料蔗水分亏缺条件下的需水量及其变化规律，试验的主要内容是精确测定各处理糖料蔗各生育阶段蒸发蒸腾量以及相应的糖料蔗生理、生态指标和产量，故以采用大型非称重式测坑试验为主。测坑用薄壁混凝土制成，规格为长2m，宽2m，深0.6m，下设15cm的滤层，底部设侧向排水孔。排水孔平时关闭，定时开管排水，坑内45cm厚原状土，每坑内种植不少于35株糖料蔗。测坑上方设有可移动的防雨棚。每个测坑糖料蔗种植两行糖料蔗，行距0.6m。在两行糖料蔗之间安装一根直径16mm、壁厚0.3mm、贴片间距20cm的滴管带。坑内土壤为砂壤土，密度为0.94g/cm^3，田间持水量为32.6%，pH值为6.1、有机质含量为13.2g/kg。

为了检验测坑所测成果的代表性，对于正常灌溉处理的成果（耗水量、产量），测坑测定值与同步进行的小区观测值核对。

4.1.2　试验处理设计

2013—2015年在江州区40个大型测坑中，以粤糖93/159号为研究对象，2—3月种植，12月砍收。生育期划分为萌芽幼苗期（3月11日至4月30日，51天）、分蘖期（5月1日至6月20日，共50天）、伸长期前期（6月21日至8月20日，60天）、伸长期后期（8月21日至10月20日，60天）、成熟期（10月21日至12月10日，50天）5个阶段，共271天。

针对不同阶段的不同受旱水平安排处理，并以不受旱（正常灌溉）为对照处理。各阶段分别安排成正常灌溉、轻旱、中旱和重旱4个水平。为了更符合广西可能发生的旱情，还安排了萌芽幼苗期与分蘖期连续中旱、伸长期前期与伸长期后期连续中旱、分蘖期、伸长期前期与伸长期后期3个阶段连续受轻旱处理，总共14个处理，每个处理重复3次，每个处理自成为一个小区，共42个小区，所有试验小区随机分布。上述正常灌溉、轻旱、中旱、重旱水平，系指各生育期内蔗田计划湿润层内平均含水率下限不同水平，详见表4-1-1和表4-1-2。正常灌溉是萌芽幼苗期土壤保持65%～70%田间持水量，分蘖期土壤保持65%～75%田间持水量，伸长期保持75%～85%田间持水量，成熟期保持60%～70%田间持水量。各处理除控制土壤水分外，其他管理均相同。试验处理设置见表4-1-3。

表4-1-1　糖料蔗各生育期土壤计划湿润层深度

糖料蔗生育期	萌芽幼苗期	分蘖期	伸长期	成熟期
计划湿润层深度/cm	20～25	30～35	35～40	25～30

表4-1-2　糖料蔗各生育期处理土壤含水率上下限　%

水分处理	萌芽幼苗期	分蘖期	伸长期	成熟期
正常灌溉（CK）	65～70	65～75	75～85	60～70
轻旱	55～65	55～65	65～75	50～60
中旱	45～55	45～55	55～65	40～50
重旱	35～45	35～45	45～55	30～40

表4-1-3　试验处理设置表　%

处理编号	处理特性	各阶段蔗田水分条件			
		萌芽幼苗期	分蘖期	伸长期	成熟期
T1	正常灌溉（CK）	65～70	65～75	75～85	60～70
T2	萌芽幼苗期轻旱	55～65	65～75	75～85	60～70
T3	萌芽幼苗期中旱	45～55	65～75	75～85	60～70
T4	萌芽幼苗期重旱	35～45	65～75	75～85	60～70
T5	分蘖期轻旱	65～70	55～65	75～85	60～70
T6	分蘖期中旱	65～70	45～55	75～85	60～70
T7	分蘖期重旱	65～70	35～45	75～85	60～70
T8	伸长期轻旱	65～70	65～75	65～75	60～70
T9	伸长期中旱	65～70	65～75	55～65	60～70
T10	伸长期重旱	65～70	65～75	45～55	60～70
T11	成熟期轻旱	65～70	65～75	75～85	50～60
T12	成熟期中旱	65～70	65～75	75～85	40～50
T13	成熟期重旱	65～70	65～75	75～85	30～40

4.2 试验观测方法

（1）测坑中糖料蔗蒸发蒸腾量及小区中蒸发蒸腾量与渗漏量之和：用所测土壤含水率成果计算确定，含水率用TDR水分速测仪测定。

（2）渗漏量：直接收集侧孔排水，测量。

（3）根系活力：李合生的方法测根系 TTC 还原率。

（4）产量：各测坑的产量单独砍收、测实际产量。

（5）自由水和束缚水含量测定：+3 叶，阿贝折射仪法。

（6）叶绿素：分蘖期、伸长期+3 叶，参考张宪政的方法测定。

（7）丙二醛：+3 叶，硫代巴比妥酸法测定。

（8）脯氨酸：+3 叶，磺基水杨酸法测定。

（9）土温：用曲管和直管温度计测定。

（10）株高、绿叶片数、分蘖数：定点定苗观测。

（11）各种气象要素：按《地面气象观测规范》中要求的方法观测。

（12）作物生育期调查及考种：按《灌溉试验规范》（SL 13—2015）的要求进行。

4.3 水分亏缺对糖料蔗生长各生育期生长发育的影响

根据前人研究及农业生产实践经验表明，糖料蔗在分蘖后期和成熟期适当受旱对植株的生长发育与高产高糖有利，其他阶段短期受轻旱，也不会导致减产，甚至产量会更高。这表明，作物在长期的进化历程中，产生了对水分暂时亏缺的适应。由于糖料蔗水分亏缺条件下的耗水规律的变化是其生物学特性（如分蘖率、叶面积指数、根系生长、株高等条件）及水分生理机制（如自由水、叶绿素、根系活力、丙二醛、脯氨酸等因素）的特殊反映，因此，研究水分亏缺对生长发育的影响，确定各生育期适宜的土壤含水率，有助于加深对糖料蔗灌溉原理的认识，为糖料蔗灌溉制度的制定提供理论依据。

4.3.1 水分亏缺对出苗率的影响

当10%的幼苗长出第一片真叶时对各处理出苗率进行调查，结果如图 4-3-1 所示。萌芽幼苗期 CK、轻旱、中旱糖料蔗的平均出苗率分别为 64.67%、72.3%、54.67%，而重旱的出苗率接近 0，这说明 55%～65%的处理最适当糖

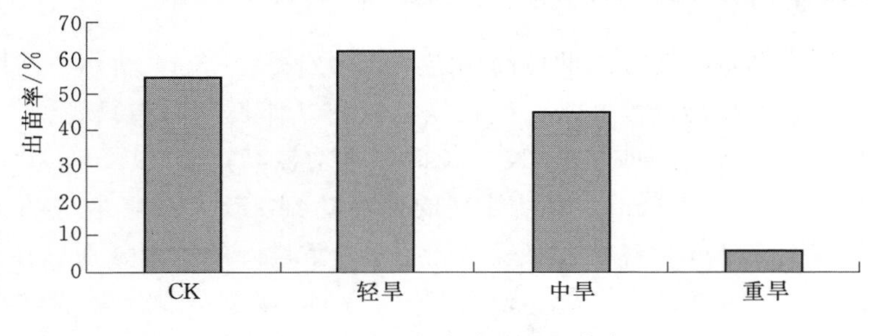

图 4-3-1 各水分处理出苗率

料蔗出苗生长，65%～70%的处理次之，而45%～55%的处理较不利于出苗生长，35%～45%的处理几乎不能出苗。因土壤含水率太高，导致土壤通透性变差，蔗芽不能有效呼吸，影响出苗，而重度缺水抑制了蔗芽的生理活动，导致蔗芽受害或休眠而不能正常发芽。

因此，糖料蔗苗期水分控制在55%～65%适宜。

4.3.2　水分亏缺对分蘖率的影响

从50%糖料蔗植株长出5片真叶开始，每5天调查一次分蘖率，以开始拔节时最后一次分蘖调查结果计算分蘖率，结果如图4-3-2所示。从图4-3-2可以看出，有效分蘖最高的处理为分蘖期轻旱，其分蘖率达到171.7%，最低的处理为分蘖期重旱，分蘖率仅为22.3%。分蘖期轻旱处理比分蘖期中旱的分蘖率高了67%，比CK的分蘖率提高了52%。说明糖料蔗在分蘖期适当受轻旱有利于分蘖率，主要是分蘖期水分充足时容易形成无效分蘖。而分蘖期轻旱，使得糖料蔗在植株生长方面取得平衡，抑制了无效分蘖。萌芽幼苗期和分蘖期连续中旱，使糖料在分蘖期时生长受到了一定的抑制，导致分蘖率较轻旱下降。而分蘖期受重旱，生长受到显著抑制，导致分蘖数不足，分蘖率低下，减少了有效茎数。

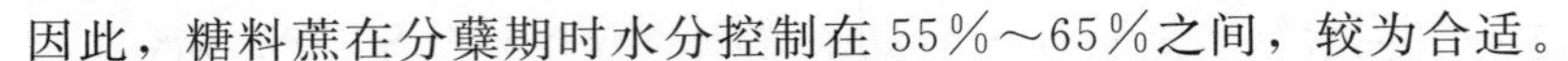
因此，糖料蔗在分蘖期时水分控制在55%～65%之间，较为合适。

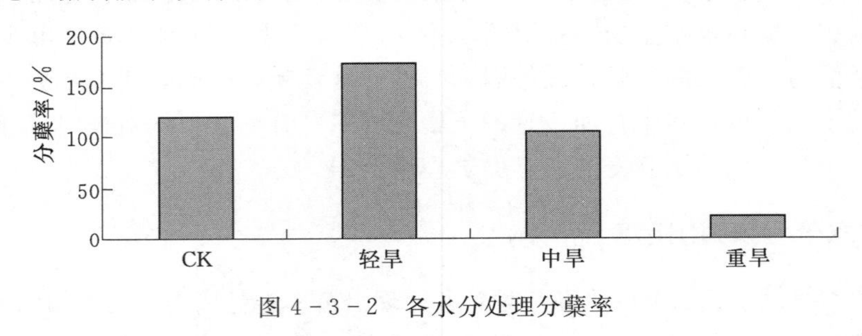

图4-3-2　各水分处理分蘖率

4.3.3　水分亏缺对伸长期株高的影响

在伸长期后期进行各处理的株高测定，结果如图4-3-3所示。从图中可以得出在伸长初期受旱后恢复灌水，生长恢复迅速。伸长期后期只要受旱（轻旱、中旱、重旱）生长都受到抑制，CK生长最好平均株高达到294cm，其次为受轻旱处理平均株高达到276cm，中旱处理的株高达到251.2cm，最差的为重旱处理，株高只有213.9cm。各处理（轻旱、中旱、重旱）的株高分别只有正常灌溉未受旱者的0.93、0.84 、0.69。说明伸长期后期，糖料蔗间土壤含水率宜控制在75%～85%。

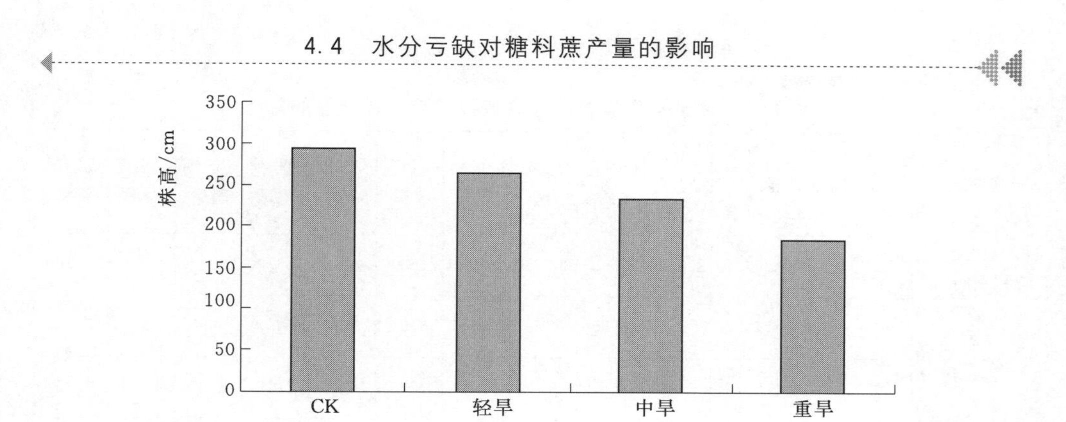

图 4-3-3 伸长期后期水分亏缺处理株高

4.3.4 水分亏缺对糖料蔗锤度的影响

在砍收前对糖料蔗各处理进行锤度测定，结果如图 4-3-4。伸长期受旱（轻旱、中旱、重旱）分别比正常灌溉低了 0.45、0.56、0.95。成熟期受轻旱比正常灌溉提高了 0.53，成熟期受中旱比正常灌溉低了 0.77，成熟期受重旱比正常灌溉低了 1.86。

因此成熟期糖料蔗的适宜土壤含水率控制在轻旱 50%～60%。

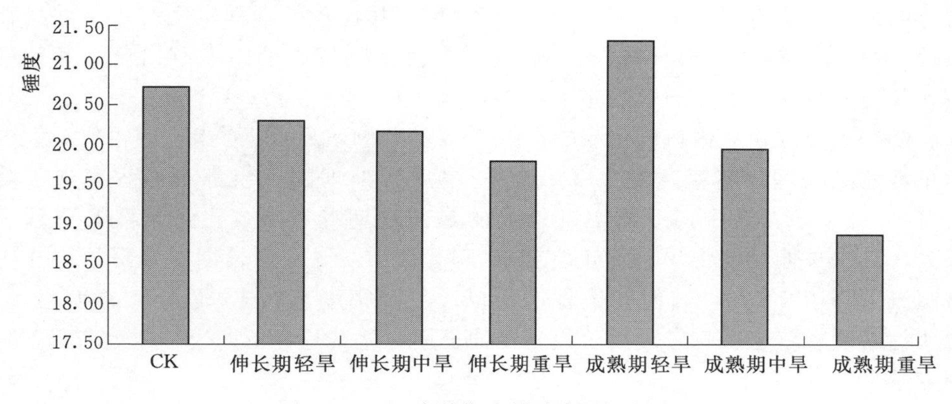

图 4-3-4 成熟期水胁迫各处理锤度

4.4 水分亏缺对糖料蔗产量的影响

茎高、有效茎数、茎粗与产量高低密切相关，茎高、有效茎数与鲜蔗产量呈极显著正相关，但以茎高最高，有效茎数次之。因此从这三个指标研究水分亏缺对糖料蔗产量的影响。水分亏缺对糖料蔗茎高、有效茎数、茎粗和产量的影响见表 4-4-1。

表4-4-1 水分亏缺对糖料蔗茎高、有效茎数、茎粗和产量的影响

处理编号	正常灌溉(CK)	萌芽幼苗期轻旱	萌芽幼苗期中旱	萌芽幼苗期重旱	分蘖期轻旱	分蘖期中旱	分蘖期重旱	伸长期轻旱	伸长期中旱	伸长期重旱	成熟期轻旱	成熟期中旱	成熟期重旱
茎高/cm	278.90	267.00	266.50	268.50	266.38	267.80	268.60	246.00	221.20	183.90	275.27	272.13	271.00
有效茎数/(条/亩)	5579	5803	4559	406	6385	5452	4358	5402	5336	5457	5697	5669	5602
茎粗/cm	2.85	2.72	2.73	2.92	2.67	2.77	2.73	2.66	2.43	2.12	2.77	2.76	2.75
产量/(kg/亩)	8748	8105	6789	2400	8482	7964	6607	6989	5671	4339	8420	8258	8114

(1) 水分亏缺对糖料蔗茎高的影响。从表4-4-1可以看出，正常灌溉的茎高最高，为278.90cm，伸长期受轻旱、中旱、重旱分别分比正常灌溉茎高减少32.9cm、57.7cm和95cm。分蘖期、伸长期前期和后期连续轻旱比正常灌溉茎高减少了17.90cm。说明伸长期受旱对糖料蔗的茎高影响较大，受旱越重，茎高减小幅度越大。

(2) 水分亏缺对糖料蔗有效茎数的影响。从表4-4-1可以看出，有效茎数是分蘖期轻旱最高，达到6385条/亩，其次为萌芽幼苗期轻旱达到5803条/亩，最低的为萌芽幼苗期重旱处理，为406条/亩，其他各处理基本上与正常灌溉在有效茎数上相差不大。说明糖料蔗有效茎数受影响较大的因素有出苗数和分蘖数，分蘖数对有效茎数的影响比出苗数影响更大。

(3) 水分亏缺对糖料蔗茎粗的影响。从表4-4-1可以看出，茎粗值最大的为正常灌溉处理，茎粗达到2.85cm，受旱后各处理的茎粗都不同程度地下降(0.7%～25%)。其中，下降幅度最大的是伸长期受重旱，比正常灌溉下降了25%，其次是伸长期中旱，比正常灌溉下降了14.7%，伸长期受轻旱处理比正常灌溉下降了6.7%，其他各生育期受旱后下降幅度都在1%以内，幅度不大。说明糖料蔗有茎粗影响较大的阶段是在伸长期，尤其是伸长期受旱越重茎粗下降幅度越大。

(4) 水分亏缺对糖料蔗产量的影响。从表4-4-1可以看出，糖料蔗的产量主要受茎高和有效茎数的影响。糖料蔗各生育期受旱后导致不同程度的产量下降。

萌芽幼苗期受轻旱可以促进糖料蔗的母苗数，进而提高有效茎数的增加，但会降低茎粗，最终产量比正常灌溉低了7.3%。分蘖期受轻旱也提高有效茎数，但最终导致了茎粗的下降比正常灌溉产量低了8%。伸长期受轻旱后产量比正常灌溉降低了20.1%，成熟期受轻旱后比正常灌溉降低了3.7%。

萌芽幼苗期受中旱最终产量比正常灌溉低了22.3%，分蘖期受中旱比正常

灌溉产量低了8.9%，伸长期受中旱后产量比正常灌溉降低了35.2%，成熟期受中旱后比正常灌溉降低了5.6%。

萌芽幼苗期受重旱最终产量比正常灌溉低了72.6%，分蘖期受重旱比正常灌溉产量低了24.5%，伸长期受重旱后产量比正常灌溉降低了50.3%，成熟期受中旱后比正常灌溉降低了7.2%。

综上所述，水分亏缺对产量影响最大的是苗期和伸长期，尤其是萌芽幼苗期和伸长期受重旱减产达50%以上。

4.5 水分亏缺对糖料蔗主要生理的影响

为了确定糖料蔗合理的非充分灌溉制度，以尽可能降低减产率，需要了解在非充分灌溉条件下植株水分生理指标的变化及其对产量的影响。

4.5.1 不同水分处理下糖料蔗根系活力动态变化分析

图4-5-1显示在不同土壤水分条件下糖料蔗不同生育期根系活力动态变化。萌芽幼苗期糖料蔗发根长苗，除重旱处理外各处理的根活力上升很快。试验前14天，正常灌溉根系活力最高，轻旱、中旱次之，重旱最低。14天后，重旱处理根活力开始下降，随着天数的增加，下降幅度也开始增大。18天后，轻旱处理根系活力超过正常灌溉，且逐渐拉大与正常灌溉的差距。试验进行到24天时，轻旱处理根系活力比正常灌溉高5.8%，而中旱处理仍低于正常灌溉和轻旱处理。据此可推断萌芽幼苗期土壤相对含水量高于65%或低于55%均不利于根系生长。

分蘖期各处理在试验前期根系活动均呈小幅上升趋势，轻旱处理的上升幅度明显大于其他各处理。随着时间的推移，14天后，重旱处理的根系活力开始下降。16天后，重旱处理的根系活力开始大于传统灌溉处理。中旱处理的根系活力的变化规律与正常灌溉处理相似，但一直低于正常灌溉和轻旱处理。

伸长期各处理在试验前期根系活力均呈上升的趋势，正常灌溉的升幅较为显著。随着时间的推移，正常灌溉的根系活力趋于稳定，轻旱处理、中旱处理、重旱处理的根系活力开始下降。下降幅度最大的是重旱处理，中旱处理次之，轻旱处理最低。可见，土壤含水量长时间过低将对根系产生抑制作用。

在成熟期，各处理的根系活力均直线下降，降到210μg/(g·h)左右时保持稳定。正常灌溉根系活力在试验前10天高于轻旱、中旱和重旱，但12天后也降到相当低的水平。说明蔗根已进入衰老阶段，此时不同水分处理对根系的影响不如萌芽幼苗期和伸长期显著。

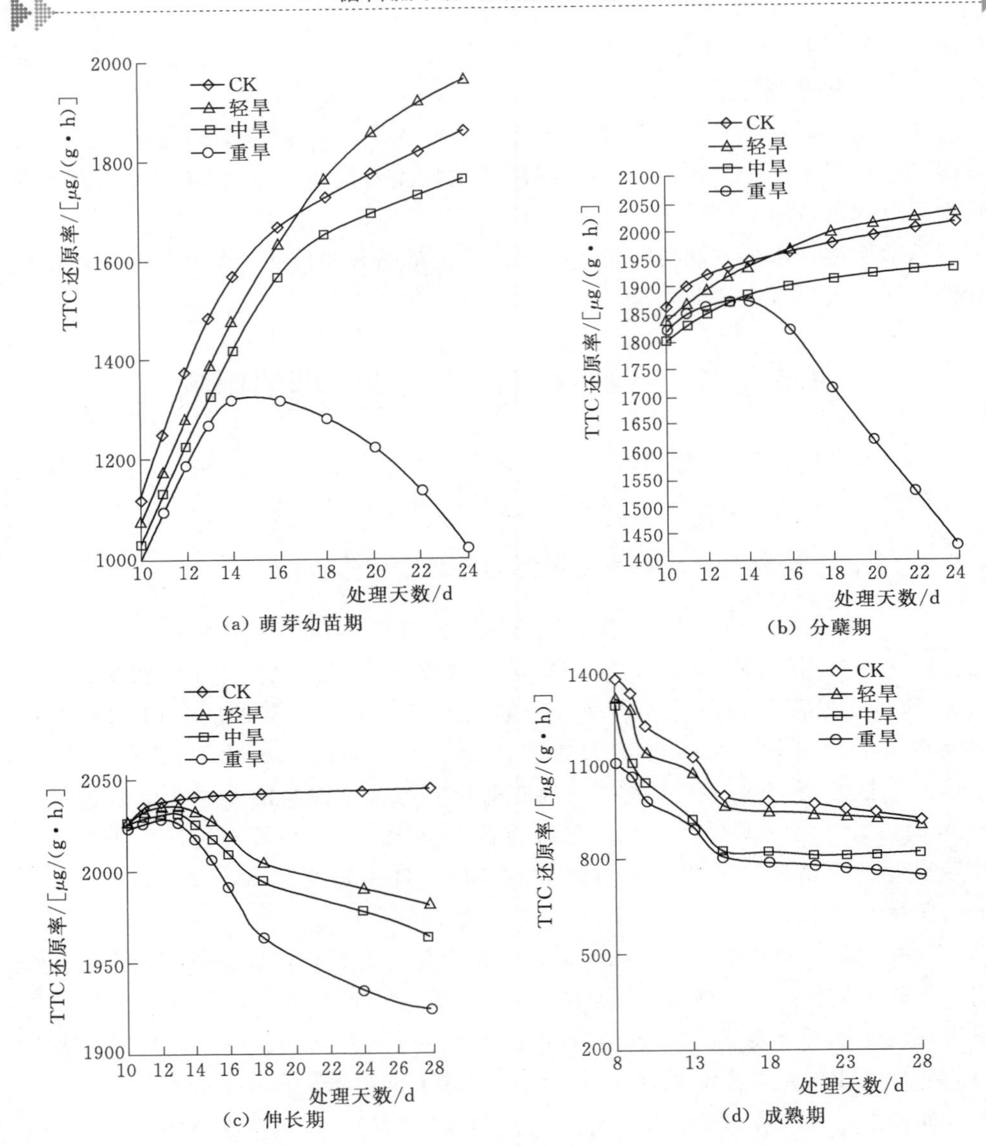

图 4-5-1　不同土壤水分条件下根系活力动态变化分析

4.5.2　不同水分处理下糖料蔗自由水、束缚水含量动态变化分析

图 4-5-2 为在不同土壤水分条件下糖料蔗萌芽幼苗期、分蘖期叶片自由水、束缚水含量变化曲线。轻旱处理萌芽幼苗期自由水含量先升高，到 28 天后便不再增加，中旱不断上升，而重旱则逐渐下降。各处理束缚水含量均随时间推移而逐渐升高，40 天后分别增高 20.0%、15.6%、49.2%。从中可以看出，萌

芽幼苗期土壤相对含水量高于60%时，不利于自由水含量的提高，估计可能是土壤长时间保持较高的水分含量，导致通透性下降影响到根系的吸收功能所致。而土壤水分含量长时间低于50%，叶片将遭受较严重的干旱胁迫，自由水含量下降，束缚水含量不断增高。轻旱处理分蘖期自由水含量逐渐升高，中旱先升高而后降低，重旱则不断下降。各处理束缚水含量均不断上升，40天后分别增高16.4%、18.5%、23.3%。可见分蘖期土壤水分含量越低，束缚水升幅越高。可能是水分亏缺情况下叶片受到旱害，自由水含量降低，而束缚水含量相应增加。

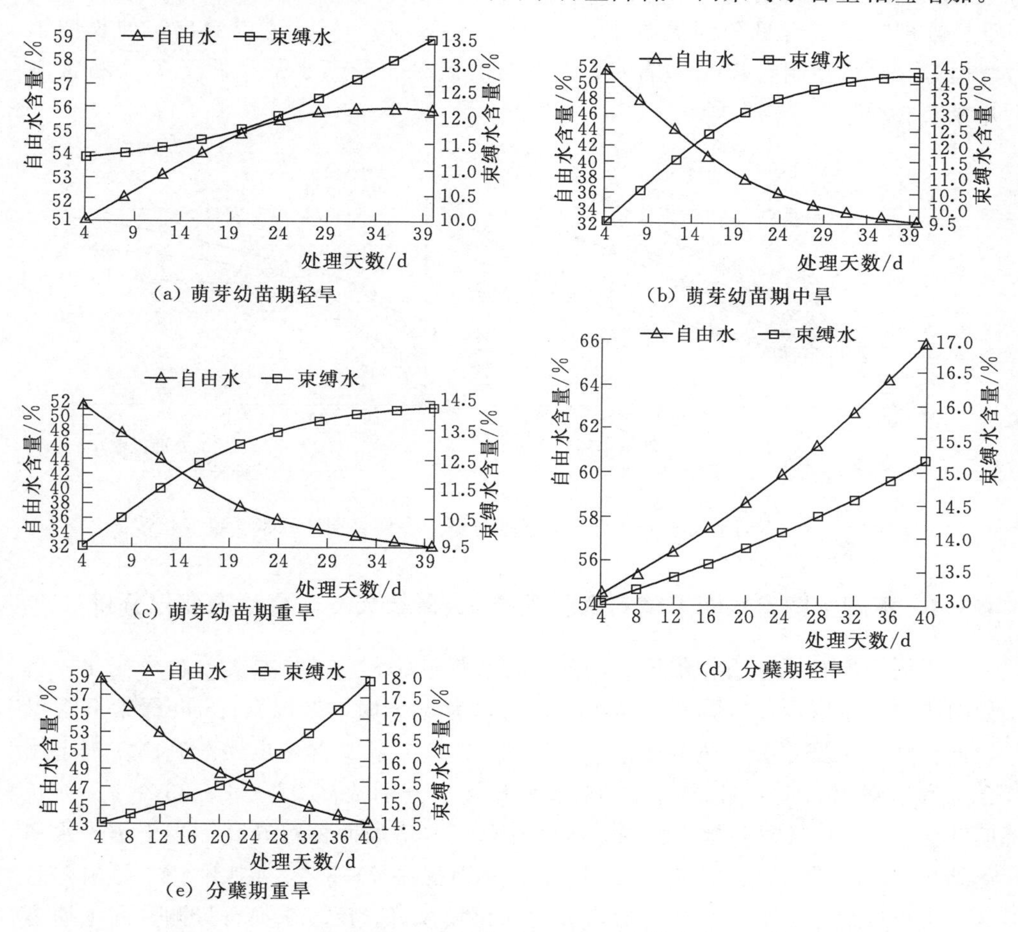

(a) 萌芽幼苗期轻旱

(b) 萌芽幼苗期中旱

(c) 萌芽幼苗期重旱

(d) 分蘖期轻旱

(e) 分蘖期重旱

图4-5-2　不同土壤水分条件下自由水、束缚水含量变化分析

4.5.3　不同水分处理下糖料蔗叶绿素含量动态变化分析

在不同土壤水分条件下糖料蔗分蘖期、伸长期叶绿素变化情况如图4-5-3所示。分蘖期不同水分处理下叶绿素含量均在试验时间内持续升高，轻旱处理的

上升速率要明显高于中旱处理和重旱处理，特别是在14天后，轻旱处理叶绿素含量仍保持较快增长，而中旱处理和重旱处理的增幅开始减弱，重旱处理更加明显。试验30天后，轻旱处理、中旱处理、重旱处理叶绿素含量分别提高72.0%、58.7%、37.7%。可见分蘖期土壤相对含水量在70%左右有利于叶绿素含量的增加，土壤水分含量下降，甚至低于50%时，将对叶绿素合成产生抑制效应。伸长期轻旱处理处理叶绿素含量随试验时间而不断增加，中旱处理、重旱处理叶绿素含量在32天后便不再升高。试验40天后，轻旱处理、中旱处理、重旱处理叶绿素含量分别提高43.1%、35.8%、30.5%。可以看出，伸长期土壤相对含水量控制在80%左右时，叶绿素含量处于较高水平，低于70%将抑制叶绿素的增长。

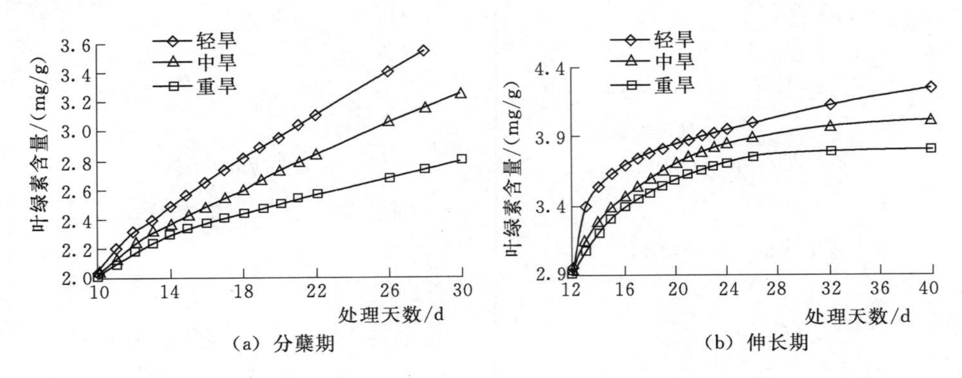

图4-5-3 不同土壤水分条件下糖料蔗分蘖期、伸长期叶绿素含量变化情况

4.5.4 不同土壤含水率下糖料蔗叶绿素a、叶绿素b含量动态变化分析

不同土壤含水率下糖料蔗分蘖期、伸长期叶绿素a、叶绿素b含量变化分析如图4-5-4所示。分蘖期土壤相对含水率为55%时，叶绿素a、叶绿素b含量较低。随着土壤水分含量的增加，叶绿素a、叶绿素b含量也逐渐升高。当土壤含水率达到70%时，叶绿素a、叶绿素b含量分别提高97.2%、33.0%。伸长期叶绿素a、叶绿素b含量也随土壤水分含量的增加而持续升高，当土壤含水率达到80%时，叶绿素a、叶绿素b含量分别提高71.3%、4.1%，二者相差悬殊。可见叶绿素a的含量随土壤水分的变化较显著。反过来亦可推测，当土壤含水率下降时，干旱胁迫对叶绿素a的影响要比叶绿素b大。

4.5.5 不同水分处理下糖料蔗丙二醛含量动态变化分析

丙二醛是膜脂过氧化产物，它的产生将加剧细胞膜的损伤，生理上常用丙二醛含量来判断逆境对作物的胁迫程度。不同土壤水分条件下糖料蔗伸长期、成熟

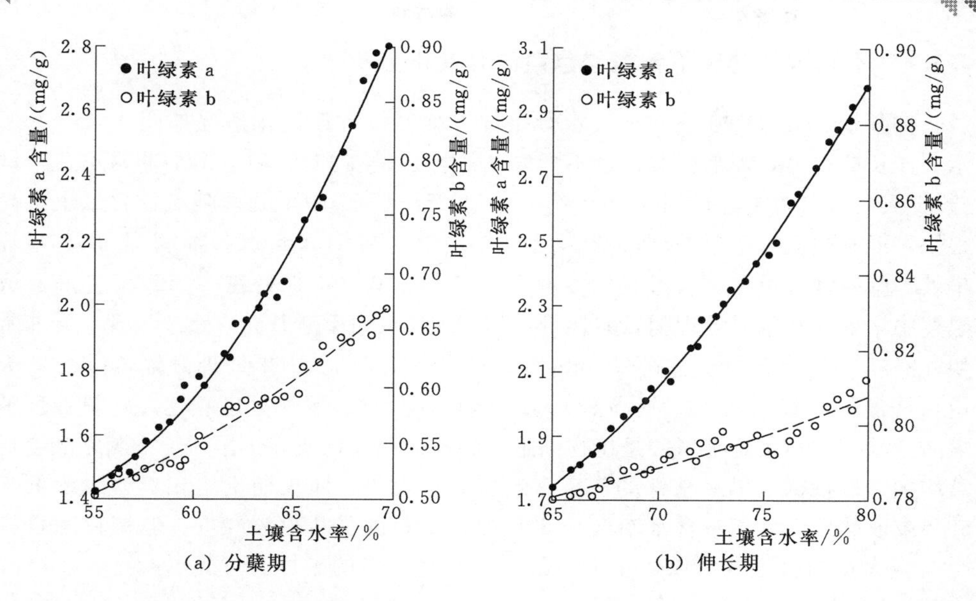

图 4-5-4 不同土壤含水率下糖料蔗分蘖期、伸长期叶绿素a、叶绿素b含量变化分析

期丙二醛含量变化分析如图4-5-5所示。伸长期重旱处理下丙二醛含量大幅升高，29天后达到61.3nmol/g，比初期提高2.9倍，显示叶片已受到较严重的干旱胁迫。中旱处理丙二醛含量在24天后也迅速增加，但增幅不如重旱显著，29天后其含量也达到42.9nmol/g。轻旱处理丙二醛含量变化不大，大体上保持在15.6nmol/g左右，说明伸长期田间土壤相对含水率保持在80%左右可满足糖料蔗对水分的需求。成熟期重旱处理水分条件下丙二醛含量也显著增高，28天后提高216.8%。中旱处理丙二醛含量也随处理时间而逐渐升高，但升幅不及重旱处理，28天后其含量提高48.0%。轻旱处理丙二醛含量没有明显的变化，基本上处于较低水平。由此可见，成熟期土壤相对含水率低于50%时，糖料蔗受旱害，土壤相对含水率在50%左右时，受旱害较轻，高于60%时不受干旱胁迫。

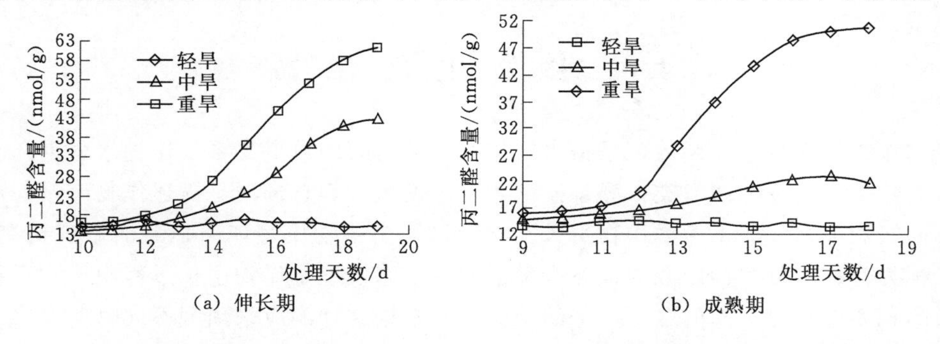

图 4-5-5 不同土壤含水率下糖料蔗伸长期、成熟期丙二醛含量变化分析

4.5.6 不同水分处理下脯氨酸含量动态变化分析

伸长期、成熟期在不同土壤水分条件下脯氨酸含量变化情况如图 4－5－6 所示。伸长期重旱处理脯氨酸含量不断增高，特别是在 26 天后，增加非常迅速，试验 32 天后，其含量已达到 32.9mg/g，提高 252.5%。中旱处理脯氨酸含量也升高很快，但升幅低于重旱处理，32 天后，其含量达到 21.6mg/g，提高 154.6%。轻旱处理脯氨酸含量在试验过程中没有明显变化，基本上保持在 8.7mg/g 左右。成熟期中旱处理和重旱处理脯氨酸含量均随处理天数而不断升高，重旱处理上升非常快，28 天后，其含量已达到 29.6mg/g，提高 357.8%。中旱处理升幅较慢，28 天后，其含量为 11.4mg/g，提高 91.6%。与中旱处理、重旱处理相比，轻旱处理脯氨酸含量变化不大。脯氨酸是植物细胞内的渗透调节物质，干旱胁迫下脯氨酸会显著增加，以抵御干旱对植株的伤害。上述分析表明，伸长期土壤相对含水率低于 55%或成熟期土壤相对含水率低于 50%时，糖料蔗受胁迫较严重。但糖料蔗自身会产生大量的脯氨酸，以防止细胞脱水，减轻干旱的破坏。

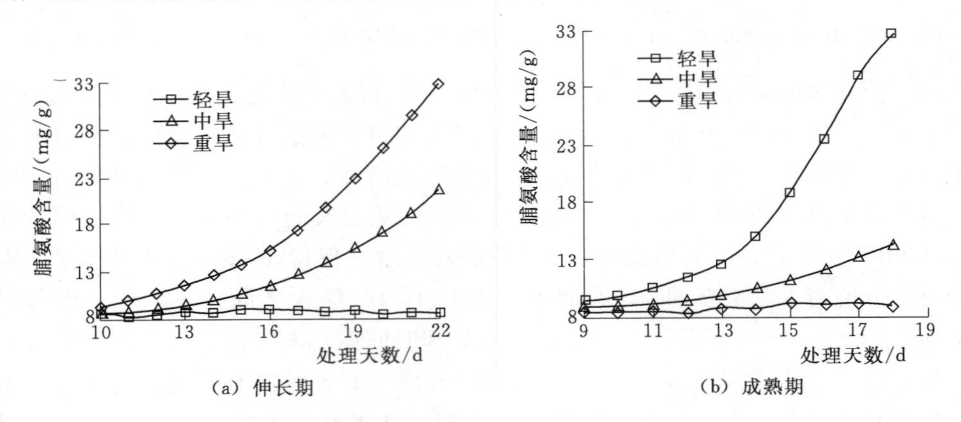

图 4－5－6 不同土壤水分条件下糖料蔗伸长期、成熟期脯氨酸含量变化分析

4.6 水 分 生 产 函 数

作物的水分生产函数，是指水与作物产量之间的数量关系，作物水分生产函数的数学模型分为两大类，静态模型和动态模型。静态模型是描述作物产量与水分的宏观关系，而不考虑作物生长发育的过程中干物质是如何积累的微观机制，又称为作物水分生产函数的最终产量模型；动态模型是作物生长过程中作物干物质的积累过程对不同的水分水平的响应，并根据这种响应来预测不同时期作物干物质及最终产量。静态模型研究的历史较长、结构简单、计算方便、所需的实测

数据较少，是目前应用最多的模型。静态模型主要有两类：全生育期水分的数学模型与生育期水分的数学模型。典型的全生育期水分生产函数模型有线性模型及二次函数模型。生育阶段水分生产模型有加法模型和乘法模型。其中加法模型主要有 Blank 模型、Stewart 模型、Singh 模型、D－K 模型等；乘法模型主要有 Jensen 模型、Minhas 模型、Rao 模型、Hanks 模型等。

全生育期水分生产函数模型计算简便，获取数据容易，但是由于是从产量与全生育期蒸发蒸腾量关系而建立的数学模型，所以掩盖了灌水时间对作物产量的影响。由于在全生育期投入的总水量相同，但总水量在生育期内的分配不同时，作物的产量差异很大。尤其是在缺水条件下，作物生长关键期的供水差异对产量的影响更大。因此，为了确定糖料蔗各生育阶段的缺水敏感指数的定量指标，设计了糖料蔗各生育期不同受旱水平，不仅建立全生育期水分生产函数模型，还建立四种常用生育期水分生产模型：Blank 模型、Stewart 模型、Singh 模型、Jensen 模型。为水资源优化配置及缺水条件下对有限水量进行全生育期内的优化分配，确定缺水关键期，为灌增产关键水提供理论依据。

4.6.1 试验处理的各生育期耗水量与产量

2013—2015 年各处理糖料蔗生育期耗水量及产量试验成果见表 4－6－1。

表 4－6－1 2013—2015 年各处理糖料蔗生育期耗水量及产量试验成果

处理编号	处理特性	各生育期耗水量/mm				全生育期耗水量/mm	产量/(kg/亩)
		萌芽幼苗期	分蘖期	伸长期	成熟期		
T1	正常灌溉（CK）	116	218	783	279	1396	8748
T2	萌芽幼苗期轻旱	81	194	772	269	1315	8105
T3	萌芽幼苗期中旱	68	171	682	259	1180	6789
T4	萌芽幼苗期重旱	44	120	431	154	748	2400
T5	分蘖期轻旱	116	197	761	278	1352	8482
T6	分蘖期中旱	118	172	693	265	1248	7964
T7	分蘖期重旱	112	157	639	263	1171	6607
T8	伸长期轻旱	116	217	581	278	1192	6989
T9	伸长期中旱	112	214	460	233	1019	5671
T10	伸长期重旱	113	212	281	168	774	4339
T11	成熟期轻旱	115	211	775	253	1354	8420
T12	成熟期中旱	120	220	779	216	1334	8258
T13	成熟期重旱	115	211	779	205	1310	8114

4.6.2 水分生产函数模型

作物水分生产函数可用作物产量与供水量或产量与耗水量（蒸发蒸腾量）关系表示。供水量除了与耗水量有关外，常显著受降水量影响，从有利于对节水灌溉条件下规划、设计与用水管理的应用出发，本研究以产量与耗水量（蒸发蒸腾量）的关系表水分生产函数。

根据 SL 13—2015《灌溉试验规范》，作物水分生产函数常用的模型如下所述。

4.6.2.1 以蒸发蒸腾量为自变量的全生育期作物水分生产函数

（1）线性模型。糖料蔗全生育期蒸发蒸腾量 ET_a 与产量数据见表 4-6-2。

表 4-6-2 全生育期蒸发蒸腾量 ET_a 与产量数据表

处理特性	正常灌溉（CK）	萌芽幼苗期轻旱	萌芽幼苗期中旱	萌芽幼苗期重旱	分蘖期轻旱	分蘖期中旱
ET_a/mm	1396.19	1315.33	1179.65	747.91	1351.70	1247.95
产量/(kg/亩)	8748.00	8105.00	6789.00	2400.00	8482.00	7964.00
处理特性	分蘖期重旱	伸长期轻旱	伸长期中旱	伸长期重旱	成熟期轻旱	成熟期中旱
ET_a/mm	1170.98	1192.01	1019.47	774.30	1354.05	1334.36
产量/(kg/亩)	6607.00	6989.00	5671.00	4339.00	8420.00	8258.00

由图 4-6-1 可知，线性模型显示随着全生育期蒸发蒸腾量的增大产量增加，其相关性较高，但是这与糖料蔗实践生产经验相矛盾，因此，线性模型不适用。

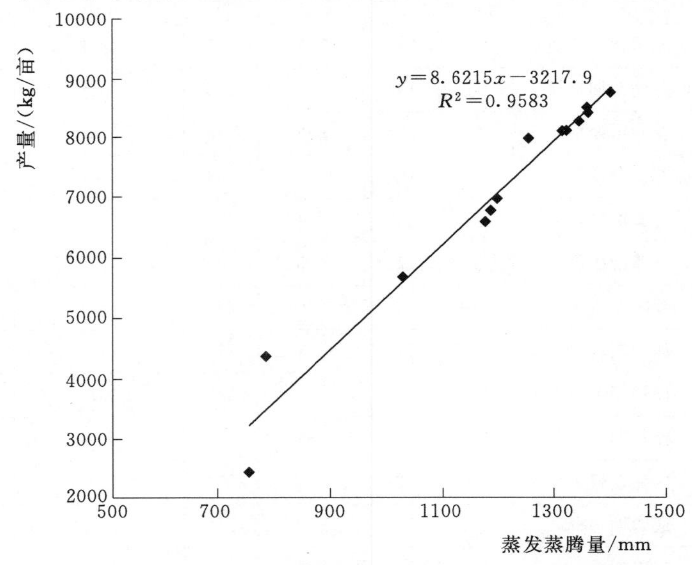

图 4-6-1 全生育期作物水分生产函数线性模型

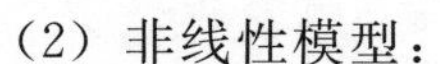

（2）非线性模型：

$$Y = a_2 + b_2 ET_a + c_2 ET_a^2$$

式中 ET_a——实际蒸发蒸腾量，mm；

a_2、b_2、c_2——经验系数。

根据实测资料，计算得出 2014 年的非线性模型如图 4-6-2 所示。

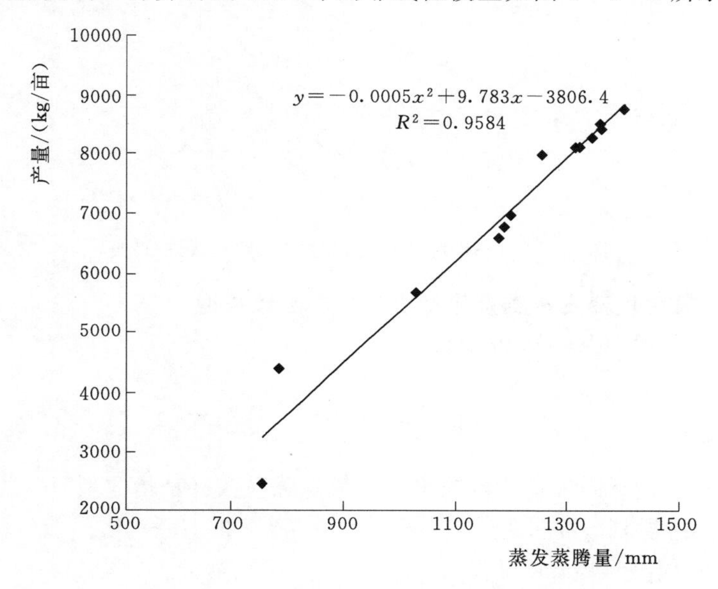

图 4-6-2 全生育期作物水分生产非线性模型

非线性模型显示作物随着蒸发蒸腾量增大，而产量增大，当达到最大产量值之后随着蒸发蒸腾量的增大产量减少，这与作物水分生理与实践经验一致，此模型较为合理，相关系数也较高，可以应用。

（3）相对减产量模型：

$$1 - Y_a/Y_m = K_y(1 - ET_a/ET_m)$$

式中 Y_a——作物实际产量，kg/hm^2 或 t/hm^2；

Y_m——作物最大产量，kg/hm^2 或 t/hm^2；

ET_m——作物最大蒸发蒸腾量，mm；

K_y——作物产量反应系数。

实测数据计算得出相对减量与相对亏水量的线性模型（见图 4-6-3）：

$$1 - Y_a/Y_m = 1.3483(1 - ET_a/ET_m)$$

$$R^2 = 0.9539$$

此模型相关系数达到 0.9539，表明相关性强，说明随着作物受旱越严重，作物产量越小。

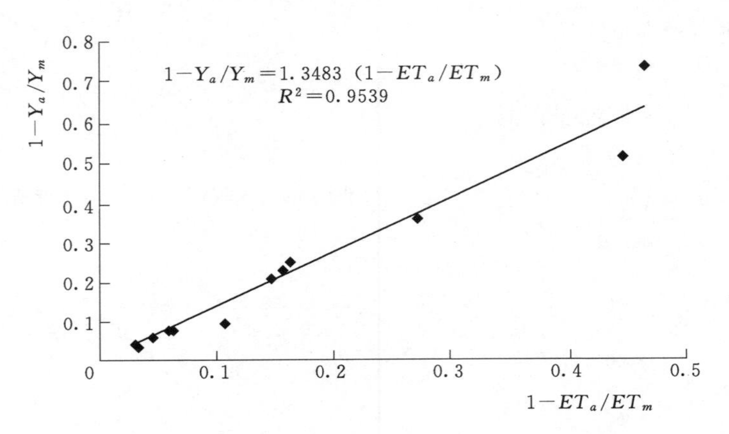

图 4-6-3 相对减量与相对亏水量的线性模型

4.6.2.2 生育阶段蒸发蒸腾量作物水分生产函数模型

(1) 乘法模型 (Jensen 模型)：

$$\frac{Y_a}{Y_m}=\prod_{i=1}^{n}\left(\frac{ET_a}{ET_m}\right)_j^{\lambda_i}\ ,\ i=1,2,\cdots,n$$

式中 λ_i——作物不同生长阶段缺水对产量敏感系数（幂指数型）；

i——阶段划分序号。

(2) 加法模型 (Blank 模型)：

$$\frac{Y_a}{Y_m}=\sum_{i=1}^{n}K_i\left(\frac{ET_a}{ET_m}\right)_i\ ,\ i=1,2,\cdots,n$$

式中 K_i——作物不同生长阶段 (i) 缺水对产量敏感系数；

i——阶段划分序号。

(3) Stewart 模型：

$$\frac{Y_a}{Y_m}=1-\sum_{i=1}^{n}B_i\left(\frac{ET_{mi}-ET_i}{ET_{mi}}\right)\ ,\ i=1,2,\cdots,n$$

式中 B_i——作物不同生长阶段 (i) 缺水对产量敏感系数；

i——阶段划分序号。

(4) Singh 模型：

$$\frac{Y_a}{Y_m}=\sum_{i=1}^{n}C_i\left\{1-\left[1-\left(\frac{ET_i}{ET_{mi}}\right)^2\right]\right\}\ ,\ i=1,2,\cdots,n$$

式中 C_i——作物不同生长阶段 (i) 缺水对产量敏感系数；

i——阶段划分序号。

表 4-6-3　　糖料蔗水分生产函数模型中的系数值

阶段 编号	阶段 名称	Jensen 模型中系数 λ	Blank 模型中系数 K	Stewart 模型中系数 B	Singh 模型中系数 C
1	萌芽幼苗期	0.084	0.321	0.133	0.137
2	分蘖期	0.117	-0.086	0.266	0.186
3	伸长期	0.516	0.6857	0.676	0.475
4	成熟期	0.039	0.03	0.151	0.257
相关系数 R^2		0.961	0.897	0.955	0.855

糖料蔗水分生产函数模型中的系数值见表 4-6-3。由表 4-6-3 可知：

（1）Jensen 模型中 λ 值，第 3 阶段伸长期最高；λ 值从高到低的阶段顺序为 3-2-1-4。Jensen 模型表达式表明，λ 值越高，缺水后 Y/Y_m 值越低，即因缺水导致的减产愈严重（对缺水愈敏感），上述 λ 值在第 3 阶段伸长期最高（即对水分最敏感）以及缺水后各阶段敏感的顺序与糖料蔗的水分生理特性以及灌溉的实践经验有相符合，并且相关系数 R^2 值达到了 0.961，故 Jensen 模型可适宜用于糖料蔗。

（2）Blank 模型中的 K 值最大的第 3 阶段伸长期，第 1 阶段萌芽幼苗期次之；K 值的阶段顺序为 3-1-4-2。Blank 模型中的 K 值越高，缺水后 Y/Y_m 值越高，即因缺水导致减产越轻（对缺水不敏感）。上述 K 值在第 3 阶段伸长期最高以及高低的阶段顺序与糖料蔗水分生理特性以及灌溉实践不一致，并且有一个阶段出了负值，不适用于糖料蔗。

（3）Stewat 模型中的 B 值，其变化规律与值的阶段顺序为 3-2-4-1，从 Stewat 模型表达式可知，B 越大，缺水对减产越敏感，相关系数 R^2 值达到了 0.955，但是由于成熟期的敏感系数大于萌芽幼苗期，与实际经验不一致，故此模型不适用。

（4）Singh 模型中的 C 值，最大值出现在第 3 阶段伸长期，其次是第 4 阶段成熟期，同时 Singh 模型表达式表明 C 越小，缺水越敏感，峰值出现在第 1 阶段萌芽幼苗期，次值出现在第 2 阶段分蘖期，与糖料蔗水分生理理论及灌溉实际经验不符，故此模型不适用。

根据以上分析，糖料蔗的水分生产函数模型中 Jensen 模型可以适用于广西糖料蔗。

4.6.3 水分生产函数具体表达式

根据以上分析比较，糖料蔗水分生产函数宜采用 Jensen 模型。根据实测资料计算得 λ 指数并代入 Jensen 模型，得水分生产函数表达式：

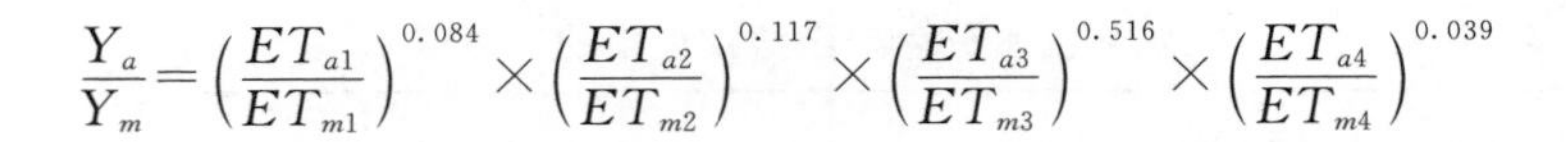

$$\frac{Y_a}{Y_m}=\left(\frac{ET_{a1}}{ET_{m1}}\right)^{0.084}\times\left(\frac{ET_{a2}}{ET_{m2}}\right)^{0.117}\times\left(\frac{ET_{a3}}{ET_{m3}}\right)^{0.516}\times\left(\frac{ET_{a4}}{ET_{m4}}\right)^{0.039}$$

4.7 灌 溉 制 度

通过糖料蔗亏缺灌溉试验成果总结出：萌芽幼苗期、分蘖期适当的水分亏缺有利于出苗和分蘖，伸长期要保证足水足肥，成熟期控水有助于糖分累积，并在此基础上，创新构建了适宜广西气候条件特征的糖料蔗“润、湿、透、干”高产高糖的高效节水灌溉制度。以滴灌为例：

润：是指糖料蔗在萌芽幼苗期保持土壤“润湿”的状态，土壤含水量占田间持水量的55%～65%，湿润层深度保持在20～25cm，主要保证糖料蔗种苗萌发，保证早出苗、出齐苗、壮苗。根据气候条件在该生育期灌水1～2次，每次灌水的定额为3～5m^3/亩。保证出芽率50%以上。

湿：是指糖料蔗在分蘖期保持土壤“湿润”的状态，土壤含水量占田间持水量的55%～65%，湿润层深度保持在25～30cm，根据气候条件在该生育期灌水1～2次，每次灌水的定额为4～6m^3/亩。

透：是指糖料蔗在伸长期保持土壤“湿透”的状态，土壤含水量占田间持水量的75%～85%，湿润层深度保持在35～40cm，根据气候条件在该生育期灌水3～5次，每次灌水的定额为6～8m^3/亩。

干：是指糖料蔗在成熟期保持土壤较低水分状态，土壤含水量占田间持水量的50%～60%，湿润层深度保持25～30cm，根据气候条件在该生育期灌水1～2次，每次灌水的定额为2～4m^3/亩。砍收后一周灌水1次，灌水定额为2～4m^3/亩，促进宿根蔗芽次年萌发。

4.8 结 论 与 建 议

（1）揭示了水分亏缺条件对糖料蔗生长发育的机理：萌芽幼苗期受轻旱的出苗率比传统灌溉高11.8%，中旱处理的平均出苗率比正常灌溉低了15.5%，重旱几乎不出苗。分蘖期轻旱处理比分蘖期中旱的有效分蘖率高了67%，比正常灌溉的有效分蘖率提高了52%。伸长期受旱对株高影响显著，伸长期受轻旱比传统灌溉降低了7%，伸长期受中旱比正常灌溉降低了16%，伸长期受重旱正常灌溉降低了比41%。伸长期受旱（轻旱、中旱、重旱）锤度分别比正常灌溉低了0.45、0.56、0.95。成熟期受轻旱锤度比正常灌溉提高了0.53，成熟期受中旱锤度比正常灌溉低了0.77，成熟期受重旱锤度比正常灌溉低了1.86。

（2）提出糖料蔗水分亏缺条件下不同生育期的适宜土壤含水率：萌芽幼苗期

55%～65%，分蘖期55%～65%，伸长期75%～85%，成熟期50%～60%。

(3) 通过水分生产函数模型可知糖料蔗各生育期水分敏感性伸长期（0.516）＞分蘖期（0.117）＞萌芽幼苗期（0.084）＞成熟期（0.039）。根据试验成果，萌芽幼苗期受重旱最终产量比正常灌溉低了72.6%，分蘖期受重旱比传统灌溉产量低了24.5%，伸长期受重旱后产量比正常灌溉降低了50.3%，成熟期受中旱后比正常灌溉降低了7.2%。

因此糖料蔗的水分临界期为萌芽幼苗期，关键期伸长期。

(4) 本章建立了糖料蔗水分与产量之间的函数方程式 $Y=-0.0005ET_a^2+9.783ET_a-3806.4(R^2=0.9584)$。

(5) 提出了糖料蔗“润、湿、透、干”高产高糖的高效节水灌溉制度。

5　糖料蔗高效节水灌溉技术理论

5.1　糖料蔗灌溉方式选择的原则

目前，在糖料蔗区得到推广应用的灌溉方式主要有滴灌（含地表滴灌和地埋滴灌）、固定管道式喷灌、微喷灌、中心支轴式喷灌、平移式喷灌和低压管灌等。灌溉方式选取主要受管理体制、农艺措施、地形地貌、水源条件、经济效益和灌溉理念等几个方面因素的影响。因此，从以上几个因素对滴灌、固定管道式喷灌等灌溉方式的影响分析各种灌溉方式的适应性。

5.1.1　滴灌

（1）管理体制。土地流转后采用专业公司管护的项目区宜优先采用地埋滴灌或地表滴灌。一般2～3人能负责管护1000亩左右，管理和维护均较方便，在施肥、施药、培土期间临时聘请3～5名农民协助。灌水、施肥频率相对较高，要保证蔗田土壤含水率在适宜范围内，特别是地埋滴灌，不能让土壤板结，挤压滴灌带（管）。有条件的项目区，还可以修建自动化控制系统，实现智能化灌溉。

（2）农艺要求。一是要求宽窄行种植，宽行1.2～1.3m，窄行0.4～0.5m；二是糖料蔗宜平行等高线种植；三是实现水肥（药）一体化的项目，充分将施肥（药）和灌溉结合起来，做到按需灌溉、按需施肥；四是（地表滴灌）要求中耕培土时地表滴灌带（管）回收再重新铺设，收割时需提前收储仓库来年再重新铺设，甘蔗分蘖、甘蔗遭台风倒伏或遭虫、鼠咬坏等损坏滴灌带要进行维修、更换；五是（地埋滴灌）要优先采用宿根性强的蔗种，延长地埋滴灌带（管）的使用寿命。

（3）农机要求。控制阀门要布置在路边，并配置阀门井。地表滴灌时，在中耕培土和收割前，要把滴灌带收回，待完成后重新铺设。地埋滴灌的滴灌带（管）在机械作业后要检查是否损坏，损坏的要维修或者更换。

（4）地形坡度。要求项目区地形坡度在25°以内，坡底应设置减压装置，以保证灌溉均匀性。

（5）技术要求。一是灌溉规模要根据水源条件确定，每片工程规模不宜过大，超过4000亩以上的工程要进行分区，每个分区还应以300～500亩为单位划分单元。二是有条件设置高位水池的要尽量建设高位水池，把工程划分为提水系统和配水系统。三是尽量采用轮灌的灌溉方式，在各分区中选择管道作为同时灌溉的轮灌组，可以减少干管的管径。四是完善过滤系统，根据水质条件组合离心过滤器、砂石过滤器和叠片过滤器（或筛网过滤器），满足滴灌的要求。五是提供足够的工作压力，滴灌带（管）的工作压力 0.10～0.30MPa，系统提供给滴灌带的压力既不应小于 0.10MPa，也不应大于 0.30MPa。六是做好系统调压措施，每根支管或辅管应布设有压力调节设备（调压阀或者简单球阀、球阀等）和压力表，根据需要调节好支管或辅管首端的工作压力。七是滴灌带要求，地表滴灌的滴灌带易损坏，故不宜选择壁厚大于 0.3mm 的滴灌带，铺设长度 50～100m；地埋滴灌应选择壁厚 0.6mm 以上的滴灌带（管），铺设长度 50～150m；有条件的也可选择压力补偿式滴灌带（管），铺设长度可达 200m。

（6）亩均投资。亩均投资与水源距离密切相关，水源离项目区 3km 以内的地表滴灌工程亩均投资 1900～2100 元，地埋滴灌工程亩均投资 2100～2300 元。

5.1.2 固定式喷灌

（1）管理体制。土地流转后采用专业公司管护的项目区，或土地整合并成立农业用水户协会可以实行统一灌溉、统一收缴水费的项目区，或广西农垦集团下属农场项目区均可选择固定式喷灌。由于喷头的射程较大，喷头工作可能会同时喷到几家农户的蔗地，一个轮灌组灌完还要将喷头和竖管移到另一个轮灌组，不能统一灌溉和收取水费的不宜采用固定式喷灌。

（2）农艺要求。固定式喷灌对农艺要求较低，但糖料蔗宜平行等高线种植，形成天然的防护墙，减少水土流失。

（3）农机要求。控制阀门要布置在路边，并配置阀门井。喷墩也宜设置在路边，机械作业后要检查是否损坏，损坏的要维修或者更换。

（4）地形坡度。要求项目区地形坡度在 25°以内。

（5）技术要求。一是灌溉规模要根据水源条件确定，每片工程规模不宜过大，超过 4000 亩以上的工程要进行分区，每个分区还应以 300～500 亩为单位划分单元。二是有条件设置高位水池的要尽量建设高位水池，把工程划分为提水系统和配水系统。三是尽量采用轮灌的灌溉方式，竖管和喷头可拆卸，灌完再移置下一个轮灌组。四是根据水质条件适当选择过滤器。五是提供足够的工作压力，喷头的工作压力一般 0.30MPa 以上。六是做好系统调压措施，每根支管应布设有压力调节设备（调压阀或者简单球阀、球阀等）和压力表，根据需要调节好支管或辅管首端的工作压力。七是喷头选型，目前，广西糖料蔗固定式喷灌工程大多选用 PY 系列的喷头，喷头射程在 10～42.3m。八是喷头的组合间距，根据需要可采用菱形或者矩形布设，垂直风向的间距为 0.6～1.1 倍喷头喷射半径，平行风向的间距为 1.0～1.3 倍喷头喷射半径。

(6) 亩均投资。亩均投资与水源距离密切相关，水源离项目区3km以内的固定式喷灌工程亩均投资1700～2200元。

5.1.3 微喷灌

(1) 管理体制。土地整合并成立农业用水户协会的项目区，特别是套种西瓜的项目区宜优先选择微喷灌。政府负责建设至田间出地管，并根据需要安装水表，田间的辅管和微喷带由受益农户负责购置，并在轮到该户灌溉时自行或雇人铺设灌溉，农业用水户协会负责收缴水费以及工程的维修养护。

(2) 农艺要求。一是糖料蔗套种西瓜和马铃薯等作物的项目区。二是要求宽窄行种植，宽行1.2～1.3m，窄行0.4～0.5m。三是糖料蔗宜平行等高线种植。四是实现水肥（药）一体化的项目，充分将施肥（药）和灌溉结合起来，做到按需灌溉、按需施肥。五是要求中耕培土时将微喷带回收再重新铺设。收割时，需提前收储仓库来年再重新铺设。甘蔗分蘖、甘蔗遭台风倒伏或遭虫、鼠咬坏等损坏微喷带要进行维修、更换。

(3) 农机要求。控制阀门要布置在路边，并配置阀门井。在中耕培土和收割前，要把微喷带收回，待完成后重新铺设。

(4) 地形坡度。要求项目区地形坡度在10°以内。

(5) 技术要求。一是灌溉规模要根据水源条件确定，每片工程规模不宜过大，超过4000亩以上的工程要进行分区，每个分区还应以300～500亩为单位划分单元。二是有条件设置高位水池的要尽量建设高位水池，把工程划分为提水系统和配水系统。三是尽量采用轮灌的灌溉方式，在各分区中选择管道作为同时灌溉的轮灌组，可以减少干管的管径。四是根据水质条件完善过滤系统，满足微喷灌的要求。五是提供足够的工作压力，微喷带的工作压力为0.10～0.20MPa。六是做好系统调压措施，每根支管或辅管应布设有压力调节设备（调压阀或者简单球阀、球阀等）和压力表，根据需要调节好支管或辅管首端的工作压力。七是微喷带要求，铺设长度为30～50m。

(6) 亩均投资。亩均投资与水源距离密切相关，水源离项目区3km以内的微喷灌工程亩均投资为1900～2300元。

5.1.4 低压管灌

(1) 管理体制。土地整合并成立农业用水户协会的项目区，或广西农垦集团下属农场项目区，分散式农户并成立农业用水户协会的项目区均宜选择低压管灌。农业用水户协会或农场负责收缴水费和工程运行维护。

(2) 农艺要求。一是糖料蔗宜平行等高线种植；二是糖料蔗种植时应开好垄，并适当平整、压实。

(3) 农机要求。控制阀门要布置在路边，并配置阀门井。

(4) 地形坡度。田间采用沟灌的项目区地形坡度要求在5°以内，田间接软管浇灌的项目区地形坡度要求在10°以内。

(5) 技术要求。一是灌溉规模要根据水源条件确定，每片工程规模不宜过大，超过4000亩以上的工程要进行分区，每个分区还应以300～500亩为单位划分单元。二是有条件设置高位水池的要尽量建设高位水池，把工程划分为提水系统和配水系统。三是尽量采用轮灌的灌溉方式，在各分区中选择管道作为同时灌溉的轮灌组，可以减少干管的管径。四是提供足够的工作压力，给水栓的工作压力为0.03～0.05MPa。五是给水栓应按灌溉面积均衡布设，并根据作物种类确定布置密度，间距一般不应大于100m，单口给水栓灌溉面积宜为0.25～0.60hm^2，单向灌水取较小值，双向灌水取较大值。田间配套地面移动管道时，单口灌溉面积可扩大至1.0hm^2。

(6) 亩均投资。亩均投资与水源距离密切相关，水源离项目区3km以内的低压管灌工程亩均投资为1500～1700元。

5.1.5 其他灌溉方式

除上述几种灌溉方式外，广西糖料蔗灌溉方式还有指针式喷灌等，采用指针式喷灌的项目区应是已进行土地流转并实现专业公司管护的项目区，项目区土地坡度15°以下，田间不宜有电线杆、高大的树木等干扰物。亩均投资为2200～2400元。

5.2 骨干输水管网安全防护技术

5.2.1 骨干输水管网安全的主要影响因素分析

广西坡耕地蔗区地形起伏较大、灌溉系统的水源距项目区普遍较远且提水扬程较高，通过近年对区内出现爆管的灌溉工程的系统调研，项目组认为管道排气设施不完善导致的水锤是影响骨干输水管网稳定性和安全性的主要因素。

现有理论研究和实践表明，管道中的气囊沿管顶随水流运动，易在管道转弯凸起、变径和阀门等处产生聚集、转化，并产生压力振荡（图5-2-1）。由于管网水流速度和方向具有很大的随机性，气囊运动引起的压力升高将在很大程度上取决于水流速度变化的剧烈程度，如在快速关闭、启动阀门的瞬间或排气不顺畅、导致大量气体压缩在狭小空间，其压力可高达2.0MPa，足以破坏一般供水管道。此外值得注意的是，长期在管网中运动的气囊，其体积的大小随所到之处的压力大小变化。这进一步加剧了含气水流的压力波动，造成管道爆裂增多。管道含气危害由含气量的大小、管道构造以及运行操作等因素有关决定，给有压输水管网造成了很大的危害。

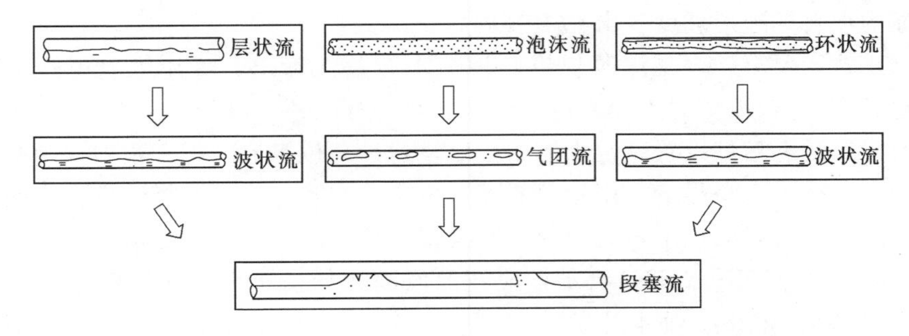

图 5-2-1 管道中气、液两相流的流态间的相互转化

5.2.2 典型工程分析

典型工程选取崇左市扶绥县渠凤片，基本情况如下：渠凤片分区设计灌溉面积 2943 亩，灌溉线路总长 3965m，设置有 6 个分水口，并在 J-53 处分管灌溉，J-53 至 J-58 之间采用 *DN*315 的 UPVC 管，J-58 至 J-64 之间采用 *DN*250 的 UPVC 管，J-64 至 J-67 之间采用 *DN*200 的 UPVC 管，水源点采用 200S95 的单级双吸离心泵。整个系统采用轮灌的工作制度，将片区分为 6 个田间单元，田间单元面积为 460～517 亩，每个田间单元设置田间控制首部，主干管向每个田间单元首部供水，田间单元内分为 9 个轮灌组，每个轮灌组面积为 30～60 亩，每次每个田块单元灌溉一个轮灌组，单次灌溉面积为 308～355 亩。

图 5-2-2 和图 5-2-3 给出了排气能力不足和合理设置排气阀时突然停泵后输水干管压力水头分布情况。可以看出，在排气能力不足状况下，由于水流流

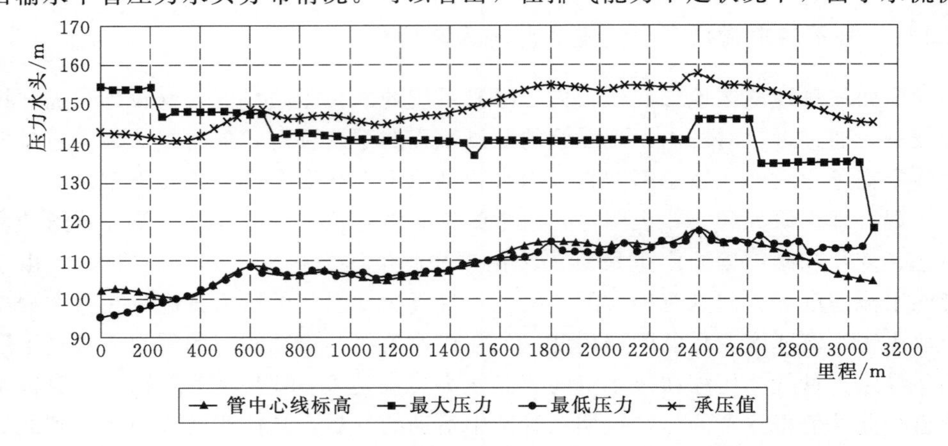

图 5-2-2 排气能力不足时突然停泵后输水干管压力水头分布情况

态受突然停泵影响，管网内的水流剧烈震荡，水流受惯性的作用继续向前流动，管道首部出现断流情况，导致水锤升压超出管道承压范围，对安全运行存在隐患。合理设置排气阀后，虽然水流流态受突然停泵影响，但及时进行补气和排气，管道内最大压力保持在正常范围内，可安全运行。因此，合理设置排气阀能有效降低骨干管道免受水锤破坏的概率。

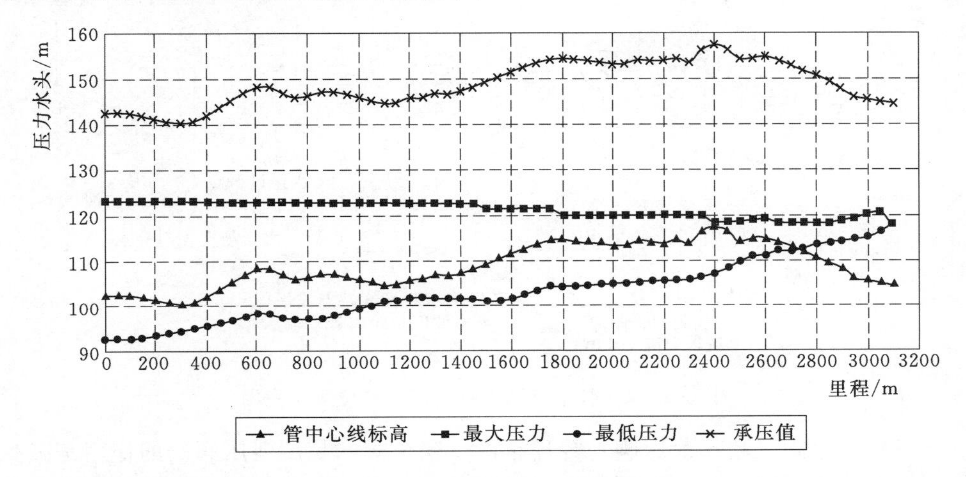

图 5-2-3　合理设置排气阀后突然停泵后输水干管压力水头分布情况

5.2.3　管网安全防护的措施及建议

蔗区高效节水灌溉骨干管网保护的关键是通过合理的设计减少管道气囊对管网运行的危害，并对较危险的管段设置安全保护措施，确保系统安全稳定运行，提高输水效率和降低维修费用，把财产损失降低到最低限度。根据实践总结，管网安全防护的相关措施及建议如下：

(1) 调整设计理念。通过修建高位水池或调蓄池将输水系统和配水系统分开布设，采用分区分压的设计理念，将灌溉系统控制面积控制在1000～2000亩，一个灌水小区控制在20～30亩，大幅降低输水干管的压力，并将田间系统管网的压力控制在0.50MPa以下。

(2) 进排气阀合理布设。管道系统的最高位置和管道隆起的顶部常会积累一部分空气，即使开始没有空气，水在流动过程中也会分离出空气，这些空气聚集在高处无法排出。这一方面影响过水面积，另一方面空气在水的压力下不断压缩，导致水力冲击，影响管道安全。因此，为避免负压，消除水锤破坏，一般在管道高处安装空气阀。根据现有工程的一般经验，管网沿途所设置的进排气阀通气面积的折算直径不小于管道直径的1/4。骨干管道进排气阀安装位置如图5-2-4所示。

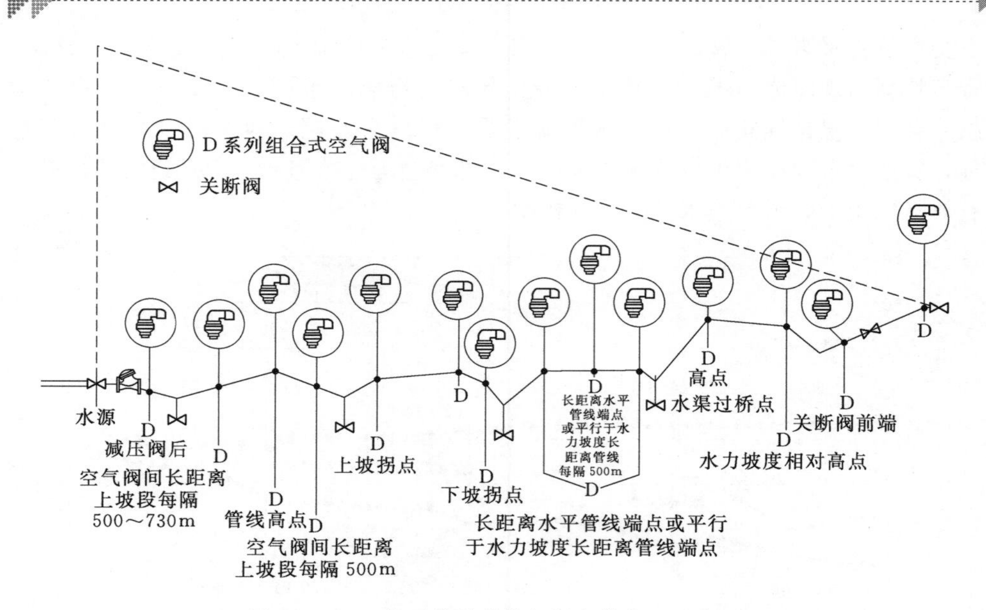

图 5-2-4　骨干管道进排气阀安装位置示意图

(3) 安全阀（超压泄压阀）合理布设。安全阀（超压泄压阀）的作用是减少管道内压力超过规定值。安全阀（超压泄压阀）通常装在主管路上，当管路中的压力超过设定值时，自动泄水，将压力降下来以保护管网。广西蔗区地形起伏较大，在大型系统的首部、高差大于 30m 的坡底管段应安装安全阀（超压泄压阀）。

(4) 管道流速控制。建议一般输水干管管道流速控制在 1.5m/s 左右，最高不宜超过 2.0m/s，若流速太高，管道内更易产生汽蚀。

5.3 滴灌田间管网布设模式

5.3.1 滴灌带主要参数对压力分布的影响

滴灌带的滴头流量与滴头间距组合、铺设长度和铺设坡比等主要参数对其压力分布及出水均匀性影响较大。

课题组选定三种常用的滴灌灌水器（额定流量、滴头流量-压力水头曲线分别为：1.36L/h、$q=0.4505h^{0.484}$；2.20L/h、$q=0.7281h^{0.482}$；2.80L/h、$q=0.9265h^{0.483}$）。在田间试验基础上，建立模型分析滴头流量与滴头间距组合、铺设长度和铺设坡比等主要参数对田间配水管网压力水头分布的影响，结果如图 5-3-1～图 5-3-3 及表 5-3-1 所示。

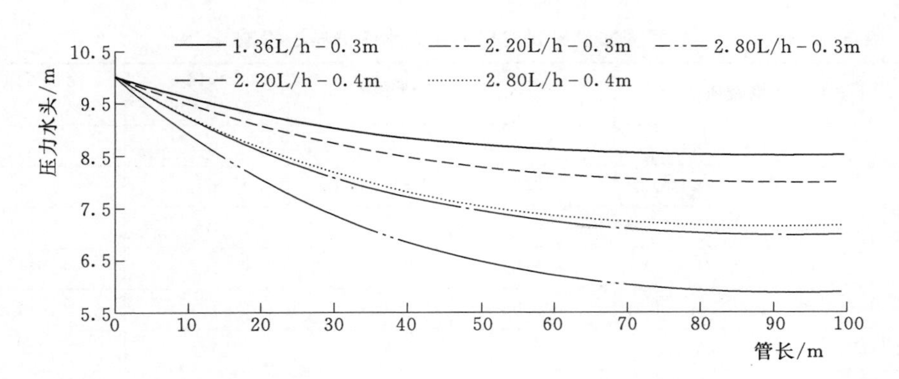

图 5-3-1 滴头流量、间距组合对滴灌带压力水头分布的影响

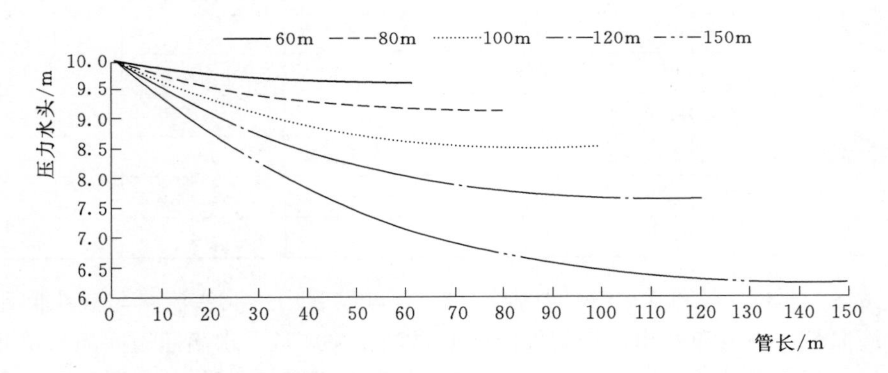

图 5-3-2 滴头流量 1.36L/h、间距 0.3m 滴灌带铺设长度对压力水头分布的影响

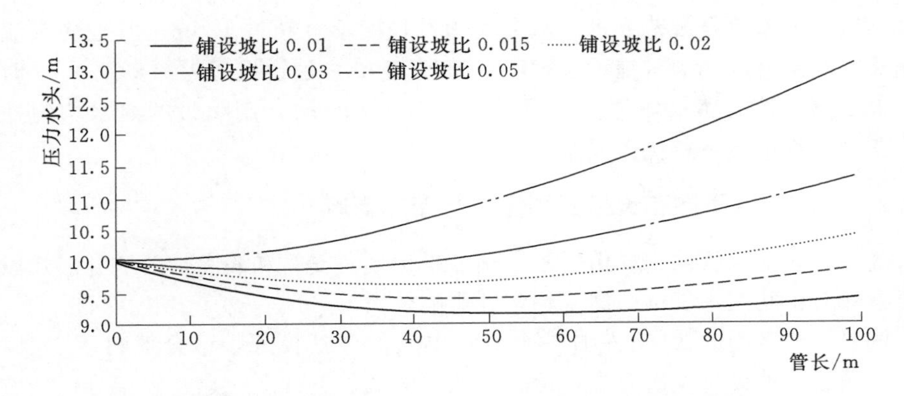

图 5-3-3 滴头流量 1.36L/h、间距 0.3m 滴灌带铺设坡比对压力水头分布的影响

表 5-3-1　　不同布设模式对田间压力水头分布的影响

主要影响因素及取值		最高水头/m	最低水头/m	水头偏差/m	流量偏差/%
滴头、流量组合	1.36L/h—0.3m	10.0	8.5	1.5	7.53
	2.20L/h—0.3m	10.0	7.0	3.0	15.94
	2.80L/h—0.3m	10.0	5.9	4.1	22.46
	2.20L/h—0.4m	10.0	8.0	2.0	10.25
	2.80L/h—0.4m	10.0	7.2	2.8	14.83
铺设长度	60m	10.0	9.6	0.4	2.20
	80m	10.0	9.1	0.9	4.41
	100m	10.0	8.5	1.5	7.53
	120m	10.0	7.7	2.3	11.76
	150m	10.0	6.2	3.8	19.85
铺设坡比	0.01	10.0	9.1	0.9	4.41
	0.015	10.0	9.4	0.6	2.94
	0.02	10.4	9.6	0.8	3.68
	0.03	11.3	9.9	1.4	6.62
	0.05	13.1	10.0	3.1	13.97

由图 5-3-1～图 5-3-3 及表 5-3-3 可以看出：滴头流量与滴头间距组合对滴灌带压力分布及出水均匀性影响明显。相关规范要求滴灌田间灌水单元各滴孔出水流量偏差不宜超过 20%，并建议单条滴灌带滴孔出水流量偏差不宜超过 10%，而 1.36L/h—30cm、2.20L/h—30cm、2.80L/h—30cm、2.20L/h—40cm、2.80L/h—40cm 等 5 种组合中仅 1.36L/h—30cm 组合滴灌带在铺设长度 100m 左右时，流量偏差符合规范要求，但最大铺设长度不宜超过 120m。其他滴头流量与滴头间距组合的滴灌带铺设长度不宜超过 100m。铺设坡比为 0.01～0.03 时有助于提高滴灌带的灌水均匀性，铺设坡比为 0.015 时，滴灌带的灌水均匀性最好，条件允许情况下可优先采用。

5.3.2 田间管网不同布设模式对压力分布的影响

滴灌田间配水管网主要由支管、滴灌带构成。支管和滴灌带的组合形式以及主要参数对田间配水管网的灌水均匀性影响较大。

按照广西常用的 30 亩左右一个灌水单元的设计模式，结合糖料蔗“双高”基地对滴灌带铺设长度的要求，课题组在田间试验基础上，建立模型分析平坡条件下支管、滴灌带不同长度组合对田间配水管网压力水头分布的影响，结果如图 5-3-4～图 5-3-6 及表 5-3-2 所示。

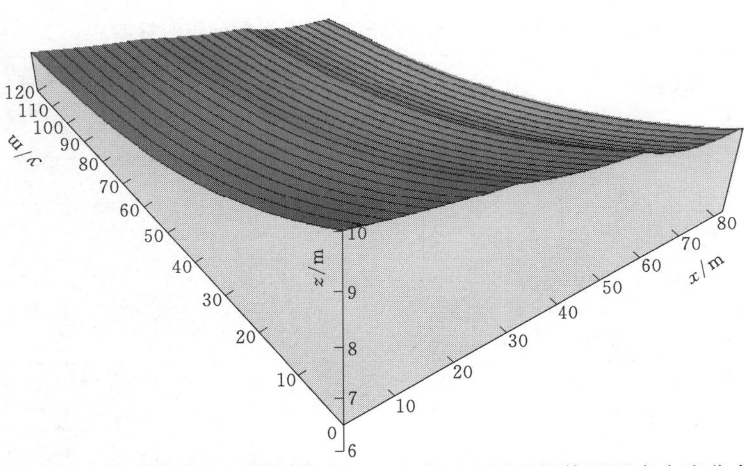

图 5-3-4 支管 83m+滴灌带 120m（双向布置）时田间管网压力水头分布情况

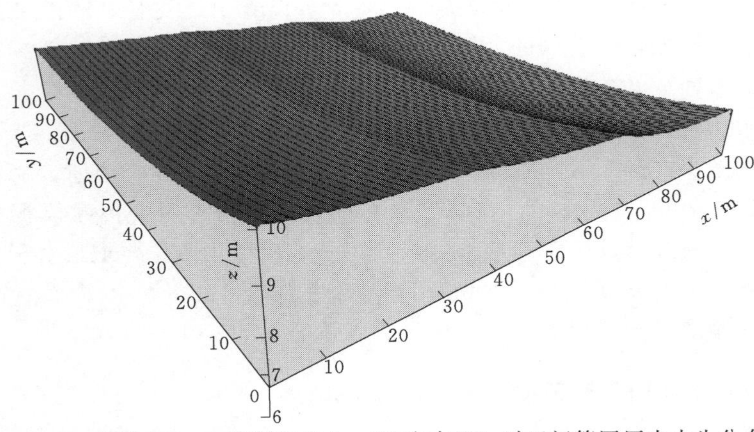

图 5-3-5 支管 100m+滴灌带 100m（双向布置）时田间管网压力水头分布情况

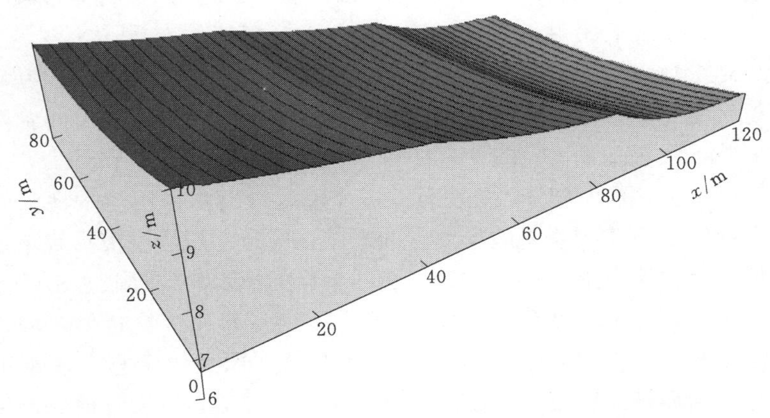

图 5-3-6 支管 125m+滴灌带 80m（双向布置）时田间管网压力水头分布情况

表 5－3－2　　不同布设模式对田间配水管网压力水头分布的影响

布设模式	支管参数	滴灌带参数	支管水头损失/m	滴灌带水头损失/m	支管、滴灌带水头损失分配比例	灌水小区流量偏差/%
支管 83m＋滴灌带 120m（双向布置）	ϕ110mm—25.5m ϕ90mm—25.5m ϕ63mm—32.0m	ϕ16mm 滴头流量 1.36L/h 滴头间距 0.3m	1.52	2.35	0.43∶0.57	19.11
支管 100m＋滴灌带 100m（双向布置）	ϕ110mm—35.0m ϕ90mm—35.0m ϕ63mm—30.0m	ϕ16mm 滴头流量 1.36L/h 滴头间距 0.3m	1.78	1.48	0.55∶0.45	16.18
支管 125m＋滴灌带 80m（双向布置）	ϕ110mm—40.0m ϕ90mm—40.0m ϕ63mm—45.0m	ϕ16mm 滴头流量 1.36L/h 滴头间距 0.3m	2.32	0.88	0.72∶0.28	16.16

由图 5－3－4～图 5－3－6 及表 5－3－2 可以看出，支管和滴灌带的不同铺设长度，直接影响田间管网的灌水均匀性和支管与滴灌带之间的水头损失分配比例。相同灌溉面积，长支管、短滴灌带组合的灌水均匀性比短支管、长滴灌带的组合的灌水均匀性要好。随着支管长度的减小和滴灌带长度的增加，支管水头损失分配比例减小，滴灌带水头损失分配比例增加，规范建议的支管、滴灌带水头损失分配比例为 0.50∶0.50，在缺乏资料的情况下可参考，但建议根据田间管网的实际布设模式计算确定。结合“双高”基地机械化耕作要求，对于平坡和缓坡地形，建议采用支管长 80～100m、滴灌带长 100～120m、双向布置的布设模式，支管和滴灌带水头损失的分配比例为 0.43∶0.57～0.55∶0.45。

5.3.3　地形坡度对田间管网压力分布的影响

与平原地区不同，坡耕地的地形坡度对田间管网单元的影响非常较大。工程设计时，一般要求支管沿顺坡布设，滴灌带平行于等高线布设。

为分析地形坡度对田间管网压力分布的影响，课题组在田间试验基础上，建立模型分析常用布设模型下在地形坡度分别为 5°、10°、15°时对田间管网压力水头分布的影响，结果如图 5－3－7～图 5－3－9 及表 5－3－3 所示。

由图 5－3－7～图 5－3－9 及表 5－3－3 可以看出，采用与平地相同布设模式和设计参数时，由于支管受地形坡度的影响，管道水压力顺坡沿程增加，且随着坡度的增加增幅明显加大，导致田间管网单元的灌水均匀性较差。若不采取相应的调压措施，则地形坡度分别为 5°、10°、15°时灌水小区流量偏差均远超过规范提出的灌水小区流量偏差不超过 20.0%的标准。而且由于整个灌水单元的水头压力均超过滴灌带的额定水头压力，整个单元设计流量（设计时一般采用滴头额定流量计算）与实际流量存在较大偏差。另外，受坡度的影响，田间管网单元

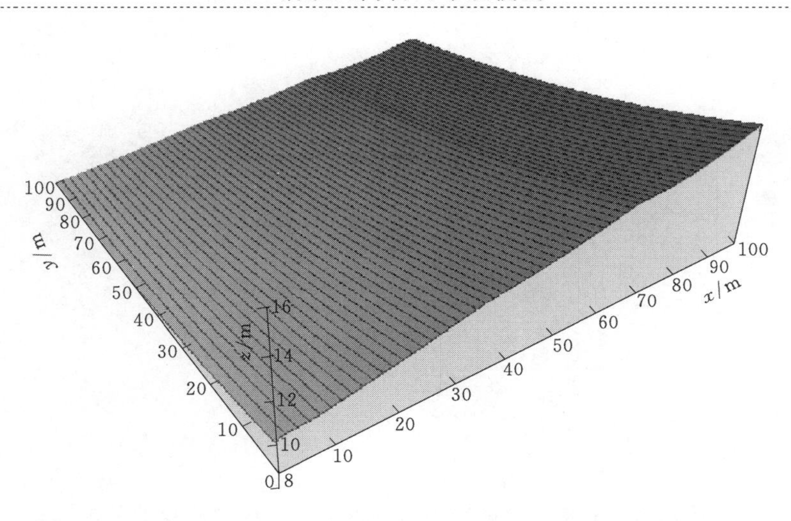

图 5-3-7 地形坡度 5°时对田间管网压力水头分布的影响

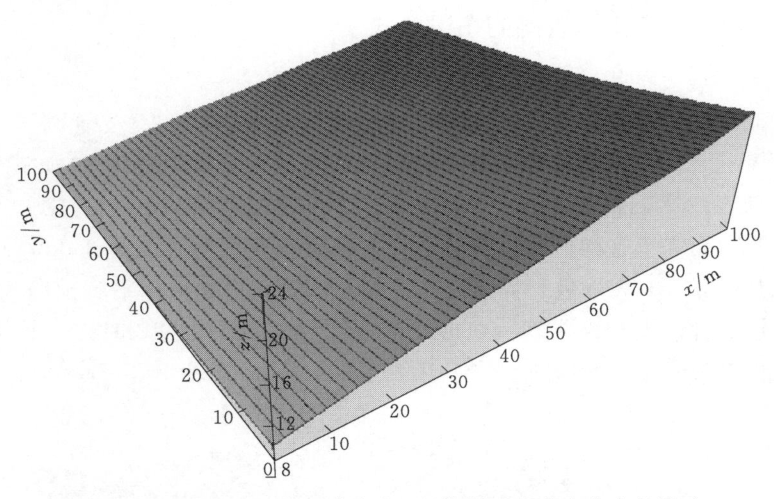

图 5-3-8 地形坡度 10°时对田间管网压力水头分布的影响

表 5-3-3 地形坡度对田间压力水头分布的影响

布设模式	支管参数	滴灌带参数	地形坡度/(°)	支管首尾压力差/m	灌水小区流量偏差/%	管网设计、实际流量偏差/%
支管 100m+滴灌带 100m（双向布置）	ϕ110mm—35.0m ϕ90mm—35.0m ϕ63mm—30.0m	ϕ16mm 滴头流量 1.36L/h 滴头间距 0.3m	5	5.78	30.62	6.77
			10	13.31	56.62	20.65
			15	20.74	79.41	32.45

位于支管末端的滴灌带所承受的压力较大，超过滴灌带的承压范围，易出现爆管，影响系统安全。因此，针对地形坡度的影响，应采用适当的调压措施。

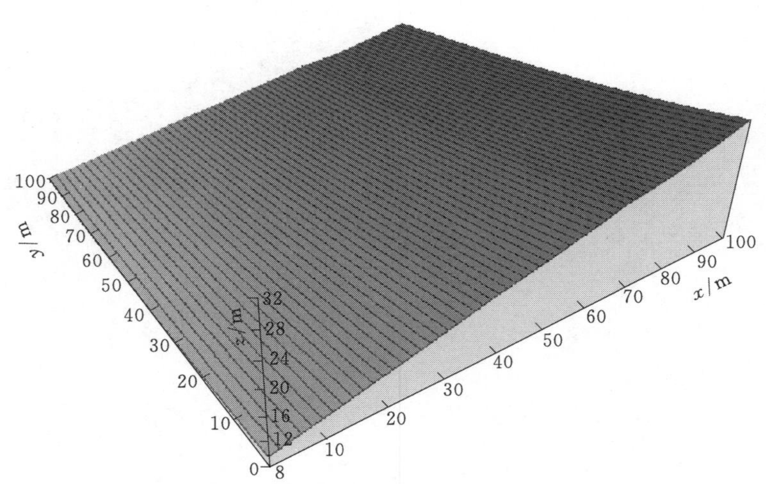

图 5-3-9　地形坡度 15°时对田间管网压力水头分布的影响

5.3.4　坡耕地滴灌田间管网的布设模式

针对地形坡度的影响，目前常用的措施有两种：一是滴灌带调压，即采用压力补偿式滴灌带或在滴灌带入口处安装调压管进行调压；二是支管调压，即通过减少支管管径加大支管水头损失以抵消坡降引起的管道水压力增加或缩短支管长度来减少坡度的影响幅度。

本节重点研究第二种措施。由于受管道极限流速（建议值为 3.0m/s）和标准管径的限制，分析时先以最小管径为支管的设计管径，如果达不到预期减压效果，则通过缩短支管铺设长度实现。地形坡度分别为 5°、7.5°、10°时田间管网的布设模式及压力水头分布情况如图 5-3-10～图 5-3-12 及表 5-3-4 所示。

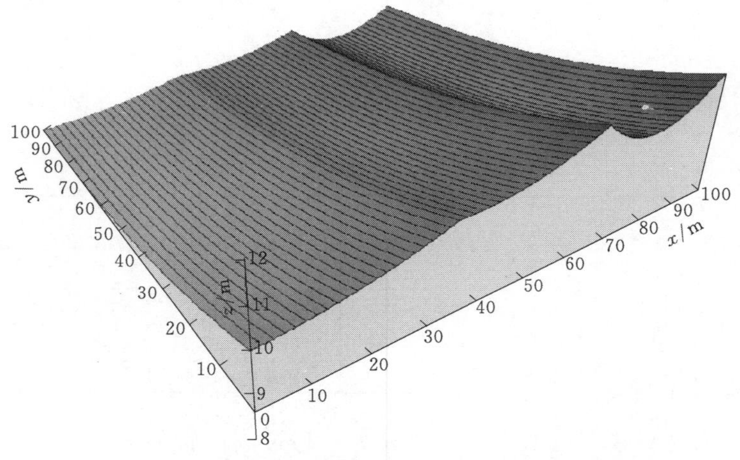

图 5-3-10　地形坡度 5°时田间管网压力水头分布情况

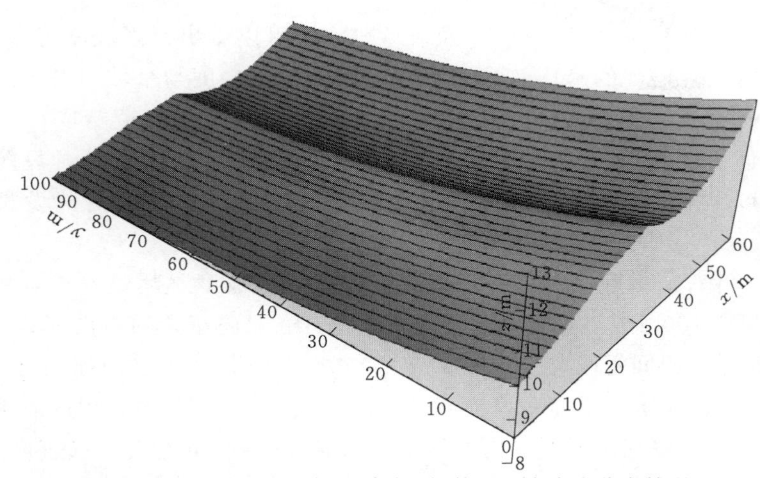

图 5-3-11 地形坡度 7.5°时田间管网压力水头分布情况

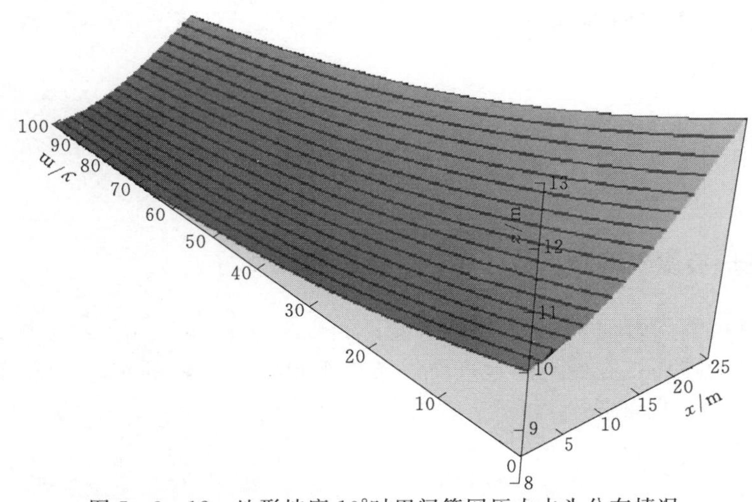

图 5-3-12 地形坡度 10°时田间管网压力水头分布情况

表 5-3-4　　　地形坡度对田间压力水头分布的影响

地形坡度/(°)	布设模式	支管参数	对应图	入口水头/m	末端水头/m	灌水小区流量偏差/%
5	支管 100m+滴灌带 100m(双向布置)	ϕ90—35.0m ϕ75—35.0m ϕ50—30.0m	图 5-3-10	10.0	12.05	16.91
7.5	支管 60m+滴灌带 100m(双向布置)	ϕ75—30.4m ϕ50—29.6m	图 5-3-11	10.0	12.97	20.55
10	支管 26m+滴灌带 100m(双向布置)	ϕ50—26m	图 5-3-12	10.0	12.91	20.29

由图 5-3-10～图 5-3-12 及表 5-3-4 可以看出：当坡度为顺坡 5°时，通过变径能获得较好的降压效果，支管压力的变化幅度与平坡时基本一致，支管铺设长度可达到 100m。当坡度为顺坡 7.5°时，虽然变径能取得一定的降压效果，但由于坡降对支管压力影响明显，无法达到预期效果，只能将支管的铺设长度缩短到 60m。当坡度为顺坡 10°时，只能将支管的铺设长度缩短到 26m。

因此，针对糖料蔗“双高”基地建设要求，当坡度不超过 5°时，田间管网可按照支管长 100m 左右、滴灌带长 100m 左右、双向布置的布设模式。当坡度为 5°～7.5°时，田间管网可按照支管长为 100～60m 按照坡度内插确定、滴灌带长 100m 左右、双向布置的布设模式。当坡度为 7.5°～10°时，田间管网可按照支管长 60～26m 之间按照坡度内插确定、滴灌带长 100m 左右、双向布置的布设模式。当坡度大于 10°后，则需采用压力补偿式滴灌带或开发新型的调压设施设备才能确保支管的铺设长度超过 25m，满足糖料蔗“双高”基地建设要求的单幅地块的最小宽度要求。

5.4 喷灌田间管网布设模式

5.4.1 地形坡度对喷灌水分分布特征的影响

广西蔗区喷灌普遍采用中压喷头（工作压力 200～500kPa），选用蔗区常用的 5 种类型的喷头，开展不同地形坡度条件下单喷头喷灌的水分分布特征试验，结果如图 5-4-1～图 5-4-4 及表 5-4-1 所示。

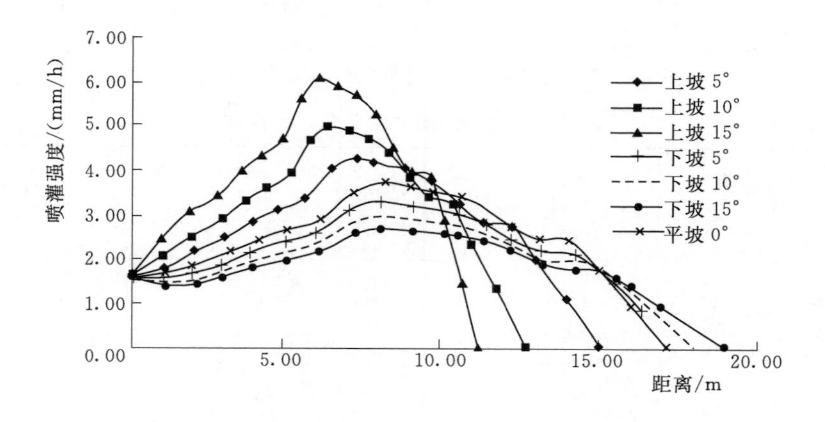

图 5-4-1 PY15 不同地形坡度条件下单喷头喷灌强度分布图

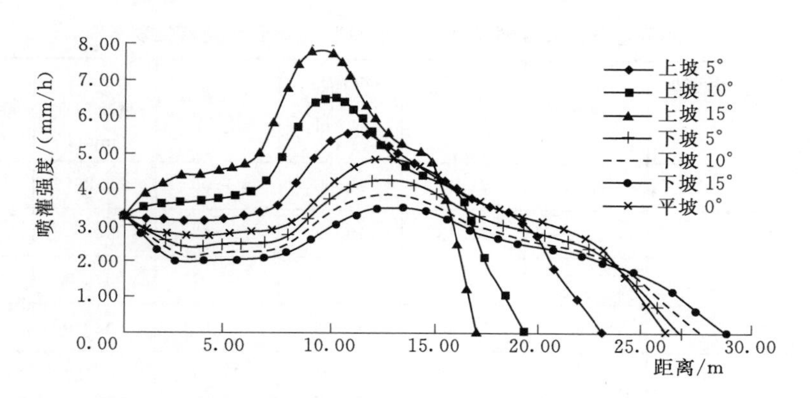

图 5-4-2　PY30 不同地形坡度条件下单喷头喷灌强度分布图

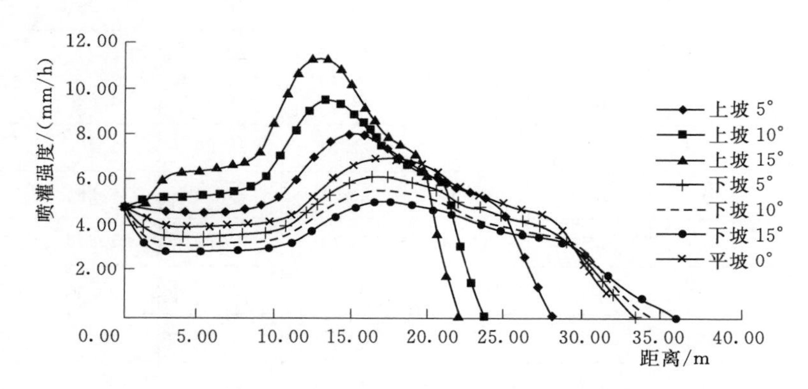

图 5-4-3　PY40 不同地形坡度条件下单喷头喷灌强度分布图

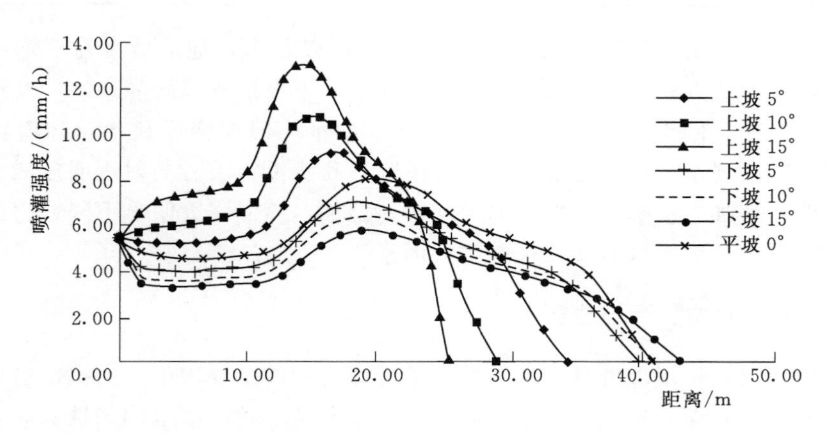

图 5-4-4　PY50 不同地形坡度条件下单喷头喷灌强度分布图

表 5-4-1　不同地形坡度条件下不同类型单喷头喷洒水量特性表

喷头型号	地形坡度 /(°)	平均喷灌强度 AP/(mm/h)	均匀系数 C_u/%	上坡射程 R_u/m	下坡射程 R_d/m	上坡喷灌强度 /(mm/h)	下坡喷灌强度 /(mm/h)
PY15	0	2.38	73.41	17.00	17.00	2.38	2.38
	5	2.39	71.49	15.02	17.43	2.79	2.15
	10	2.48	66.14	12.59	18.01	3.25	1.93
	15	2.69	56.46	11.05	18.85	3.93	1.77
PY30	0	3.12	74.58	25.50	25.50	3.12	3.12
	5	3.14	75.48	22.97	26.65	3.71	2.89
	10	3.25	69.39	19.25	27.54	4.28	2.61
	15	3.52	58.92	16.90	28.83	5.13	2.40
PY40	0	4.52	75.67	32.50	32.50	4.52	4.52
	5	4.54	73.39	27.84	33.09	5.46	4.21
	10	4.71	68.04	23.33	34.10	6.26	3.80
	15	5.10	57.04	21.61	35.59	7.47	3.48
PY50	0	5.15	77.24	39.50	39.50	5.15	5.15
	5	5.17	75.37	33.57	38.95	5.94	4.60
	10	5.36	69.19	28.14	40.25	6.86	4.15
	15	5.81	58.75	24.70	42.13	8.24	3.80

由图 5-4-1～图 5-4-4 及表 5-4-1 可以看出，地形坡度对平均喷灌强度、上坡喷灌强度、下坡喷灌强度、上坡射程、下坡射程以及灌水均匀性都有非常明显的影响。同类型的喷头，平坡条件下的平均喷灌强度最小，随着坡度增加，平均喷灌强度增加，但灌水均匀性下降。喷头沿上坡方向射程明显减少，喷灌强度明显增加。喷头沿下坡方向射程明显增加，喷灌强度明显下降。因此，地形坡度是影响喷灌水分分布特征的重要因素。

5.4.2　坡耕地喷灌布设模式

如前所述，地形坡度是影响喷灌水分分布特征的重要因素，为提出坡耕地条件下喷灌的适宜布设模式，开展不同地形坡度条件下喷灌灌水均匀性试验，并根据试验情况，提出不同坡度条件下蔗区常用的 5 种类型喷头的最优组合间距，结果如图 5-4-5～图 5-4-8 及表 5-4-2 所示。

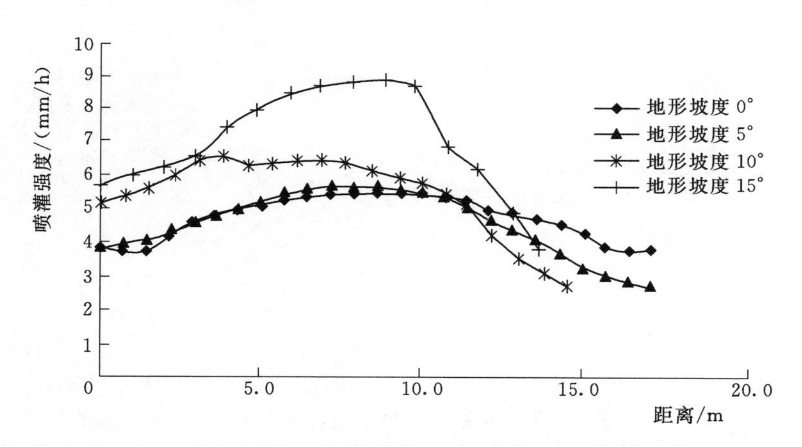

图 5-4-5 PY15 不同地形坡度最优组合情况下喷灌强度分布图

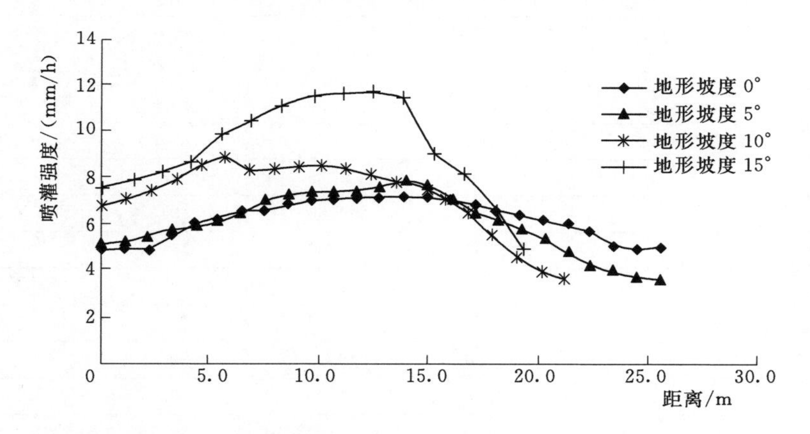

图 5-4-6 PY30 不同地形坡度最优组合情况下喷灌强度分布图

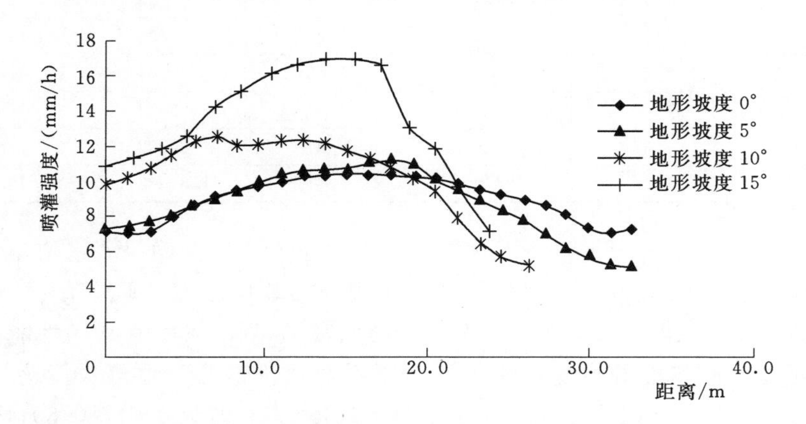

图 5-4-7 PY40 不同地形坡度最优组合情况下喷灌强度分布图

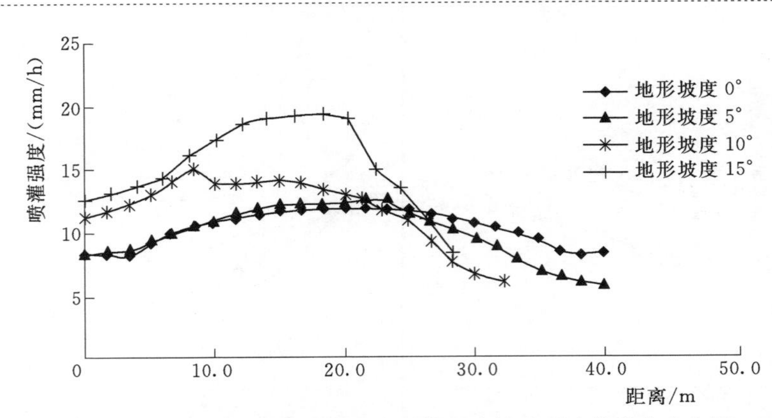

图 5-4-8 PY50 不同地形坡度最优组合情况下喷灌强度分布图

表 5-4-2 不同坡度适宜组合喷洒特性表

喷头型号	地形坡度 /(°)	最优组合间距 /m	间距系数	组合均匀系数 /%	组合喷灌强度 /(mm/h)
PY15	0	17.00	1.00	88.34	4.76
	5	17.00	1.00	82.23	4.76
	10	14.40	0.85	83.27	5.49
	15	13.60	0.80	80.50	6.33
PY30	0	25.50	1.00	88.34	6.24
	5	25.50	1.00	82.16	6.24
	10	21.20	0.83	83.21	7.20
	15	19.30	0.76	80.11	8.75
PY40	0	32.50	1.00	88.34	9.04
	5	32.50	1.00	82.19	9.04
	10	26.00	0.80	83.28	10.42
	15	23.70	0.73	81.33	13.42
PY50	0	39.50	1.00	88.34	10.30
	5	39.50	1.00	82.23	10.30
	10	32.00	0.81	83.08	11.91
	15	28.00	0.71	81.33	15.29

由图 5-4-5～图 5-4-8 及表 5-4-2 可以看出，为确保灌水均匀性达到规范要求，喷头的组合间距、喷灌强度受地形坡度影响较大：平坡条件下喷头间距系数为 1.2 时（即喷头间距为 1.2 倍的喷头喷洒半径），灌水均匀性能满足要求，但随着地形坡度的增加，喷头的间距系数逐渐减小，地形坡度为 5°时为 1.0，地形坡度为 10°时为 0.81～0.85，地形坡度为 15°时为 0.71～0.80；随着喷头间距减小，喷灌强度逐渐提高。

针对糖料蔗“双高”基地建设要求，在地形坡度0°～5°条件下建议选择PY30、PY40、PY50及类似性能的喷头；在地形坡度5°～10°条件下建议选择PY40、PY50及类似性能的喷头；当地形坡度超过10°时，虽然喷头间距满足机械化的要求，但是喷灌强度较大，建议进行坡改梯。

5.5 微喷灌田间管网布设模式

折径、喷水孔数、孔间距是微喷带的主要技术参数。选用市场上常用的4种微喷带（表5-5-1）开展不同压力水头条件下微喷带流量试验与微喷带喷洒强度分布试验，结果如图5-5-1～图5-5-8所示。

表5-5-1　微喷带压力—流量试验及极限铺设长度试验具体用材表

微喷带规格	孔间距/cm	单组孔长度/cm	每组孔孔数
N45	22	10	斜三孔
N45	22	10	斜五孔
N65	17	10	正三孔
N65	30	10	斜五孔

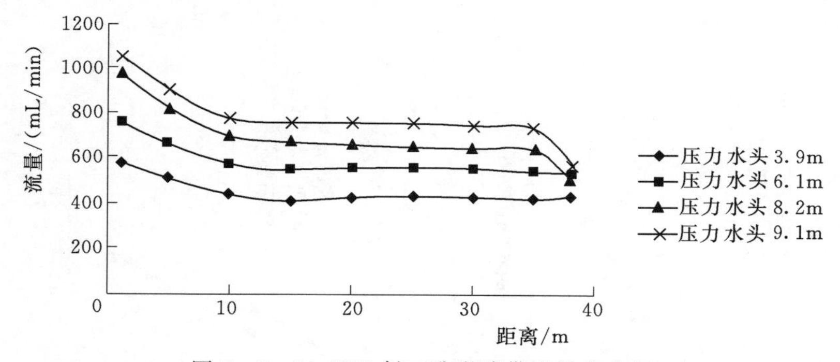

图5-5-1　N45斜三孔微喷带流量变化图

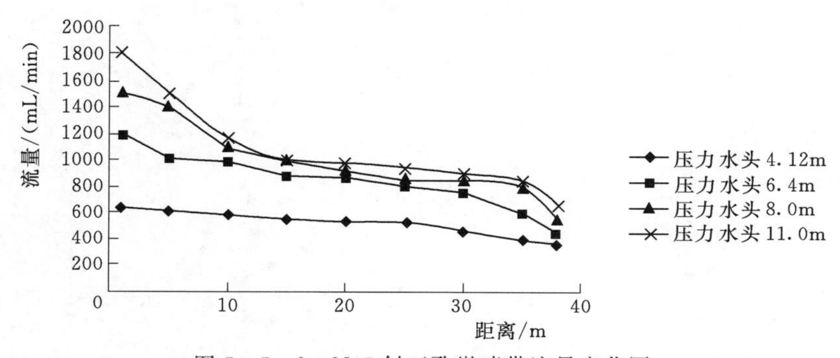

图5-5-2　N45斜五孔微喷带流量变化图

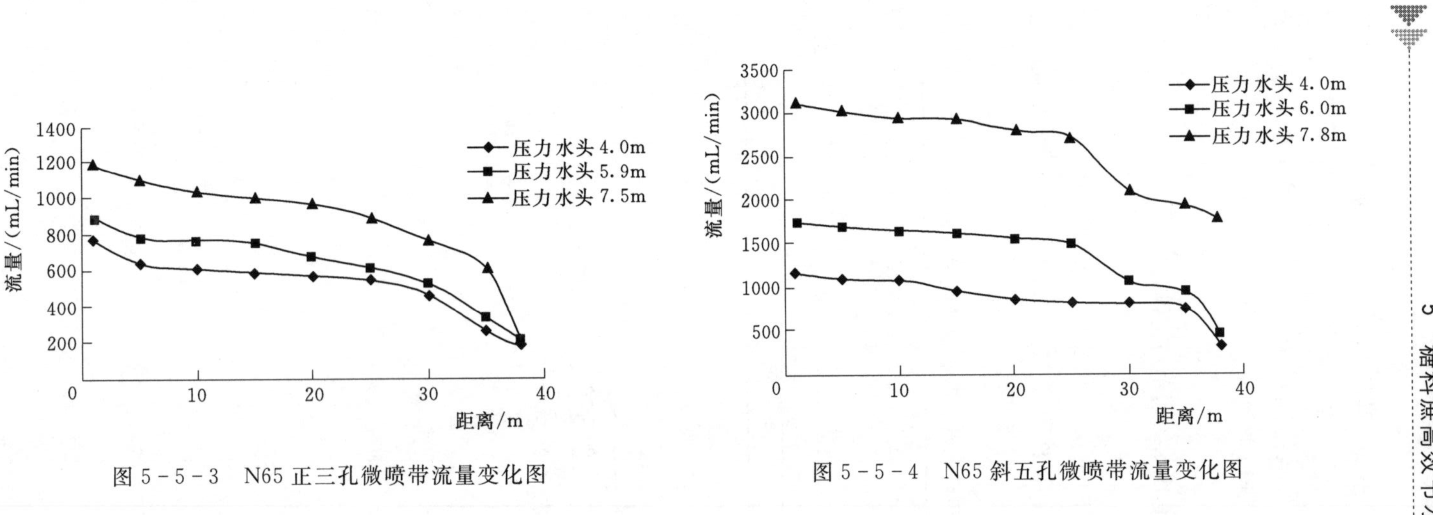

图5-5-3 N65正三孔微喷带流量变化图

图5-5-5 N45斜三孔横向喷洒强度分布图

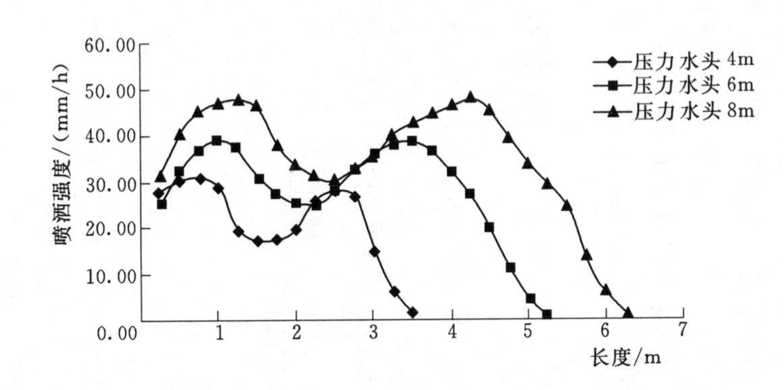

图5-5-4 N65斜五孔微喷带流量变化图

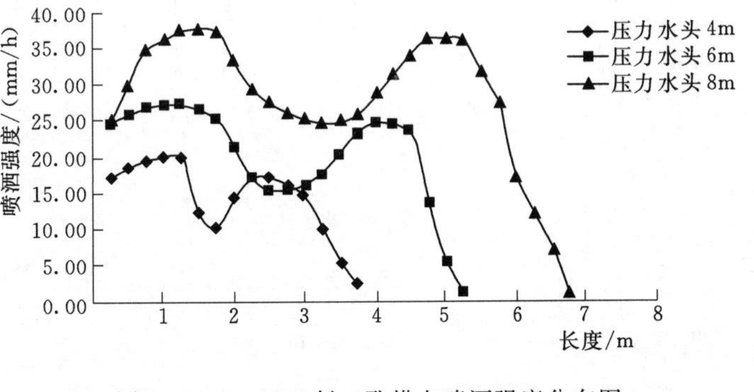

图5-5-6 N45斜五孔横向喷洒强度分布图

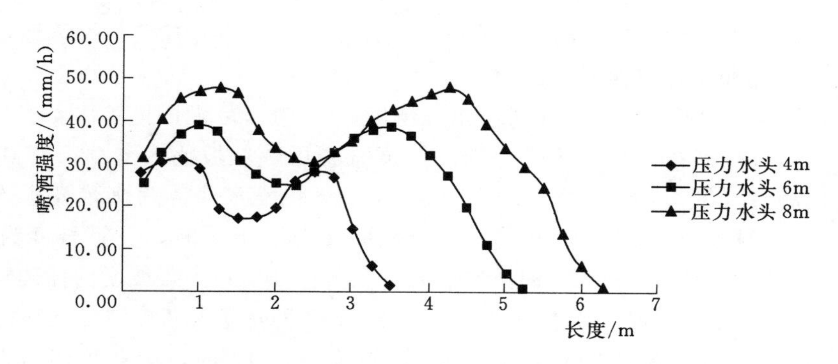

图 5-5-7 N65 正三孔横向喷洒强度分布图

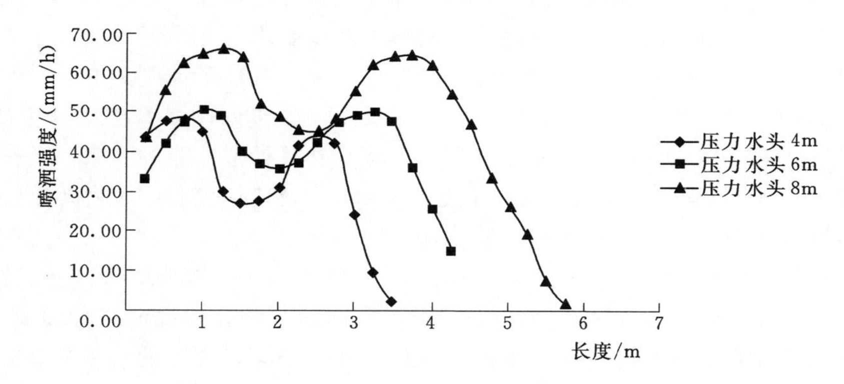

图 5-5-8 N65 斜五孔横向喷洒强度分布图

由图 5-5-1～图 5-5-8 可以看出：微喷带流量偏差率较大，当铺设长度为 35m 时，4 种规格的微喷带首部的出水流量分别为尾部出水流量的 1.8～1.3 倍、2.7～1.8 倍、5.6～4.2 倍、3.8～1.7 倍，不能够满足糖料蔗灌水均匀性的要求，而且微喷带的铺设长度过短，会影响蔗田的机械化耕作。微喷带在额定工作压力的条件下，水滴喷洒宽度在 4m 左右，两条微喷带的铺设间距宜设置在 4m 左右，水滴喷洒均匀度较差仅 0.35～0.78，糖料蔗封行后蔗茎影响水滴喷洒均匀度更差仅 0.15～0.26。总体而言，微喷灌不宜作为糖料蔗“双高”基地水利化建设的一种灌溉方式，但可作为部分农户分散经营并套种西瓜等经济作物的零星蔗田的一种灌溉方式。

5.6 结论与建议

本章通过开展坡耕地管网布控技术试验研究，得出如下结论：

(1) 通过修建高位水池或调蓄池将输水系统和配水系统分开的分区、分压设

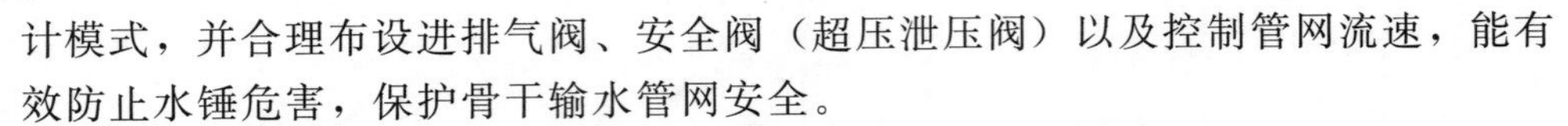

计模式，并合理布设进排气阀、安全阀（超压泄压阀）以及控制管网流速，能有效防止水锤危害，保护骨干输水管网安全。

（2）滴灌田间管网布设受地形坡度影响较大，为满足机械化耕作要求，滴灌带铺设长度宜控制在100～120m，铺设坡度宜采用顺坡坡比为0.01～0.03，宜优先选用滴头流量为1.36L/h、滴头间距为30cm的滴灌带。为满足灌水均匀性要求，要合理控制支管的长度和管径，当地形坡度小于5°时，支管长度为80～100m，当地形坡度为5°～7.5°时，支管长度为60～100m按照坡度内插确定，当地形坡度为7.5°～10°时，支管长度为26～60m按照坡度内插确定，并按照管道流速不超过3.0m/s选定支管管径。当地形坡度大于10°时，则需采用压力补偿式滴灌带或开发新型的调压设施设备才能确保支管的铺设长度超过25m，满足糖料蔗“双高”基地建设要求的单幅地块的最小宽度要求。

（3）喷灌田间管网布设受地形坡度影响也较大，当地形坡度为0°～5°时，建议选择PY30、PY40、PY50及类似性能的喷头，喷头间距系数宜为1.0左右；当地形坡度为5°～10°时，建议选择PY40 、PY50及类似性能的喷头，喷头间距系数宜为0.81～0.85；当地形坡度超过10°时，虽然喷头间距满足机械化的要求，但是喷灌强度较大，建议进行坡改梯。

（4）微喷灌喷洒均匀度较差（一般为0.35～0.78）、微喷带铺设长度较短（一般在35m左右），不宜作为糖料蔗“双高”基地水利化建设的一种灌溉方式，但可作为部分农户分散经营并套种西瓜等经济作物的零星蔗田的一种灌溉方式。

6 制糖企业再生水灌溉效应理论与实践

6.1 材 料 与 方 法

6.1.1 试验设计与方法

（1）试验设计。本试验设计再生水、原水和无灌溉（对照，CK）三种处理，再生水、原水处理三个重复，每个处理3亩地，总面积21亩地。为防止各个处理的水分相互交换，在处理间铺设0.8m的塑料薄膜隔开。在再生水处理和原水处理低处各设置一处土壤渗流观测区，长宽高分别为2m×2m×0.8m，底部及四周采用塑料薄膜防渗，低处安装容器接收降雨条件下形成的径流。

（2）试验方法。试验区设有两个钢筋混凝土水池，容积1000m^3，1号水池用来存储广西湘桂糖业有限公司江州区糖厂的再生水，2号水池用来存储来自黑水河的河水。每个水池单设一台加压水泵，水泵的流量10m^3/h，扬程为25m，设置叠片过滤器，过滤后采用地表滴灌的方式，滴灌带滴头流量2.0L/h，间距0.3m，壁厚0.3mm，每行糖料蔗铺设一根滴灌带。

各处理不同生育期的灌水上下限为：苗期55%～65%，分蘖期55%～65%、伸长期75%～85%，成熟期55%～65%。

（3）试验观测项目。观测项目包括：土壤物理性质、环境因子（降雨量、风速、风向、温度、空气相对湿度和太阳辐射等）、土壤含水量、糖料蔗生长形态（出苗、分蘖、生长、不同处理叶片数与叶面积）、糖料蔗产量、品质、水样和土壤中的氮、磷、钾以及重金属元素等。

6.1.2 试验材料

（1）试验区概况。试验在崇左市江州区孔香片高效节水灌溉实验田进行，属南亚热带气候，特点是夏天长，冬天短，四季不甚分明，光照充足，雨量充沛，温暖湿润。试验期间当地的气象数据（2014年）见表6-1-1，试验区土壤理化性质（2014年）见表6-1-2。

（2）供试品种。试验品种采用粤糖93－159，于2014年3月14日种植，苗期为3—4月，分蘖期5—7月，伸长期8—10月，成熟期11—12月，在2015年1月砍收测产。2015年为第二年宿根蔗，苗期为3—4月，分蘖期5—7月，伸长期8—10月，成熟期11—12月，在2015年12月底砍收测产。

表 6-1-1　　试验期间当地的气象数据（2014 年）

项目	1月	2月	3月	4月	5月	6月	7月	8月	9月	10月	11月	12月
降雨量/mm	0.4	21.2	43.7	140.0	99.9	174.3	353.6	191.0	125.0	101.5	76.4	31.9
有效降雨量/mm	0.0	20.5	39.8	87.9	32.4	58.3	45.4	130.3	23.8	6.0	30.4	13.0
蒸发量/mm	94.6	74.6	95.0	88.7	176.2	90.2	73.4	66.5	70.9	60.5	52.5	52.3
气温/℃	16.0	16.4	19.8	25.8	29.9	30.5	30.9	30.2	29.5	26.0	44.0	15.0
积温/℃	152.2	396.3	656.3	1040.2	1506.4	2037.5	2574.5	3044.5	3607.2	4128.7	4383.9	4559.3
日照时数/h	107.2	109.6	128.5	158.1	207.5	174.1	189.1	192.2	190.2	160.7	111.4	117.1
相对湿度/%	63.7	69.7	67.3	80.3	69.3	74.3	67.7	77.0	68.7	68.3	66.0	71.7
气压/mb	997.8	998.2	1001.1	996.6	995.3	1003.7	999.4	999.2	999.3	996.7	999.4	998.5

表 6-1-2　　试验区土壤理化性质（2014 年）

pH 值	有机质/(g/kg)	全量养分/(g/kg)			速效养分/(mg/kg)		
		N	P	K	N	P	K
4.5	17.6	1.4	0.6	8.2	85.0	9.3	93.6

pH 值	有机质/(g/kg)	重金属/(mg/kg)											交换性阳离子/(cmol/kg)
		Cu	Zn	Fe	Mn	B	S	Ca	Mg	NO_3-N	NH_4-N	水溶性总N	
4.5	17.6	0.6	0.5	11.8	10.2	0.1	97.1	413.9	20.0	66.6	5.2	75.0	16.8

（3）供试材料。再生水为广西湘桂糖业有限公司江州区糖厂区制糖废液加上酒精、造纸、酵母等副产品生产产生废液的混合废水，经生化法处理后的水资源。该供试水样的化学性质见表 6-1-3。对比灌溉规范，除全 Hg 超标外，其他指标均满足灌溉水质要求。

表 6-1-3　　供试水样的化学性质　　单位：mg/L、μg/L

项目	COD_{Cr}	pH 值	硝态氮	铵态氮	总氮	速效 P	总磷	速效 K	总钾
再生水	3761.7	8.23	40.03	0.64	43.25	2.26	3.7	89	91

项目	全 As	全 Hg	全 Pb	全 Cd	全 Cr	全 Cu	有效 As	有效 Hg	有效 Pb	有效 Cd	有效 Cr	有效 Cu
再生水	19.31	7.77	10.32	2.99	25.38	125.2	0.03	0	0	0.1	0.62	6.23

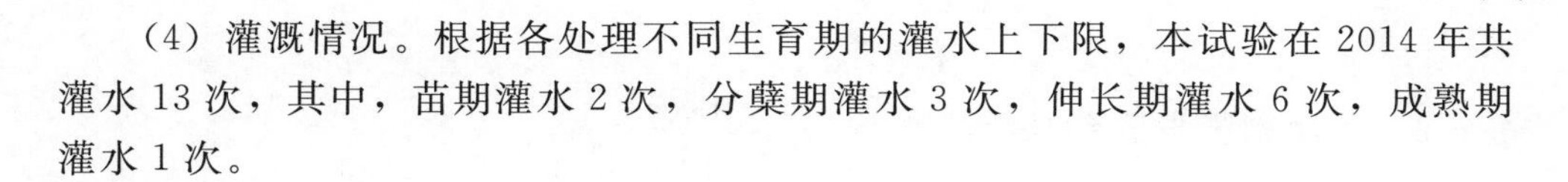

(4) 灌溉情况。根据各处理不同生育期的灌水上下限，本试验在2014年共灌水13次，其中，苗期灌水2次，分蘖期灌水3次，伸长期灌水6次，成熟期灌水1次。

6.2 原水、再生水灌溉对糖料蔗生长及品质的影响

6.2.1 对出苗及分蘖的影响

(1) 出苗数。蔗种下种后至蔗芽萌发出土阶段为萌芽期。新鲜种茎的含水量一般在70%以上，基本上可以满足种茎萌芽和幼苗早期生长的需要。蔗种下种后保持土壤含水量在田间持水量的60%～70%，使得种苗吸足水。由实验结果可知，再生水灌溉处理3个观测点的亩均出芽数分别为5113株、5187株和5335株，平均5212株；原水灌溉处理3个观测点的亩均出芽数分别为4558株、4623株和4706株，平均4629株；无灌溉处理3个观测点的亩均出芽数分别为3261株、3410株和3484株，平均3385株。再生水处理的出芽数少于原水灌溉处理和无灌溉处理（CK），原因在于再生水中生物Cu元素会对糖料蔗的出芽有一定的抑制作用。不同处理糖料蔗生长形态分析如图6-2-1所示。

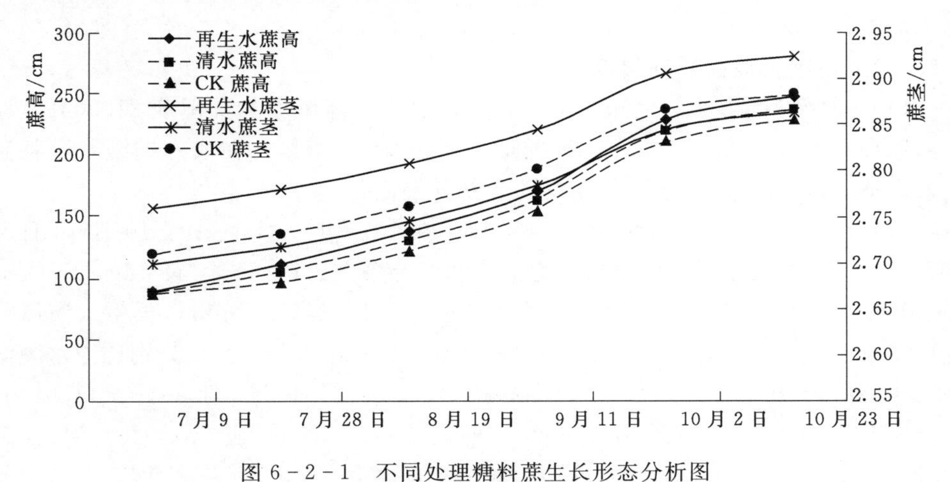

图6-2-1 不同处理糖料蔗生长形态分析图

(2) 分蘖率。土壤水肥对糖料蔗分蘖的影响很大。蔗田水肥充足，糖料蔗分蘖早且多。分蘖期时，如氮、磷、钾和硫、钙、镁等营养元素供应不足，尤其是氮、磷的影响最大。水肥不足，糖料蔗分蘖明显减少，分蘖迟缓。据试验观测结果分析，再生水灌溉处理的分蘖率达到1.023，高于原水灌溉处理的0.733和无灌溉（CK）的0.596，说明再生水中富含N、P、K、Ca、Mg、S、Cu、Zn、Fe、Mn和B等元素，可以促进蔗苗的分蘖，增加蔗田的总苗数，为原料蔗增产

奠定基础。

6.2.2 对糖料蔗株高和株茎的影响

株高和株茎是糖料蔗生长状况的重要指标，与水分、肥力和水质等因素关系很大。由于再生水中总氮含量43.25mg/L、总磷含量3.70mg/L、总钾含量91.00mg/L，原水中总氮含量3.24mg/L、总磷含量0.18mg/L、总钾含量1.10mg/L，灌溉效果反映在：再生水灌溉处理、原水灌溉处理和无灌溉处理伸长期蔗茎日均增长分别为1.48cm、1.40cm和1.34cm，株茎日均增长分别为0.017mm、0.015mm和0.013mm。

6.2.3 对糖料蔗产量及品质的影响

6.2.3.1 对糖料蔗产量的影响

根据测产结果，再生水灌溉亩均产量7.25t，原水灌溉亩均产量6.18t，无灌溉亩均产量4.02t，即再生水灌溉处理和原水灌溉处理的亩均产量都大于无灌溉处理。一是有灌溉条件的试验区有效茎比无灌溉的有效茎多；二是各处理间的植株生长情况不同，也导致了各处理产量的差异。在灌水量、土壤肥力和光照条件一致的情况下，再生水灌溉处理亩均产量7.25t，比原水灌溉处理高1.07t，比无灌溉提高3.23t。

6.2.3.2 对糖料蔗品质的影响

（1）对锤度的影响。由测产结果可知，再生水灌溉原料蔗锤度21.90%，原水灌溉原料蔗锤度22.42%，无灌溉原料蔗锤度22.54%。在成熟期灌水，特别是富含N元素的再生水会导致糖料蔗含糖分偏低。

（2）蔗茎和蔗叶中各种元素含量分析。在2014年9月19日、10月16日和2015年1月29日分别选用样品检测蔗茎和蔗叶中N、P、K、Ca、Mg、S、Cu、Zn、Fe、Mn和B的含量，测量结果见表6-2-1。经计算分析，再生水灌溉处理蔗茎全N、全P、全K、Ca、Mg、S、Cu、Zn、Fe、Mn和B分别比原水灌溉处理增加31.50%、9.40%、38.42%、1.02%、4.40%、3.58%、11.52%、8.75%、4.33%、15.02%和6.62%；蔗叶全N、全P、全K、Ca、Mg、S、Cu、Zn、Fe、Mn和B分别比原水灌溉处理增加14.32%、4.91%、7.77%、4.84%、4.65%、16.07%、10.39%、16.65%、3.92%、11.44%和4.70%。

（3）蔗体内各种重金属残留量影响。从灌溉处理来看，再生水灌溉处理的重金属含量普遍比原水灌溉和无灌溉要高，其As平均含量分别比原水灌溉和无灌溉高0.81%、1.67%，Hg平均含量分别比原水灌溉和无灌溉高12.50%、12.50%，Pb平均含量分别比原水灌溉和无灌溉高4.94%、4.32%，Cd平均含量分别比原水灌溉和无灌溉高5.88%、7.28%，Cr平均含量分别比原水灌溉和

无灌溉高 3.71%、7.25%，Cu 平均含量分别比原水灌溉和无灌溉高 3.34%、4.68%，见表 6-2-2。

表 6-2-1　　不同处理蔗茎和蔗叶中元素含量分析表

时间	处理	部位	全 N	全 P	全 K	Ca	Mg	S	Cu	Zn	Fe	Mn	B
			g/kg						mg/kg				
9月19日	原水	蔗茎	1.82	0.93	10.03	2.68	1.36	1.125	45.36	16.52	65.32	11.25	1.38
		蔗叶	9.12	1.65	24.35	5.52	1.43	1.038	36.75	7.85	76.52	12.38	1.42
	再生水	蔗茎	4.55	1.14	13.05	2.52	1.42	1.213	53.42	17.85	71.38	14.35	1.53
		蔗叶	11.66	1.75	25.75	5.87	1.48	1.312	42.38	10.38	78.38	15.12	1.56
10月16日	原水	蔗茎	3.61	0.92	9.16	2.38	1.13	0.865	36.42	12.36	56.38	8.32	1.23
		蔗叶	5.36	0.98	10.25	1.85	1.24	0.906	31.63	7.82	68.54	9.78	1.34
	再生水	蔗茎	3.65	0.94	11.32	2.56	1.21	0.786	41.26	13.24	55.32	8.79	1.28
		蔗叶	6.28	1.03	12.38	2.03	1.25	1.021	36.74	8.26	72.38	10.24	1.36
1月30日	原水	蔗茎	3.68	1.13	10.25	2.75	1.38	1.025	46.3	15.57	62.35	10.32	1.32
		蔗叶	14.65	1.85	25.63	5.85	1.42	0.925	38.6	8.18	78.18	11.58	1.48
	再生水	蔗茎	3.78	1.18	16.38	2.81	1.41	1.124	48.16	17.25	65.32	11.24	1.38
		蔗叶	15.36	1.92	26.78	5.96	1.55	0.997	38.98	9.18	81.23	12.24	1.52

表 6-2-2　　不同处理糖料蔗体内重金属元素含量分析表　　单位：mg/kg

灌溉处理	部位	As	Hg	Pb	Cd	Cr	Cu
无灌溉	根	0.562	0.002	0.012	0.008	0.013	1.893
原水灌溉		0.568	0.001	0.012	0.008	0.013	1.885
再生水灌溉		0.571	0.002	0.012	0.008	0.014	1.940
无灌溉	茎	0.488	0.000	0.006	0.000	0.005	2.126
原水灌溉		0.487	0.000	0.007	0.000	0.005	2.170
再生水灌溉		0.496	0.000	0.007	0.000	0.005	2.259
无灌溉	叶	0.655	0.019	0.007	0.000	0.006	2.854
原水灌溉		0.664	0.019	0.007	0.000	0.006	2.908
再生水灌溉		0.667	0.021	0.008	0.000	0.006	2.996

从不同部位来看，As、Pb、Cd、Cr 元素含量规律为根>茎>叶，而 Hg、Cu 元素含量却是叶片中最多，根部和茎部较少。

6.3 原水、再生水灌溉对土壤和环境的影响

6.3.1 再生水灌溉对蔗区土壤的影响

（1）灌溉再生水对土壤 pH 值及有机质质量分数的影响。以再生水处理和原

水处理的土壤为对象进行研究。灌溉结束后，在试验的每个处理内选择位置相同的 3 个单点，对每个处理中 60cm 深土层剖面上按照 20cm 分层取样采集土壤样品，测试土壤 pH 值和有机质特征，试验结果如图 6－3－1 和图 6－3－2 所示。试验结果表明：供试土壤中，表层土壤（0～20cm）的 pH 值和有机质含量最高，亚表层（20～40cm）次之，底层（40～60cm）最低。横向比较，再生水灌溉处理比原水灌溉处理土壤的 pH 值提高 0.20、增幅达到 4.01%，有机质提高 0.63mg/kg、增幅达到 3.49%。

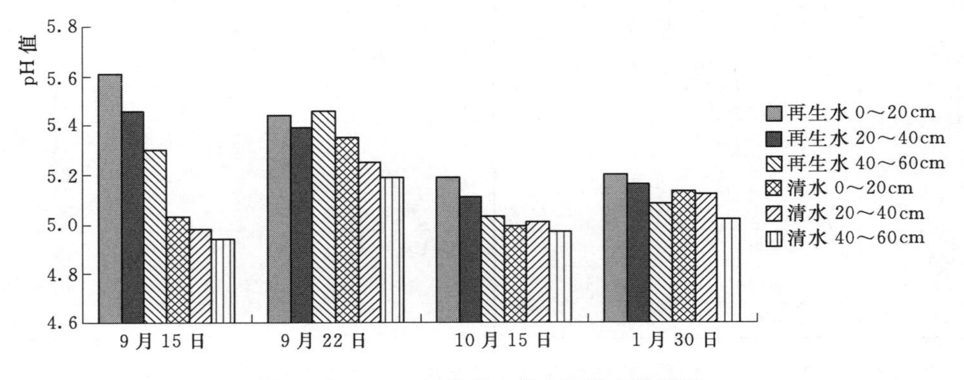

图 6－3－1　不同处理土壤 pH 值变化情况

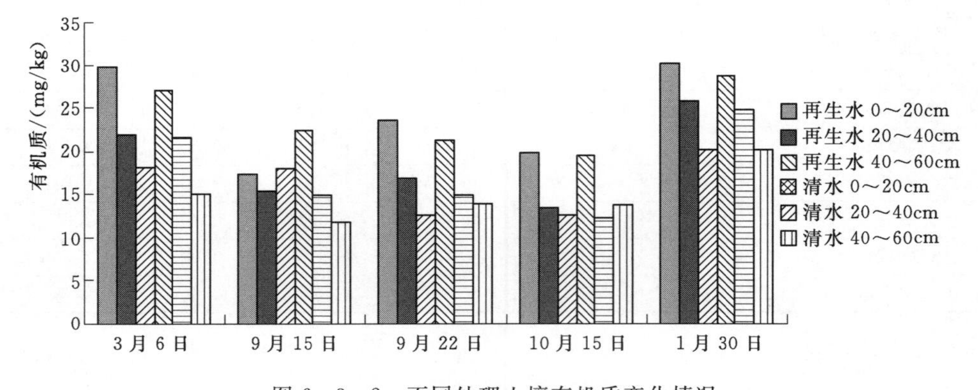

图 6－3－2　不同处理土壤有机质变化情况

（2）灌溉再生水对土壤养分的影响。总体来说，随着灌溉次数的增加，土壤中 N、P、K 含量逐渐增加，见表 6－3－1。从灌溉方式来看，再生水灌溉处理土壤样品的全 N、P、K 比原水灌溉处理平均增加 0.10g/kg、0.70g/kg 和 0.27g/kg，速效 N、P、K 比原水灌溉处理增加 35.67mg/kg、7.67 mg/kg 和 43.33mg/kg。

表 6-3-1　　再生水灌溉对土壤养分影响分析表

日期	处理	土壤分层/cm	全N	全P	全K	速效N	有效P	速效K
			g/kg			mg/kg		
8月15日	再生水	0～20	1.23	0.56	1.94	128	22.2	157
		20～40	0.98	0.39	1.91	76	13.9	69
		40～60	0.94	3.7	2.08	83	9.5	43
	原水	0～20	1.18	0.53	1.91	56	19.5	80
		20～40	0.97	0.36	1.86	61	12.4	46
		40～60	0.91	0.36	1.94	80	5.3	41
9月15日	再生水	0～20	1.16	0.8	2.05	86	25.7	202
		20～40	1.13	0.67	1.99	89	13.1	102
		40～60	1.14	0.54	1.82	131	4.2	49
	原水	0～20	1.16	0.75	1.46	58	15.7	171
		20～40	1.1	0.58	1.51	76	7.2	51
		40～60	0.96	0.43	1.64	126	2.4	47
10月15日	再生水	0～20	1.26	0.78	1.96	125	31.7	126
		20～40	1.35	0.64	1.94	100	19.1	70
		40～60	1.24	0.68	1.92	76	12.1	55
	原水	0～20	1.07	0.56	1.94	86	26.3	73
		20～40	1.28	0.51	1.85	71	7.7	54
		40～60	1.21	0.51	1.9	66	9	50

（3）灌溉再生水对土壤重金属残留的影响。以再生水处理和原水处理小区的土壤为主要对象进行研究。主要方法是灌溉后，在试验的每个处理内选择位置相同的3个单点，对小区中60cm深土层剖面上按照20cm分层取样采集土壤样品，测试不同重金属在土壤中的残留量，见表6-3-2。表6-3-2表明，再生水灌溉对土壤重金属含量有一定的影响，再生水灌溉条件下As、Hg、Pb、Cd、Cr和Cu含量都大于原水灌区，说明经过多次灌溉后，土壤中的重金属含量存在缓慢增长的趋势。

表 6-3-2　　再生水灌溉对土壤重金属残留量

处理	土壤分层/cm	As	Hg	Pb	Cd	Cr	Cu
		全量/(mg/kg)					
再生水	0～20	81.193	0.037	11.383	0.220	12.997	69.407
	20～40	80.340	0.028	10.447	0.233	12.957	62.360
	40～60	70.727	0.009	10.430	0.233	12.497	55.540

续表

处理	土壤分层/cm	As	Hg	Pb	Cd	Cr	Cu
		全量/(mg/kg)					
原水	0～20	81.163	0.016	10.683	0.207	12.710	59.320
	20～40	77.393	0.024	10.343	0.204	12.780	55.653
	40～60	69.213	0.005	10.297	0.203	12.570	48.183

6.3.2　再生水灌溉对土壤径流水质的影响

残留在土壤的N、P、K以及As、Hg、Pb、Cd、Cr和Cu等元素会随着降雨下渗而进入含水层，或形成土壤径流。试验结果表明：再生水灌溉处理在降雨条件下，形成径流水样的各指标比原水灌溉处理增长比较明显，见表6-3-3。其中，pH值、硝态氮、铵态氮、总氮、Olsen-P、总磷、速效钾和总钾分别增加0.43、1.41mg/L、0.43mg/L、5.23mg/L、0.01mg/L、0.06mg/L、0.51mg/L和5.8mg/L；全As、全Hg、全Pb、全Cr和全Cu等重金属分别增加0.10ug/L、0.22ug/L、0.02ug/L、2.14ug/L和1.53ug/L。

表6-3-3　　再生水灌溉对土壤径流水质的影响分析表

处理	pH值	硝态氮/(mg/L)	铵态氮/(mg/L)	总氮/(mg/L)	Olsen-P/(mg/L)	总磷/(mg/L)	速效钾/(mg/L)	总钾/(mg/L)
原水灌溉	6.43	8.80	2.84	10.49	0.05	0.17	2.35	23.10
再生水灌溉	6.86	10.21	3.27	15.72	0.06	0.23	2.86	28.90

处理	全As/(ug/L)	全Hg/(ug/L)	全Pb/(ug/L)	全Cr/(ug/L)	全Cu/(ug/L)
原水灌溉	2.35	0.75	0.15	4.38	3.56
再生水灌溉	2.25	0.53	0.13	2.24	2.03

6.4　结论与建议

6.4.1　分析再生水灌溉糖料蔗的可行性与适应性

广西共有30户制糖企业（104家糖厂），总日榨糖料蔗生产能力为68.5万t。2013—2014年榨季，开榨糖厂102家，累计榨糖料蔗7074万t，混合糖产量855.8万t，产糖率12.10%。根据《广西糖业年报》，广西制糖企业吨糖再生水排放量从2008—2009年榨季的1.02m³、2013—2014年榨季的0.84m³下降到2013—2014年榨季的0.56m³，即广西制糖企业2013—2014年榨季产生479.25万m³，加上酒精、造纸、酵母等副产品生产产生的再生水，总量达到573.40万m^3，占全区工业再生水排放量的20%左右，如图6-4-1所示。由图6-4-1可知，再生水主要排放期为11月至次年的5月，这段时间排放的是糖蜜污水处理后的再生水，对应苗期和分蘖期；6—10月排放的是生产酒精、酵母等副产品产生的再生水，对应糖料蔗的伸长期和成熟期。上述研究表明，再生水灌溉可以促进糖料蔗分蘖，提高土壤养分含量，减少化肥施用，提高糖料蔗单产，制糖企业再生水可以作为企业附近甘蔗的补充灌溉水源。但再生水灌溉也会使重金属在蔗体、土壤和降雨形成的土壤径流中的累积量增加，因此，应慎重使用制糖企业再生水进行灌溉。

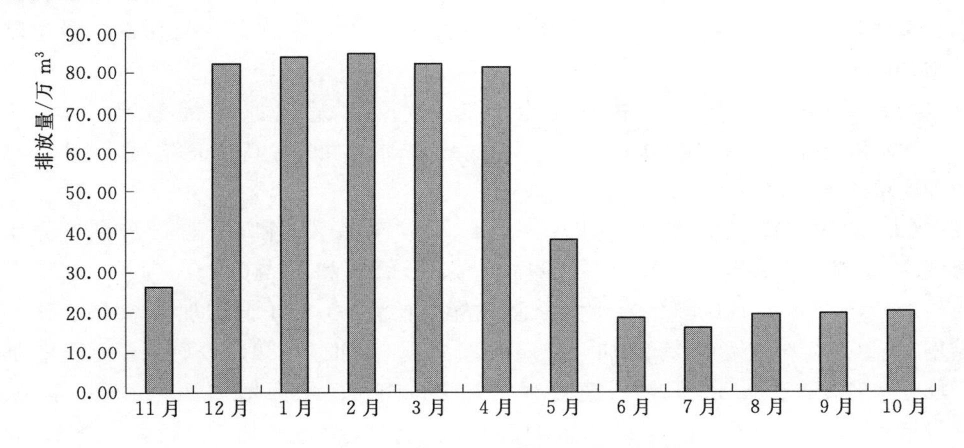

图6-4-1 广西制糖企业再生水排放情况

6.4.2 再生水灌溉对糖料蔗生长、产量及品质的影响

研究表明，再生水富含N、P、K等营养元素，可以促进糖料蔗分蘖以及蔗茎的伸长及增粗，进而提高原料蔗产量；As、Hg、Pb、Cd和Cu等重金属元素在蔗体内的含量比原水灌溉有所增加，表现如下：

(1) 再生水中含As、Hg、Pb、Cd、Cr和Cu等重金属含量相对较高，糖料蔗的生长初期（萌芽期、苗期）受再生水的影响比较大。由于As、Hg等重金属元素对蔗种萌芽有抑制作用，再生水灌溉处理的萌芽率要低于原水灌溉处理和无灌溉处理（CK）。

(2) 分蘖期施用富含N、P、K等元素的再生水，可促进糖料蔗分蘖，再生水灌溉处理的分蘖率比原水灌溉处理提高39.67%，比无灌溉（CK）提高71.60%。

(3) 再生水灌溉处理和原水灌溉处理的株高在整个生育期内变化趋势一致，比无灌溉处理（CK）均有明显提高。各处理间糖料蔗整个生育期内的生长速率值，与水肥施用量呈较明显的正相关关系。

(4) 再生水灌溉可提高糖料蔗的单产，比原水灌溉处提高17.31%，比无灌溉（CK）提高80.35%。

(5) 再生水灌溉处理蔗体As含量比原水灌溉处理增加0.81%，Hg含量增加12.50%，Pb含量增加4.94%，Cd含量增加5.88，Cr含量增加3.71%，Cu含量增加3.34%。

6.4.3 原水、再生水灌溉对土壤和环境的影响

再生水灌溉有助于提高土壤的N、P、K含量，提高土壤养分，但重金属元素含量也随之增加，在降雨条件下形成径流内N、P、K及重金属元素含量也略有增加，具体如下：

(1) 再生水灌溉土壤中平均全N、P、K含量比原水灌溉高1.25%、14.38%和34.52%；速效N、P、K含量比原水灌溉高28.53%、33.18%和39.45%。

(2) 再生水灌溉土壤中平均As、Hg、Pb、Cd、Cr和Cu含量分别比原水灌溉高1.97%、6.72%、2.01%、11.61%、1.02%和14.80%。

(3) 与原水灌溉比较，再生水灌溉在降雨径流中，pH值增加6.69%、硝态氮增加16.02%、铵态氮增加15.14%、总氮增加49.86%、Olsen－P增加25.60%、总磷增加32.93%、速效钾增加22.10%、总钾增加25.11%；全As含量增加4.44%、全Hg含量增加41.51%、全Pb含量增加15.38%、全Cr含量增加95.53%、全Cu含量增加75.37%。

6.4.4 下一步研究建议

综上所述，再生水条件下重金属在土壤、地下水及糖料蔗体内的分布是一个长期、动态、复杂和反应滞后的过程，受到诸多因素的影响，虽然本研究对重金属分布规律进行了田间试验，得出了一些结论，但由于试验周期短和试验分析条件限制，未能揭示重金属在农田生态系统中分布规律的本质，试验结果仅能作为一定的参考。在今后的研究中，需要多学科联合，发挥各自优势，进一步验证和开展更深入的研究。

7 糖料蔗高效节水灌溉生态效益评估理论与实践

7.1 糖料蔗高效节水灌溉典型试验区生态效益评估指标测试

7.1.1 材料与方法

7.1.1.1 试验材料

选择崇左市江州区陇铎灌溉试验区，试验设地表滴灌、地埋滴灌、微喷、喷灌、管灌和无灌溉6种灌溉模式，各灌溉模式描述见表7-1-1。每种灌溉模式共设3个径流小区作为重复，每个径流小区大小为6m×10m。

表7-1-1 糖料蔗试验基地不同灌溉处理模式描述

灌溉模式	滴孔或喷头间距/m	行间距/m	滴孔或喷孔流量/(L/h)	特点
地表滴灌	0.3	1.8	2.2	水以滴状一滴一滴地滴入作物根部进行灌溉的方式，滴头在地面上
地埋滴灌	0.3	1.8	2.2	水以滴状一滴一滴地滴入作物根部进行灌溉的方式，滴头埋在地下
微喷	0.4	3.6	1.65	又称雾滴喷灌，比喷灌更为省水，雾滴细小，适应性比喷灌更大
喷灌	喷头间距25m		7500	利用喷头等专用设备把有压水喷洒到空中，形成水滴落到地面和作物表面的灌溉方法
管灌	给水栓间距50m		7500	将水以细流（或射流）形式灌到作物根部的地表，再以积水入渗的形式渗到作物根区土壤的一种灌水形式
无灌溉	空白对照，无任何处理			

7.1.1.2 试验方法

（1）评价方法。根据节水灌溉工程实施的现状特征与区域生态环境保护、经济发展目标，采用德尔菲法与层次分析法相结合的方式，结合数据收集、实地踏勘等，从生态、环境和资源等多方面进行考虑，建立一套符合生态学原理，能科学、全面、正确反映广西糖料蔗高效节水灌溉的有效、科学、合理的生态环境综合效益评估指标体系。

（2）指标观测方法。分别在甘蔗的分蘖期、伸长初期、伸长旺盛期、伸长后期和成熟期选取典型晴天开展现场监测和采样工作，观测指标包括叶面积指数、光合速率及相关环境因子，主要包括下列内容：

1）叶片净光合速率：采用美国 LI－COR 公司生产的 LI－6400 型便携式光合测定仪进行测定。测定时设定系统内气体流速为 500μmol/s，采用专用内置红蓝光源，光照强度设定为 1000μmol/(m^2·s) 光量子。在每种处理模式的 3 个径流小区内各选取 1 棵长势良好、无病虫害的代表性蔗株作为观测对象，每棵蔗株按冠层高、中、低分别测量，每个高度重复 3 次。

2）土壤二氧化碳通量：采用美国 LI－COR 公司生产的 LI－6400 型便携式光合测定仪进行测定。测量前，首先要提前几小时或一天，将土壤隔离环安放在各个径流小区内，以尽可能减少土壤的扰动，一般土壤环高出地面 2～3cm，测量时，先确定土壤表面的 CO_2 浓度，把土壤呼吸叶室安放在径流小区内的土壤环上，输入测定土壤面积，设定 CO_2 目标值，输入土壤呼吸叶室插入土壤的深度，设置测量循环次数为 3 次，然后开始测量。对每种处理模式的 3 个径流小区分别进行测量作为重复。

3）叶面积指数（LAI）：采用 LAI－2200 植物冠层分析仪对每种处理模式的 3 个径流小区的蔗株叶面积指数进行观测。

4）空气温湿度：采用手持式 RS 温湿度计对蔗株周围空气温度（T）和空气湿度（H）进行测定。

5）土壤容重：采用环刀法测得。选择有代表性的土壤，去除其表面凋落物，然后用体积为 100cm^3 的环刀垂直压入土内。后用剖面刀挖掘周围土壤，取出环刀，将黏附在环刀外面的土去除，用削土刀细致地切去环刀两端多余的土，使土壤恰和环刀平齐，两端盖好盖子，带回实验室。将环刀内土壤置于 60℃烘箱中烘干至恒重，记录其重量，除以环刀体积即为土壤容重。

6）土壤含水率：采用烘干法测得。取 80～100g 土壤，去除其中的植物组织，测量其湿重，然后在 60℃下烘至恒重，然后再称重，通过公式换算获得其含水率。

7）土壤温度：在每种处理模式的 3 个径流小区内选取具有代表性的土壤，采用 WET 三参数仪测量土壤温度。

8）土壤有机质、速效 N、P、K：在每种处理模式的 3 个径流小区内选取具有代表性的土壤，按四分法混合取样 1kg 于自封袋内，送至广西农科院资环所测定。

9）甘蔗生物量：在每种处理模式的 3 个径流小区内具有代表性的选取 6 株甘蔗（大、中、小各两株），分根、茎、叶分别用弹簧秤称取其鲜重。

10）泥沙流失量：在每种处理模式的 3 个径流小区内设置引流槽和径流桶，每次取样时将槽中的泥沙全部扫入径流桶中。用扫把将桶中的水充分搅匀，迅速用水舀舀起一定量的水分至一干净水桶中，至少重复 5 次。同样，将水桶中的水

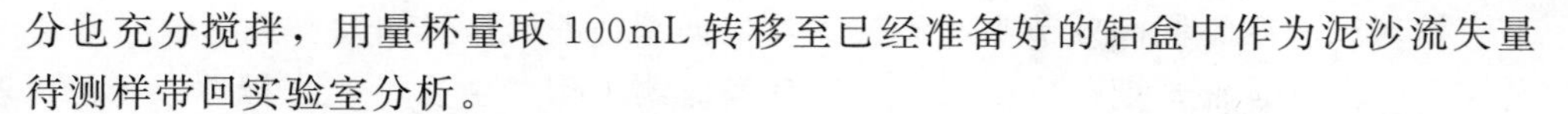

分也充分搅拌，用量杯量取 100mL 转移至已经准备好的铝盒中作为泥沙流失量待测样带回实验室分析。

11）径流量：仔细记录下所有小区径流桶中的水位数据，精确到毫米单位。

12）径流总氮/氨氮/硝酸盐/亚硝酸盐/总磷/磷酸盐：不要搅动径流桶中水分，用水舀将径流桶中上层原水至少取 3 次充满采样瓶中，作为径流营养盐测试样品。

13）土壤动物：根据《土壤动物学研究方法》（1998），在每种处理模式的 3 个径流小区内进行土壤样品采集和土壤动物鉴定。其中大型动物：挖取 20cm×20cm×20cm 体积的土样，采用手捡法进行现场鉴定及计数，未知物种用体积浓度为 75%乙醇固定后带回实验室进行鉴定及计数。中小型动物：使用直径为 5cm 的不锈钢采样器按 0～5cm、6～10cm、10～15cm 分层采集土样，带回实验室用干漏斗进行土壤动物分离，后在解剖镜下鉴定并计数。以上两部分样品采集均设置三个平行。

7.1.2 生态环境效益评估指标体系构建

7.1.2.1 指标体系构建

根据指标的选取原则，依据生态系统服务功能理论，结合广西糖料蔗的高效节水灌溉特征，从生产、生态调节和资源利用三个方面构建一级评价指标体系，再分别选取糖料蔗产量、土壤改良和小气候调节等 14 个二级指标，构成整个糖料蔗高效节水灌溉技术生态环境效益评估评价指标体系，见表 7-1-2。

表 7-1-2　糖料蔗高效节水灌溉技术生态环境效益评估指标体系

目　标　层	一级指标	二级指标
生态环境效益	甘蔗生产	甘蔗产量
		甘蔗质量
	生态调节	土壤保持
		土壤改良
		面源污染控制
		固碳释氧
		土壤温室气体排放
		土壤碳库
		生物多样性
		小气候调节
	资源利用	水资源利用效益
		土地产出效益
		化肥使用效益
		综合成本效益

针对试验区不同高效节水灌溉模式，根据糖料蔗的生长周期，选择糖料蔗幼苗期、分蘖期、伸长期、成熟期，开展现场监测工作。主要针对指标体系中的3个一级指标的14个二级指标，设定不同的现场观测指标，见表7-1-3。

表7-1-3　　生态环境效益现场观测指标

二级指标	现场观测指标
甘蔗产量	总生物量、叶片生物量、茎秆生物量
甘蔗质量	糖分、水分
土壤保护	泥沙流失量
土壤改良	土壤容重、有机质、N/P/K有效成分、土壤含水率
面源污染控制	径流总氮、总磷
固碳释氧	光合速率、叶面积指数
土壤温室气体排放	二氧化碳排放通量
土壤碳库	土壤有机碳
生物多样性	土壤微生物
小气候调节	空气温度、空气湿度
水资源利用效益	灌溉水量、甘蔗产量
土地产出效益	种植面积、甘蔗产量
化肥使用效益	化肥使用量、甘蔗产量
综合成本效益比	土地、化肥、灌溉等资源投入量，甘蔗产量

7.1.2.2 评估指标权重计算方法与评估指标权重

本研究采用层次分析法、熵权法和专家咨询法相结合的方式，确定各级指标的权重。采用层次分析法、熵权法和专家咨询法相结合的方式，确定各级指标的权重，结果见表7-1-4。

7.1.2.3 生态环境效益综合评估

（1）指标归一化。根据具体指标的现状值、最差值与最优值，对各指标进行数据归一化处理。

（2）单指标生态效益评价。基于现场监测和收集的参数，对各项二级指标进行归一化，并确定各指标的权重，开展不同灌溉模式下各单项一级指标的生态环境效益评价，分析其差异性及影响因素。

（3）综合生态效益评价。根据单指标生态效益评价结果，结合各项一级指标的权重确定，开展不同灌溉模式下的综合生态环境效益，对比分析不同情境灌溉模式的生态环境综合效益差异。

表 7-1-4　　评估指标权重

目标层	一级指标	二级指标	三级指标	权重
生态环境效益	甘蔗生产 0.25	甘蔗产量 0.5	总生物量	1
		甘蔗质量 0.5	糖分	1
	生态调节 0.45	土壤保持 0.11	泥沙流失量	1
		土壤改良 0.18	土壤容重	0.23
			有机质	0.27
			土壤含水率	0.24
			N/P/K 有效成分	0.26
		面源污染控制 0.22	总氮	0.5
			总磷	0.5
		固碳释氧 0.09	光合速率	0.5
			叶面积指数	0.5
		土壤温室气体排放 0.14	二氧化碳排放通量	1
		土壤碳库 0.11	土壤有机碳	1
		生物多样性 0.08	动物多样性	1
		小气候调节 0.07	空气温度	0.5
			空气湿度	0.5
	资源利用 0.3	水资源利用效益		0.25
		土地产出效益		0.28
		化肥施用效益		0.21
		综合成本效益		0.26

7.1.3 不同灌溉模式下生态环境效益指标结果分析

7.1.3.1 甘蔗生产

（1）甘蔗生物量。如图 7-1-1～图 7-1-5 所示，不同灌溉模式下的根、茎、叶、生物量以及生长速率情况如下：

1）根：整个生长期各灌溉模式甘蔗根生物量平均值大小排序为地埋滴灌>地表滴灌>喷灌>管灌>微喷>无灌溉，其值分别为 2.37kg/m^2、2.03kg/m^2、1.89kg/m^2、1.88kg/m^2、1.78kg/m^2 和 1.18kg/m^2，可见，地埋滴灌的甘蔗根长势最好，无灌溉长势最差。

2）茎：甘蔗茎生物量平均值大小排序为地埋滴灌>微喷>喷灌>地表滴灌>管灌>无灌溉，其值分别为 8.86kg/m^2、8.24kg/m^2、8.11kg/m^2、8.07kg/m^2、6.92kg/m^2 和 4.91kg/m^2，可见，地埋滴灌的甘蔗茎长势最好，无灌溉长势最差。

3）叶：叶生物量平均值大小排序为地表滴灌＞喷灌＞地埋滴灌＞管灌＞微喷＞无灌溉，其值分别为 2.29kg/m^2、2.04kg/m^2、2.03kg/m^2、1.88kg/m^2、1.86kg/m^2 和 1.03kg/m^2，可见，地表滴灌的甘蔗叶长势最好，无灌溉长势最差。

4）生物量：地埋滴灌＞地表滴灌＞微喷＞喷灌＞管灌＞无灌溉，其值分别为 13.86kg/m^2、12.98kg/m^2、12.00kg/m^2、11.94kg/m^2、10.95kg/m^2 和 7.08kg/m^2，可见，地埋滴灌的甘蔗长势最好，无灌溉长势最差。

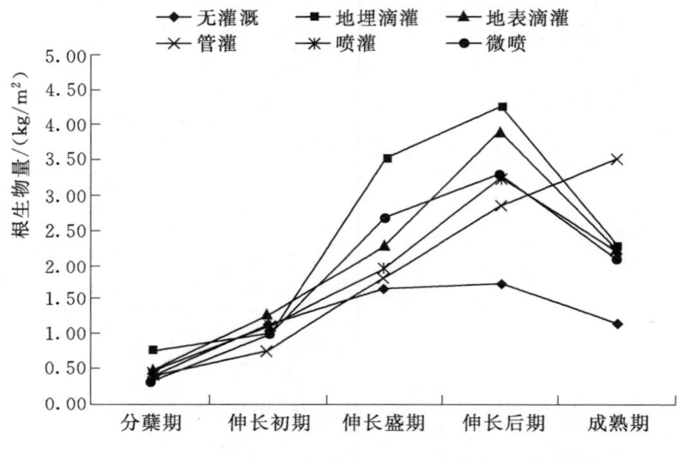

图 7-1-1 不同灌溉模式下甘蔗根生物量

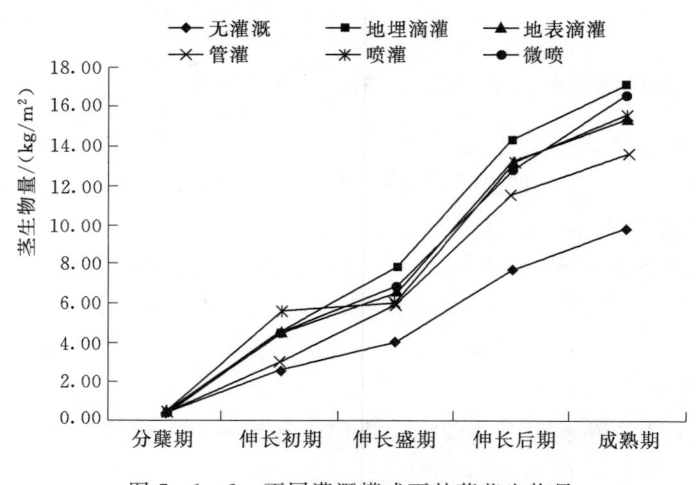

图 7-1-2 不同灌溉模式下甘蔗茎生物量

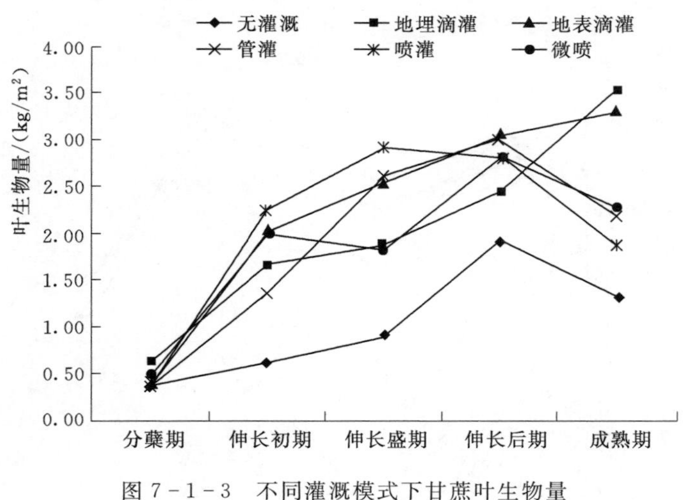

图 7-1-3 不同灌溉模式下甘蔗叶生物量

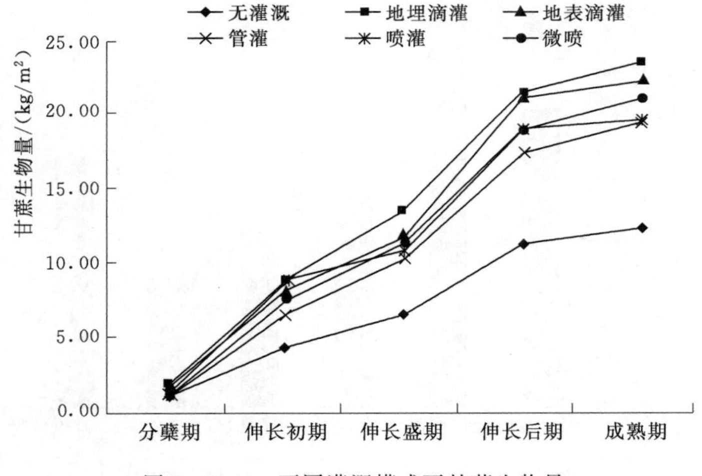

图 7-1-4 不同灌溉模式下甘蔗生物量

5）生长速率：从不同灌溉模式来看，有灌溉模式下的甘蔗生长速率相差不大，其中地埋滴灌和地表滴灌略高，平均值为 0.13kg/(m^2·d)。而无灌溉的甘蔗生长速率明显较低，仅为 0.06kg/(m^2·d)。

(2) 甘蔗品质。采用甘蔗的糖分含量来反映其质量水平。如图 7-1-6 所示，地埋滴灌糖分最高，含量达到 16.32%，地表滴灌和无灌溉次之，分别为 15.71%和 15.68%，微喷甘蔗糖分含量为 15.25%，管灌为 14.57%，喷灌最低，为 14.1%，总体而言，各灌溉模式下甘蔗糖分含量差异并不显著。

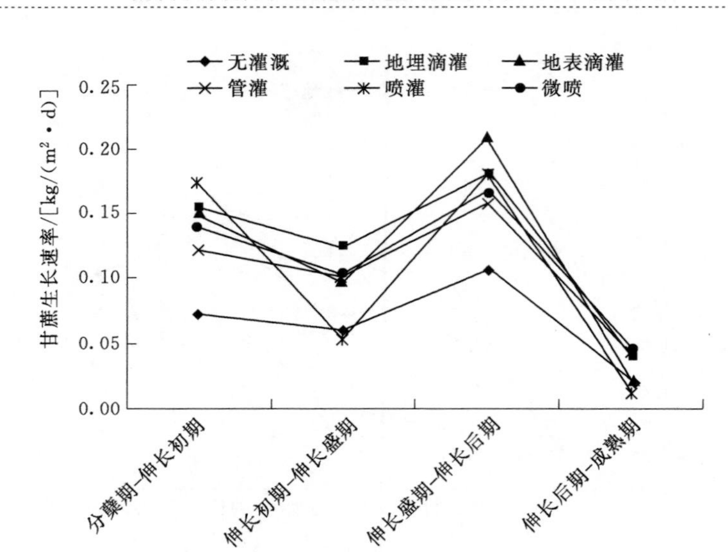

图 7-1-5 不同灌溉模式下甘蔗生长速率

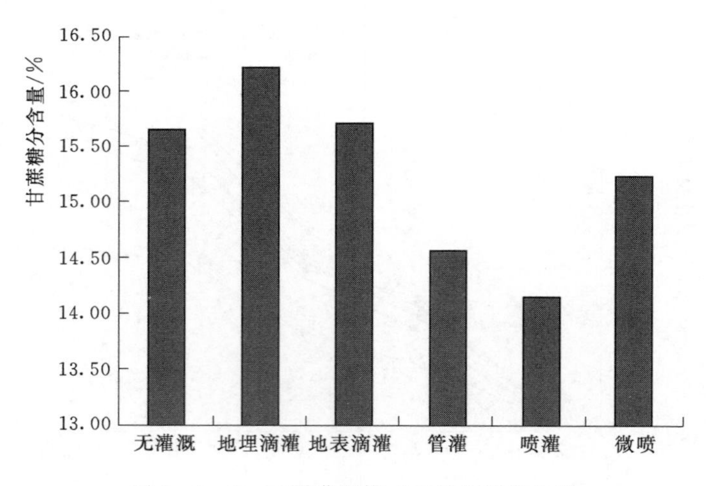

图 7-1-6 不同灌溉模式下甘蔗糖分含量

7.1.3.2 生态调节

如图 7-1-7～图 7-1-13 所示，不同灌溉模式下的土壤保持（主要是泥沙流失量）、土壤改良（包括泥沙流失量、土壤容重、有机质、土壤含水率、速效氮、速效磷、速效钾）的情况如下：

（1）泥沙流失量：不同灌溉模式下泥沙流失量差异并不明显，大小依次为，喷灌 0.392g/L，地表滴灌 0.389g/L，管灌 0.387g/L，地埋滴灌 0.384g/L，无灌溉 0.368g/L，微喷 0.355g/L。

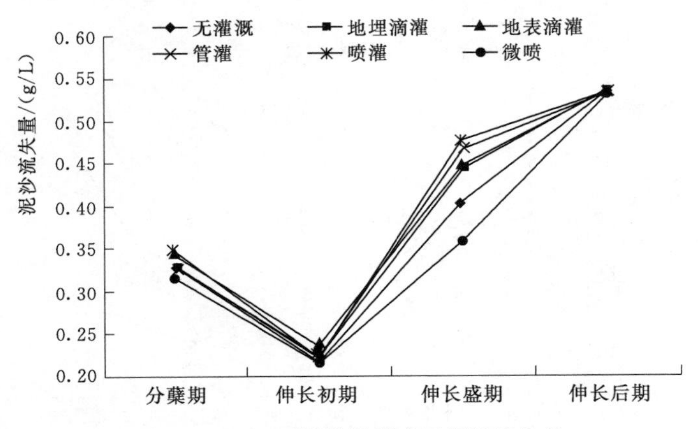

图 7-1-7 不同灌溉模式下泥沙流失量

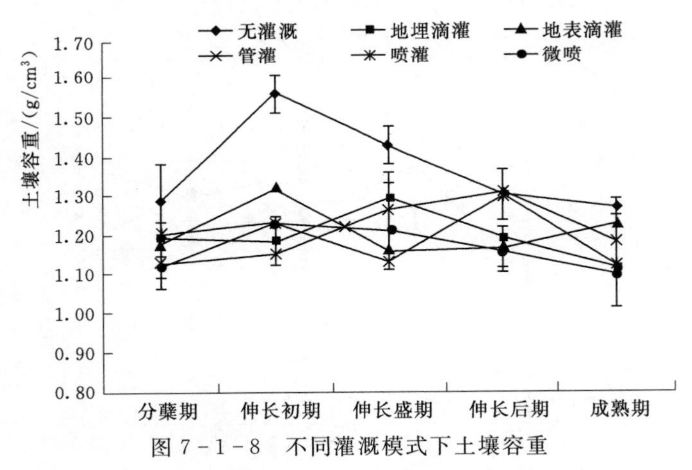

图 7-1-8 不同灌溉模式下土壤容重

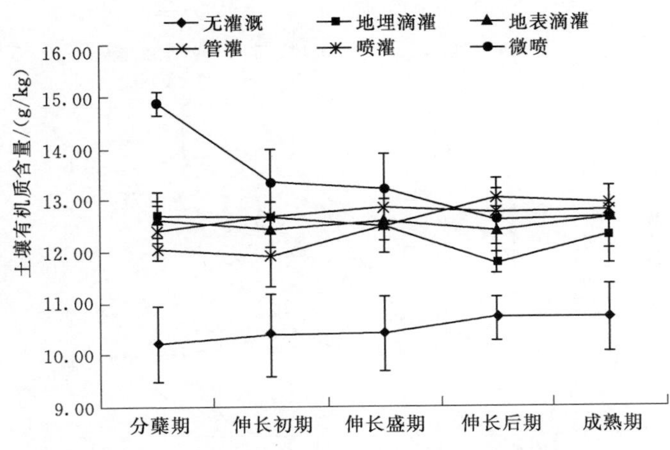

图 7-1-9 不同灌溉模式下土壤有机质含量

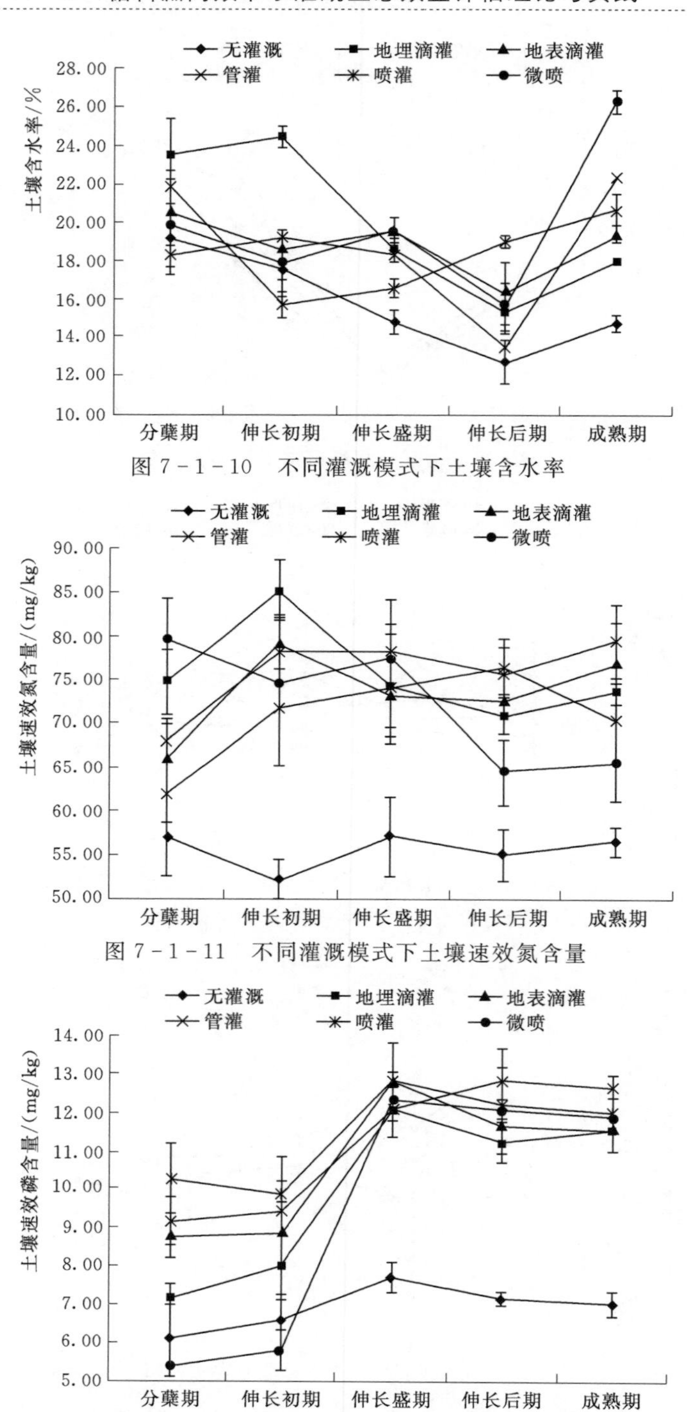

图 7-1-10　不同灌溉模式下土壤含水率

图 7-1-11　不同灌溉模式下土壤速效氮含量

图 7-1-12　不同灌溉模式下土壤速效磷含量

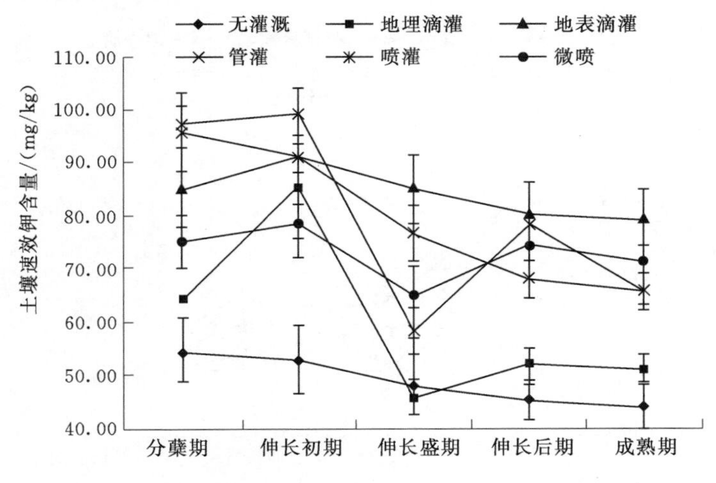

图 7-1-13 不同灌溉模式下土壤速效钾含量

（2）土壤容重：无灌溉的土壤容重最高，其平均值为 1.37g/cm^3，微喷和地埋滴灌的土壤容重相对较低，其平均值分别为 1.16g/cm^3 和 1.19g/cm^3。

（3）有机质：微喷的土壤有机质最高，其平均值为 13.35g/kg，无灌溉的土壤有机质最低，其平均值仅为 10.48g/kg。

（4）土壤含水率：地埋滴灌和微喷的土壤含水率普遍较高，其平均值分别为 19.96%和 19.83%。无灌溉的土壤含水率最低，其平均值为 15.78%。而地表滴灌、管灌和喷灌的土壤含水率平均值相差不大。

（5）速效氮：管灌和地埋滴灌的土壤速效氮含量相对较高，其平均值分别为 75.95mg/kg 和 75.63mg/kg，而无灌溉的土壤速效氮最低，其平均值仅为 55.48mg/kg。

（6）速效磷：管灌和喷灌的土壤速效磷含量相对较高，其平均值分别为 11.24mg/kg 和 11.40mg/kg，而无灌溉的土壤速效磷最低，其平均值仅为 6.92mg/kg。

（7）速效钾：地表滴灌的土壤速效钾含量相对较高，其平均值为 84.33mg/kg，而无灌溉的土壤速效钾最低，其平均值仅为 48.76mg/kg。

7.1.3.3 面源污染控制

如图 7-1-14 和图 7-1-15 所示，不同灌溉模式下径流总氮、径流总磷的情况如下：

（1）径流总氮：地表滴灌最高，达到 5.89mg/L，喷灌次之，为 5.45mg/L，管灌和地埋滴灌均为 5.07mg/L，微喷为 3.96mg/L，无灌溉则是最低，为 3.56mg/L。

（2）径流总磷：地表滴灌最高，为 0.30mg/L，地埋滴灌次之，为 0.27mg/L，

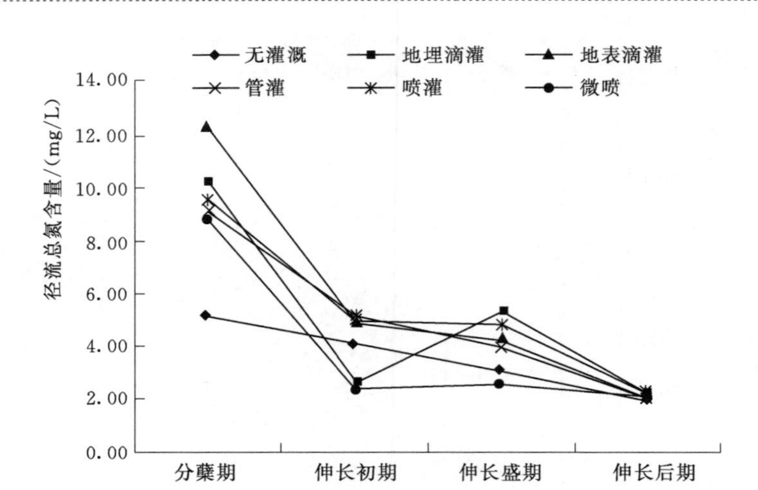

图 7-1-14 不同灌溉模式下径流总氮含量

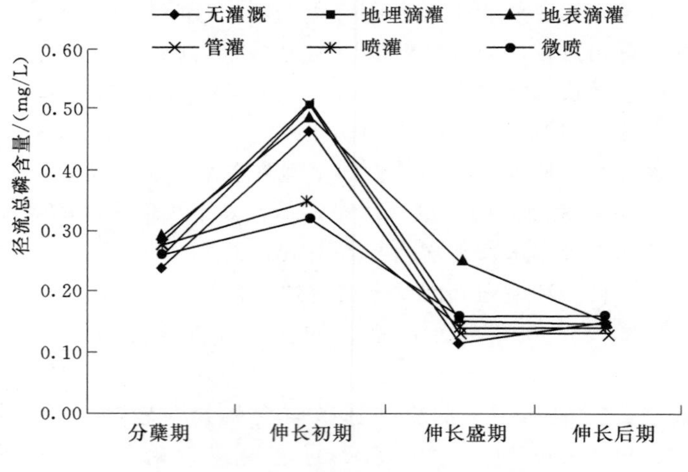

图 7-1-15 不同灌溉模式下径流总磷含量

管灌为 0.26mg/L，无灌溉为 0.24mg/L，微喷和喷灌最低，均为 0.23mg/L。

7.1.3.4 固碳释氧

如图 7-1-16～图 7-1-18 所示，不同灌溉模式下净光合固碳速率、净光合释氧速率、叶面积指数的情况如下：

(1) 净光合固碳速率：地埋滴灌和地表滴灌的甘蔗叶片净光合固碳速率普遍较高，其平均值分别为 29.23μmol CO_2/(m^2 · s) 和 28.70μmol CO_2/(m^2 · s)，无灌溉的甘蔗叶片净光合固碳速率最低，其平均值为 18.53μmol CO_2/(m^2 · s)。

(2) 净光合释氧速率：地埋滴灌和地表滴灌的甘蔗叶片净光合释氧速率普遍较高，其平均值分别为 29.23μmol O_2/(m^2 · s) 和 8.70μmol O_2/(m^2 · s)，无灌

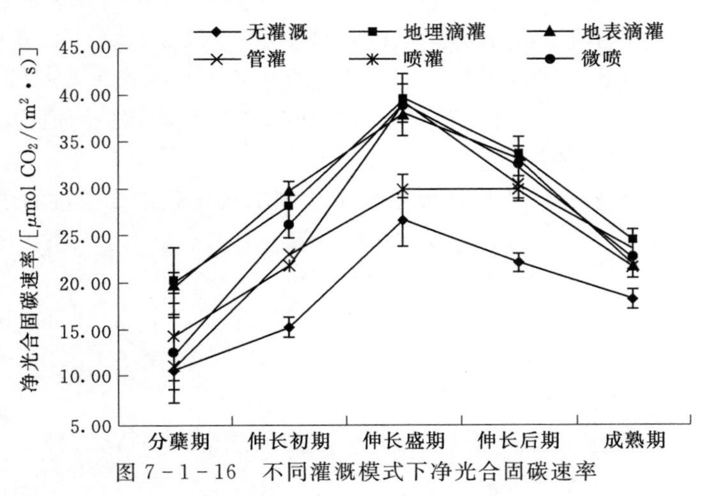

图 7-1-16 不同灌溉模式下净光合固碳速率

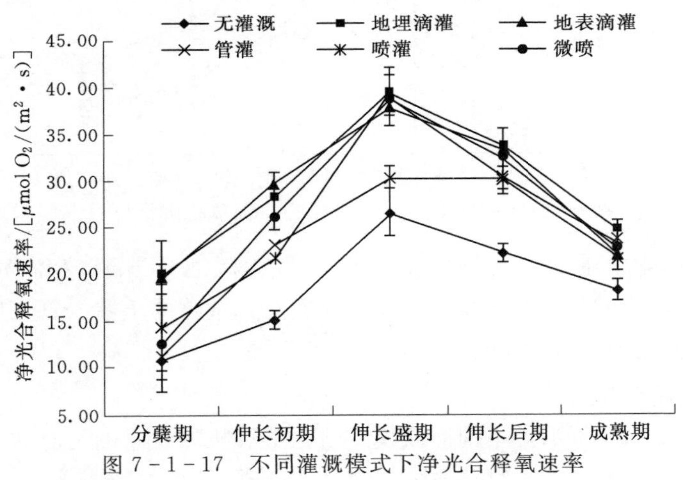

图 7-1-17 不同灌溉模式下净光合释氧速率

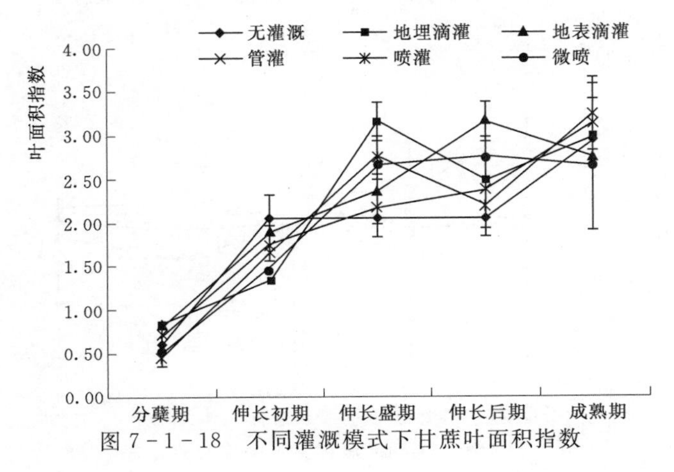

图 7-1-18 不同灌溉模式下甘蔗叶面积指数

溉的甘蔗叶片净光合释氧速率最低，其平均值为 18.53μmol O_2/(m^2 · s)。

(3) 叶面积指数：地表滴灌和地埋滴灌的甘蔗叶面积指数普遍较高，其平均值分别为 2.20 和 2.16，无灌溉的甘蔗叶面积指数最低，其平均值为 1.95。

7.1.3.5 土壤温室气体排放

如图 7-1-19 所示，不同灌溉模式下土壤二氧化碳排放通量的情况如下：

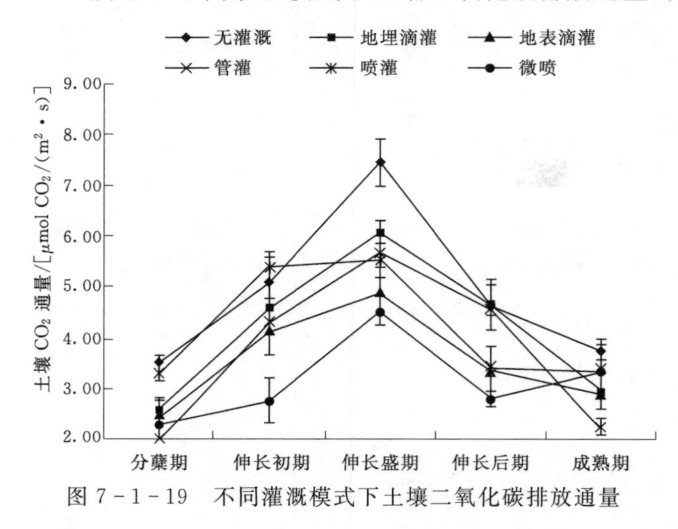

图 7-1-19 不同灌溉模式下土壤二氧化碳排放通量

二氧化碳排放通量：无灌溉的土壤二氧化碳通量普遍较高，其平均值为 4.88μmol CO_2/(m^2 · s)，喷灌和地埋滴灌次之，微喷的土壤二氧化碳通量最低，其平均值仅为 3.15μmol CO_2/(m^2 · s)。

7.1.3.6 土壤碳库

如图 7-1-20 所示，不同灌溉模式下土壤有机碳含量的情况如下：

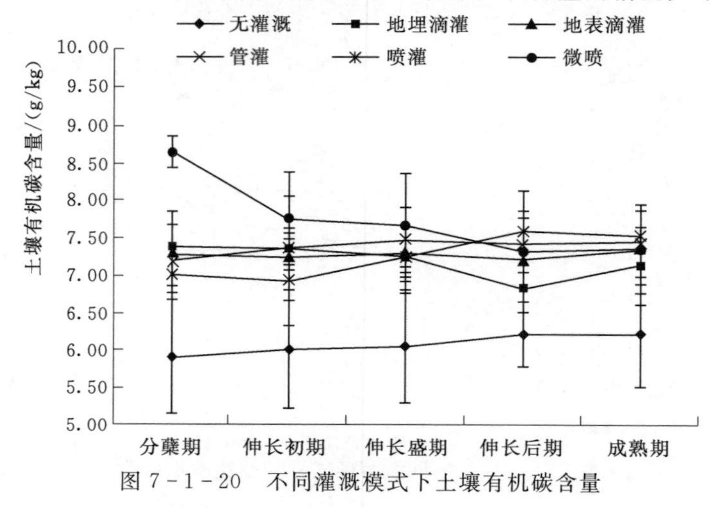

图 7-1-20 不同灌溉模式下土壤有机碳含量

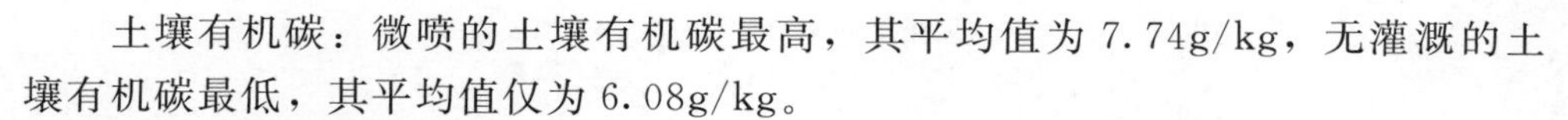

土壤有机碳：微喷的土壤有机碳最高，其平均值为 7.74g/kg，无灌溉的土壤有机碳最低，其平均值仅为 6.08g/kg。

7.1.3.7 土壤动物多样性

如图 7-1-21～图 7-1-32 所示，不同灌溉模式下土壤动物种类、密度、垂直分布、多样性的情况如下：

(1) 土壤动物种类。在分蘖期，大型土壤动物种类无灌溉最多，为 7 种；中小型土壤动物种类无灌溉与管灌最多，为 8 种。在伸长初期，大型土壤动物种类微喷最多，为 6 种；中小型土壤动物种类地表滴灌最多，为 7 种。在伸长盛期，大型土壤动物种类地埋滴灌最多，为 6 种；中小型土壤动物种类地表滴灌与无灌溉最多，为 9 种。在伸长后期，大型土壤动物种类喷灌最多，为 8 种；中小型土

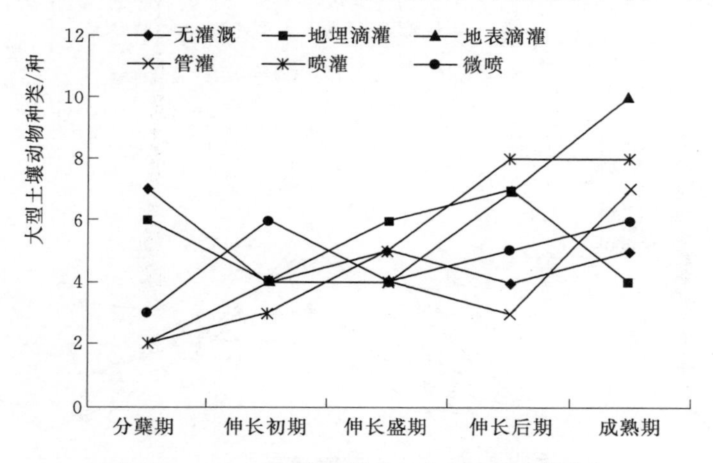

图 7-1-21 不同灌溉模式下大型土壤动物种类

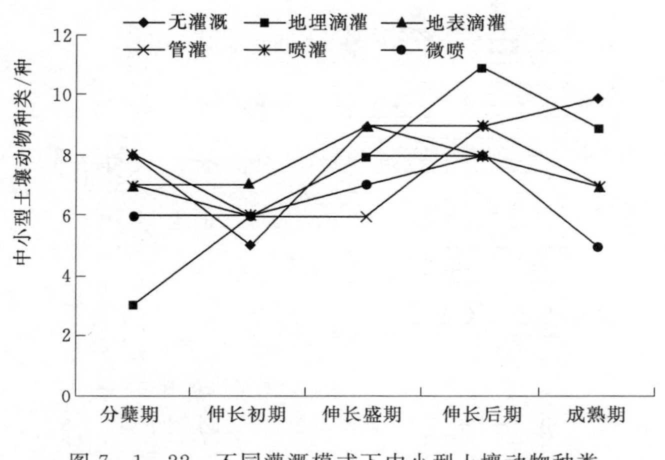

图 7-1-22 不同灌溉模式下中小型土壤动物种类

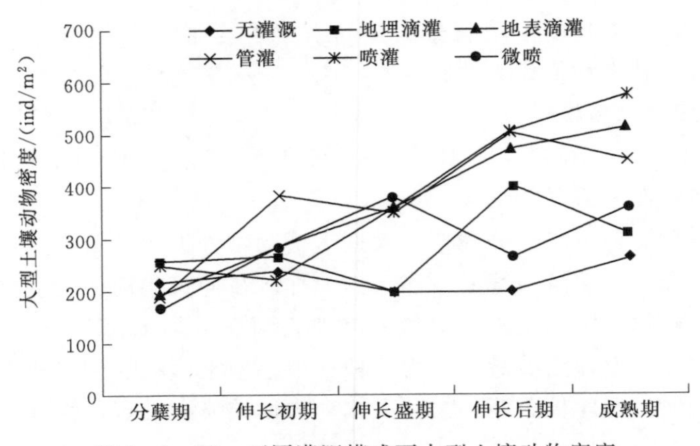

图 7-1-23 不同灌溉模式下大型土壤动物密度

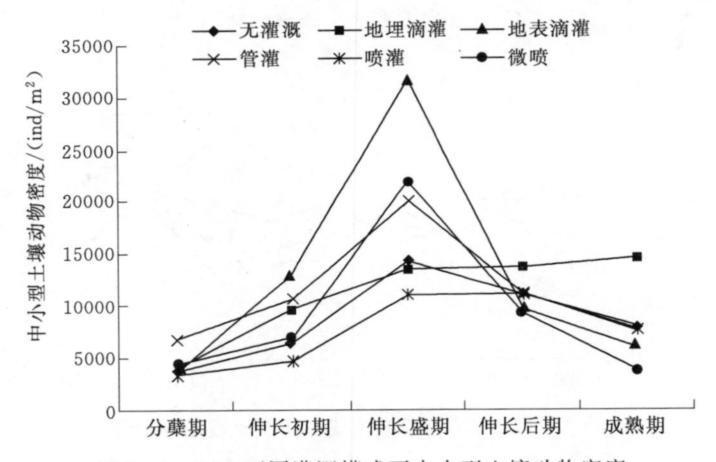

图 7-1-24 不同灌溉模式下中小型土壤动物密度

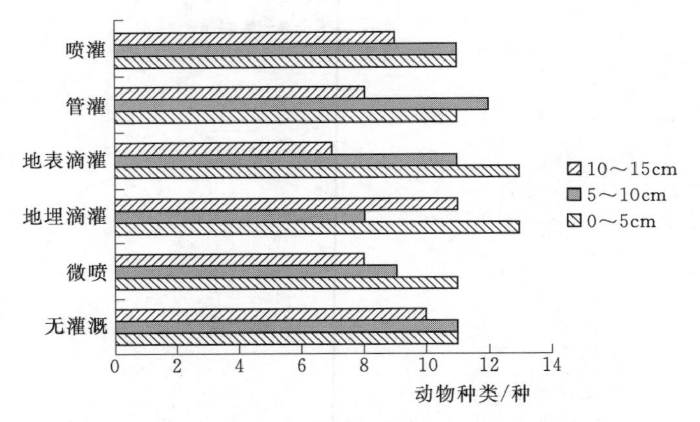

图 7-1-25 不同灌溉模式下中小型土壤动物种类垂直分布

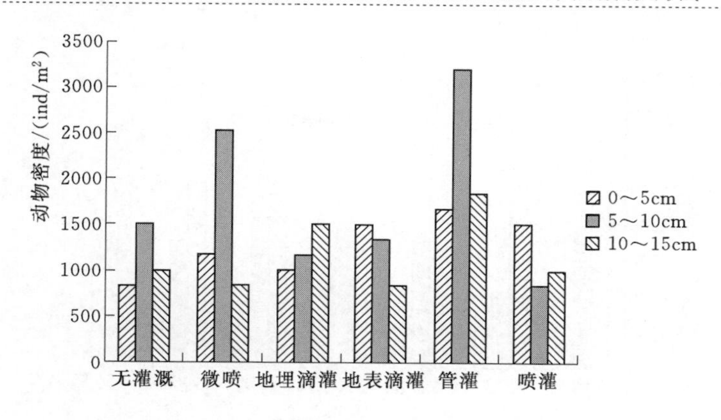

图 7-1-26 分蘖期不同灌溉模式下中小型土壤动物密度垂直分布

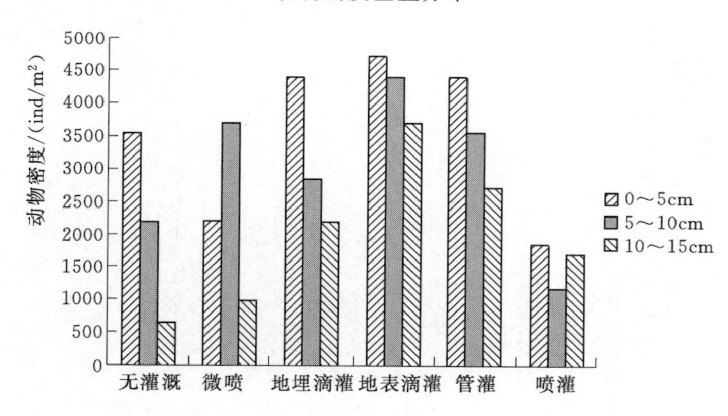

图 7-1-27 伸长初期不同灌溉模式下中小型土壤动物密度垂直分布

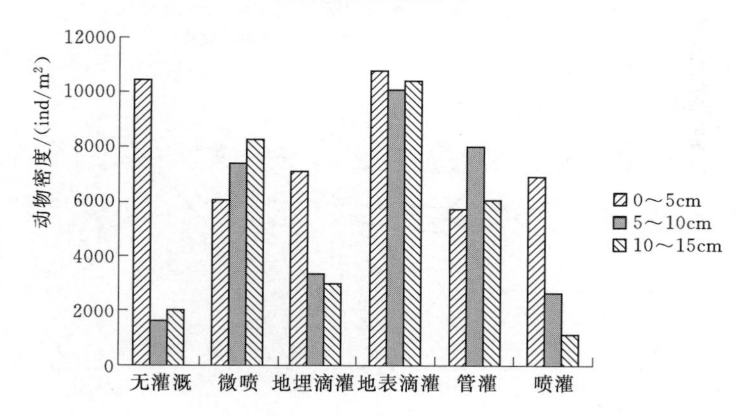

图 7-1-28 伸长盛期不同灌溉模式下中小型土壤动物密度垂直分布

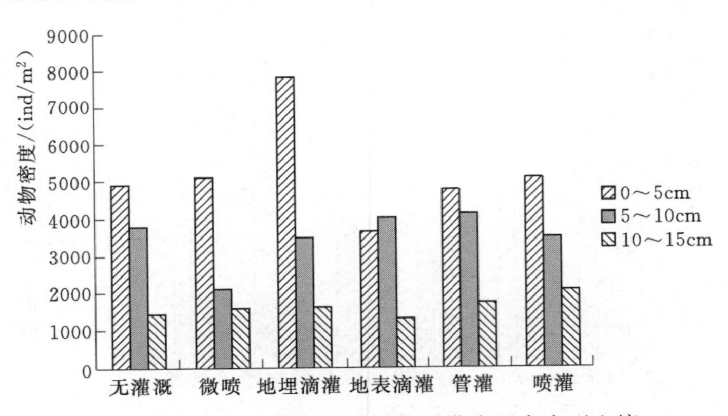

图 7-1-29 伸长后期不同灌溉模式下中小型土壤动物密度垂直分布

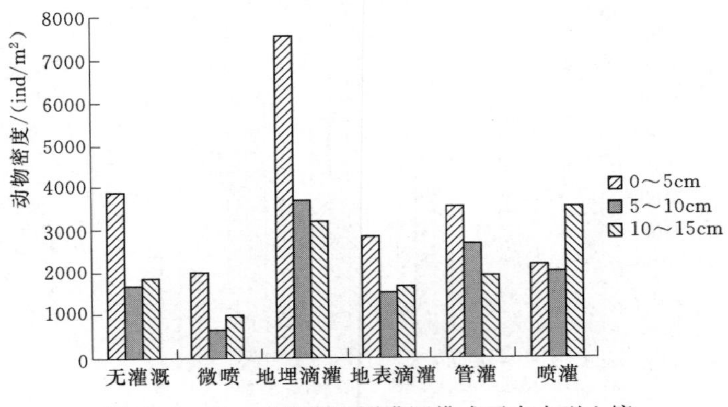

图 7-1-30 成熟期不同灌溉模式下中小型土壤动物密度垂直分布

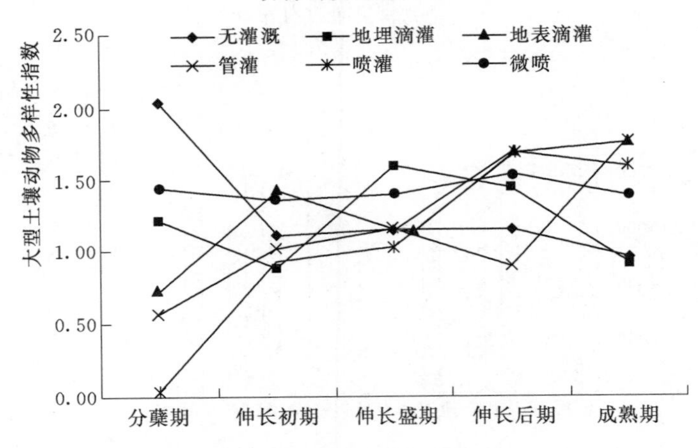

图 7-1-31 不同灌溉模式下大型土壤动物多样性指数

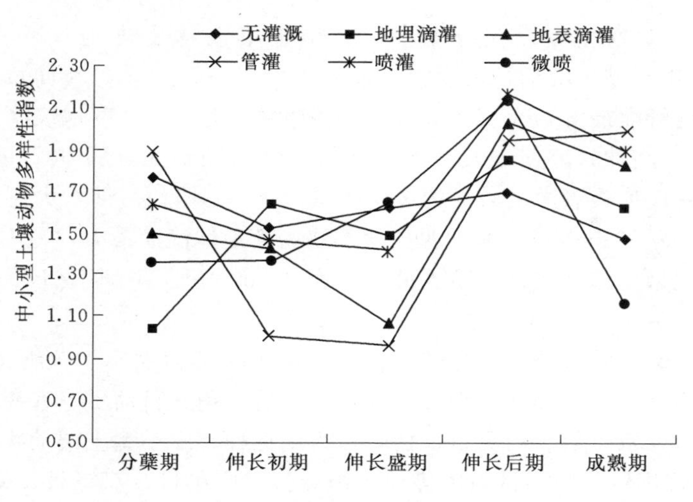

图 7-1-32　不同灌溉模式下中小型土壤动物多样性指数

壤动物种类地埋滴灌最多，为 11 种。在成熟期，大型土壤动物种类地表滴灌最多，为 10 种；中小型土壤动物种类无灌溉最多，为 10 种。

在分蘖期，大型土壤动物属 3 纲 10 目，其中膜翅目蚁科为优势种，鳞翅目、等足目、双尾目为偶见种。中小型土壤动物属 3 纲 12 目，其中膜翅目为优势种。

在伸长初期，大型土壤动物属 4 纲 11 目，其中膜翅目蚁科为优势种，蜘蛛目为常见中，等足目、蜈蚣目、鞘翅目幼虫、双翅目幼虫、等翅目为偶见种。中小型土壤动物属 5 纲 14 目，其中蜱螨目、弹尾目出现频率较高，为优势种，蜈蚣目、啮目、缨翅目、革翅目为偶见种。

在伸长盛期，大型土壤动物属 6 纲 13 目，其中膜翅目蚁科为优势种，蜘蛛目为常见种，鞘翅目、革翅目、半翅目、蜚蠊目、鳞翅目幼虫、蜈蚣目、双尾目、山蛩目、柄眼目为偶见种。中小型土壤动物属 6 纲 15 目，其中膜翅目蚁科为优势种，蜱螨目、弹尾目为常见种，蜘蛛目、原尾目、鞘翅目幼虫、革翅目为偶见种。

在伸长后期，大型土壤动物属 7 纲 13 目，其中膜翅目蚁科为优势种，蜘蛛目为常见种，革翅目、半翅目、蜈蚣目、双尾目、山蛩目、等足目为偶见种。中小型土壤动物属 7 纲 18 目，其中蜱螨目、弹尾目为优势种，膜翅目、双翅目为常见种，蜘蛛目、原尾目、鞘翅目幼虫、革翅目为偶见种。在成熟期，大型土壤动物属 4 纲 13 目，其中膜翅目蚁科为优势种，鞘翅目幼虫、山蛩目、等足目为偶见种。中小型土壤动物属 7 纲 15 目，其中蜱螨目、弹尾目为优势种，蜘蛛目、等翅目为常见种，原尾目、革翅目为偶见种。

（2）土壤动物密度。在分蘖期，大型土壤动物密度地埋滴灌最大，为258ind/m^2，中小型土壤动物密度管灌最大，为6760ind/m^2。在伸长初期，大型土壤动物密度管灌最大，为383ind/m^2，中小型土壤动物密度地表滴灌最大，为12844ind/m^2。在伸长盛期，大型土壤动物密度微喷最大，为382ind/m^2，中小型土壤动物密度地表滴灌最大，为31434ind/m^2。在伸长后期，大型土壤动物密度喷灌最大，为508ind/m^2，中小型土壤动物密度地埋滴灌最大，为13689ind/m^2。在成熟期，大型土壤动物密度喷灌最大，为573ind/m^2，中小型土壤动物密度地埋滴灌最大，为14534ind/m^2。

（3）土壤动物垂直分布。总体而言，大型土壤动物隶属于7纲13目，其中膜翅目蚁科为优势种，蜘蛛目为常见种，等足目、鞘翅目幼虫、双翅目幼虫、鞘翅目、蜈蚣目、双尾目、山蛩目、柄眼目为偶见种。中小型土壤动物隶属于7纲18目，其中蜱螨目、弹尾目为优势种，蜘蛛目、原尾目、双尾目、鞘翅目幼虫、革翅目为偶见种。

分析中小型土壤动物垂直分布规律发现，中小型土壤动物基本符合表聚性垂直分布规律。土壤动物垂直分布表聚性规律随糖料蔗生长周期而日趋稳定且明显。

（4）土壤动物多样性。在分蘖期，大型土壤动物Shannon－Wiener多样性指数无灌溉最大，为2.0224；中小型土动物Shannon－Wiener多样性指数管灌最大，为1.8766。在伸长初期，大型土壤动物Shannon－Wiener多样性指数地表滴灌最大，为1.4328；中小型土动物Shannon－Wiener多样性指数地埋滴灌最大，为1.6467。在伸长盛期，大型土壤动物Shannon－Wiener多样性指数地埋滴灌最大，为1.5832；中小型土动物Shannon－Wiener多样性指数微喷最大，为1.6538。在伸长后期，大型土壤动物Shannon－Wiener多样性指数地表滴灌最大，为1.6915；中小型土动物Shannon－Wiener多样性指数管灌最大，为1.8766。在成熟期，大型土壤动物Shannon－Wiener多样性指数地表滴灌最大，为1.7596；中小型土动物Shannon－Wiener多样性指数管灌最大，为1.9965。

总体而言，大型土壤动物隶属于7纲13目，其中膜翅目蚁科为优势种，蜘蛛目为常见种，等足目、鞘翅目幼虫、双翅目幼虫、鞘翅目、蜈蚣目、双尾目、山蛩目、柄眼目为偶见种。中小型土壤动物隶属于7纲18目，其中蜱螨目、弹尾目为优势种，蜘蛛目、原尾目、双尾目、鞘翅目幼虫、革翅目为偶见种。

土壤动物种类、密度、多样性随糖料蔗生长周期均呈现上升趋势，结合各土壤理化性质数据分析，表明糖料蔗生长土壤环境在一定程度上有所改善，土壤环境趋于稳定。从土壤动物多样性角度分析，大型土壤动物在伸长后期与成熟期多样性最高，中小型土壤动物在成熟期多样性最高。糖料蔗生物量在伸长后期以及成熟期也达到峰值。

从灌溉模式角度分析，作为对照的无灌溉模式的土壤动物多样性在糖料蔗整个生长周期下趋于偏低水平的稳定分布，波动较小。其他几类灌溉模式波动较大。大型土壤动物多样性微喷与地埋滴灌处于较高水平的稳定分布。中小型土壤动物多样性地埋滴灌处于较高水平的稳定分布。

7.1.3.8　小气候调节

如图 7-1-33 和图 7-1-34 所示，为不同灌溉模式下甘蔗林中空气温度和空气湿度的情况如下：

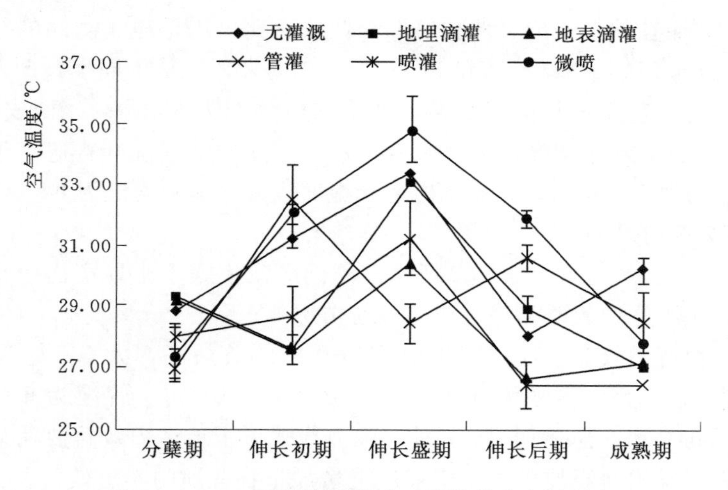

图 7-1-33　不同灌溉模式下甘蔗林中空气温度

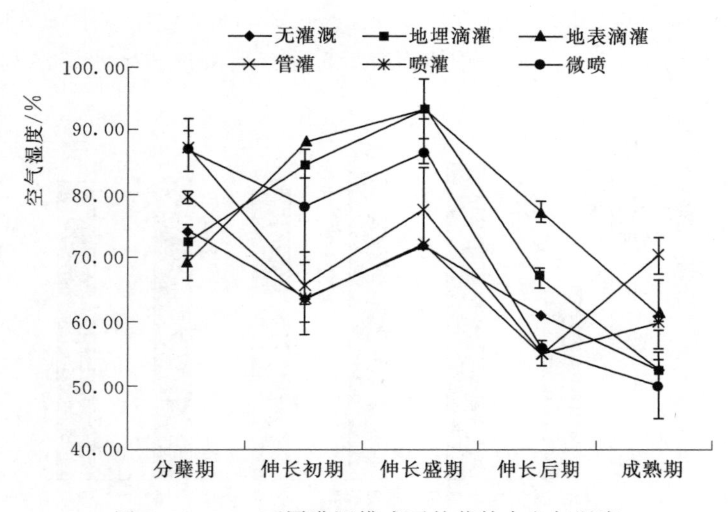

图 7-1-34　不同灌溉模式下甘蔗林中空气湿度

(1) 空气温度。在分蘖期，地埋滴灌的空气温度最高，为 29.30℃。在伸长初期，喷灌的空气温度最高，为 32.40℃。在伸长盛期和伸长后期，均是微喷的空气温度最高，分别为 34.83℃和 31.87℃。在成熟期，则是无灌溉的空气温度最高，为 30.20℃。总的来说，从不同生长期来看，伸长盛期空气温度普遍高于其他生长期，其平均值为 31.94℃，而成熟期最低，仅为 27.85℃。而从不同灌溉方式来看，微喷和无灌溉的空气温度普遍较高，其平均值分别为 30.78℃和 30.35℃，管灌的空气温度最低，其平均值为 28.15℃。

(2) 空气湿度。在分蘖期和成熟期，喷灌的空气湿度最高，分别为 86.73%和 70.33%。而在伸长初期、伸长盛期和伸长后期，均是地表滴灌的空气湿度最高，分别为 88.27%、93.23%和 77.10%。总的来说，从不同生长期来看，伸长盛期空气湿度普遍高于其他生长期，其平均值分别为 82.39%，而成熟期最低，仅为 57.81%。而从不同灌溉方式来看，地表滴灌的空气湿度普遍高于其他灌溉方式，其平均值 77.90%，无灌溉的空气湿度最低，其平均值为 64.60%。

7.1.3.9 资源利用

如图 7-1-35～图 7-1-38 所示，不同灌溉模式下土地产出效益、水资源利用效益、化肥施用效益和综合成本效益情况如下：

(1) 土地产出效益。地埋滴灌时土地产出效益最高，为 6.59t/亩，地表滴灌次之，为 6.4t/亩，喷灌为 6.28t/亩，微喷为 6.2t/亩，管灌为 6.04t/亩，无灌溉仅为 4.04t/亩。总体而言，5 种有灌溉模式下土地产出效益要明显好于无灌溉模式，表明采用灌溉技术在一定程度上增加了甘蔗地的产出效益。

(2) 水资源利用效益。地表滴灌和地埋滴灌的水资源利用效益最高，分别为 106.67kg/m^3 和 106.29kg/m^3，管灌次之，为 72.77kg/m^3，微喷为 43.06kg/m^3，而喷灌最低，为 38.77kg/m^3。总体而言，5 种有灌溉模式下水资源利用效益滴

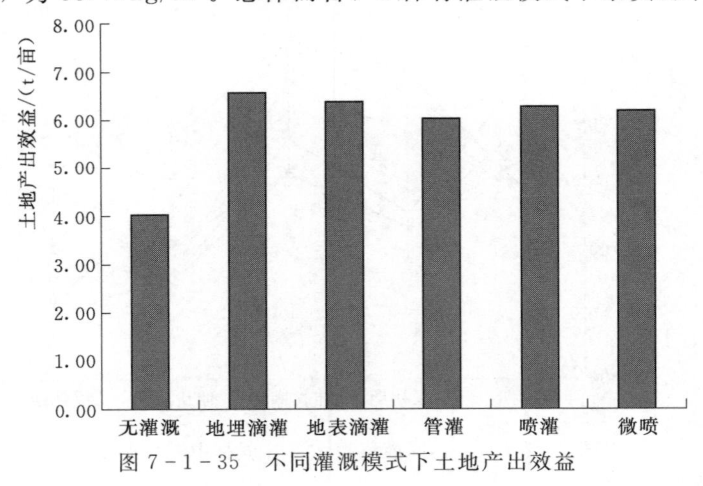

图 7-1-35 不同灌溉模式下土地产出效益

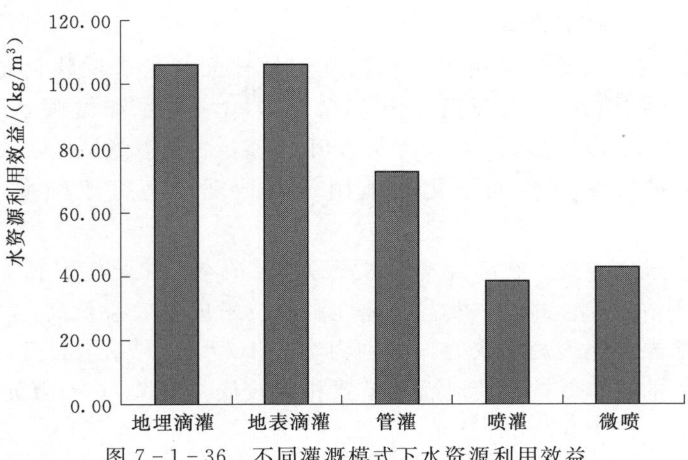

图 7-1-36 不同灌溉模式下水资源利用效益

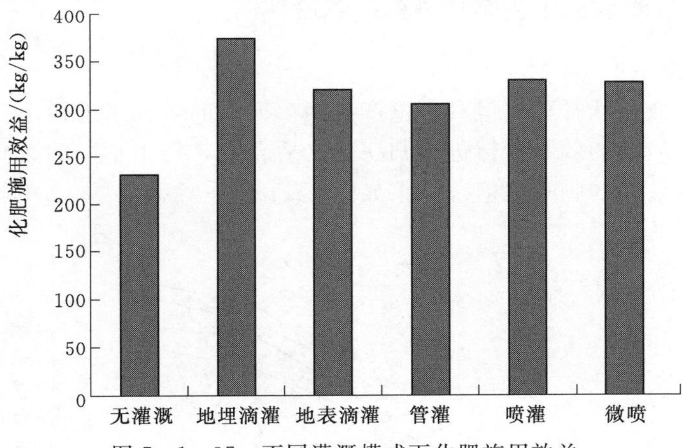

图 7-1-37 不同灌溉模式下化肥施用效益

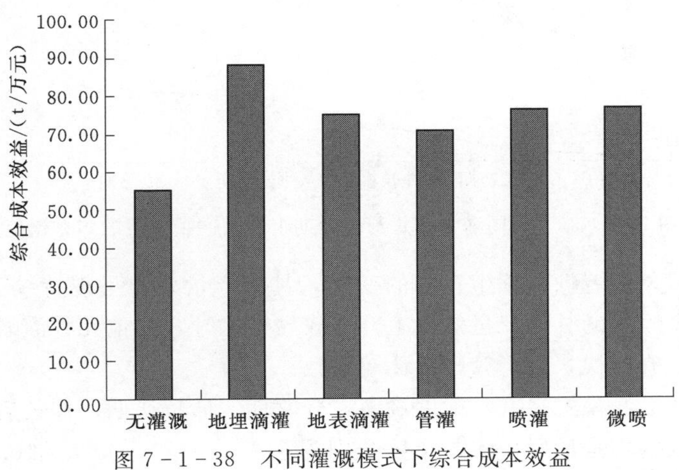

图 7-1-38 不同灌溉模式下综合成本效益

灌好于管灌，管灌好于喷灌。

（3）化肥施用效益。采用单位化肥施用量甘蔗产量来反映化肥施用效益。地埋滴灌的化肥施用效益最高，为376.5kg/kg，喷灌和微喷次之，分别为331.5kg/kg和329.5kg/kg，管灌为307.5kg/kg，而无灌溉最低，为231kg/kg。总体而言，5种有灌溉模式下化肥施用效益地埋滴灌好于喷灌，喷灌好于管灌。

（4）综合成本效益。在综合考虑水资源消耗成本、化肥使用成本、土地成本的情况下，评估其综合的成本效益。地埋滴灌技术成本效益最高，为88.39t/万元，微喷、喷灌和地表滴灌次之，分别为76.84t/万元、76.43t/万元和75.31t/万元，而管灌的成本效益较其他灌溉模式相对较低，为70.66t/万元，无灌溉的成本效益最低，仅为55.07t/万元。

7.1.4　不同灌溉模式下生态环境效益综合评估

7.1.4.1　甘蔗生产

甘蔗生产效益从甘蔗质量和甘蔗产量两个方面的效益来进行综合评价。将甘蔗产量和甘蔗质量的效益指标进行归一化之后合并，得出不同的灌溉模式与生育期下甘蔗产量效益的归一化值，结果如图7-1-39所示。

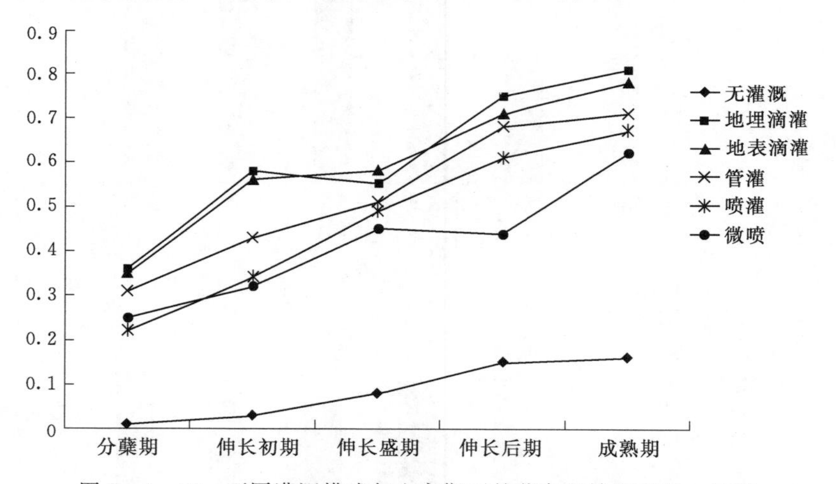

图7-1-39　不同灌溉模式与生育期下甘蔗产量效益的归一化值

整体来看，随着糖料蔗生育期的变化，甘蔗产量效益呈现持续上升的趋势，且除了无灌溉模式的甘蔗产量效益上升比较缓慢之外，其他几种灌溉模式下的甘蔗产量效益上升较快，且上升趋势比较一致。

从不同的灌溉模式来看，地埋滴灌在分蘖期、伸长初期、伸长后期和成熟期的甘蔗产量效益均是最好，效益指数分别为0.36、0.59、0.75和0.81。地表滴灌技术在伸长盛期的甘蔗产量效益最好，效益指数为0.58。无灌溉模式在各个生长周期的甘蔗产量效益均是最差。

总的来看，地埋滴灌和地表滴灌的甘蔗产量效益在甘蔗生长的各个时期均显著地高于其他几种灌溉模式。

综合考虑各个生长周期的甘蔗产量和质量的贡献，对不同生长周期的指标进行数据标准化之后得出不同灌溉模式下的甘蔗产量效益，结果如图7-1-40所示。

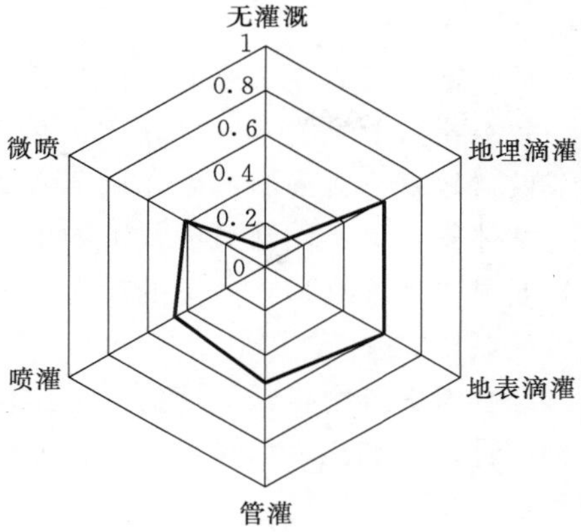

图7-1-40　不同灌溉模式下的甘蔗产量效益对比

各种灌溉模式下的甘蔗产量效益最好的是地埋滴灌，其次是地表滴灌，接下来是管灌、喷灌与微喷，无灌溉的甘蔗产量效益最差。

7.1.4.2　生态调节

生态调节效益从土壤改良、面源污染控制和温室气体排放等8个方面的效益来进行综合评价。将土壤改良、面源污染控制和温室气体排放等8个效益指标，进行归一化之后合并，得出不同灌溉模式与生育期下生态调节效益的归一化值，结果如图7-1-41所示。

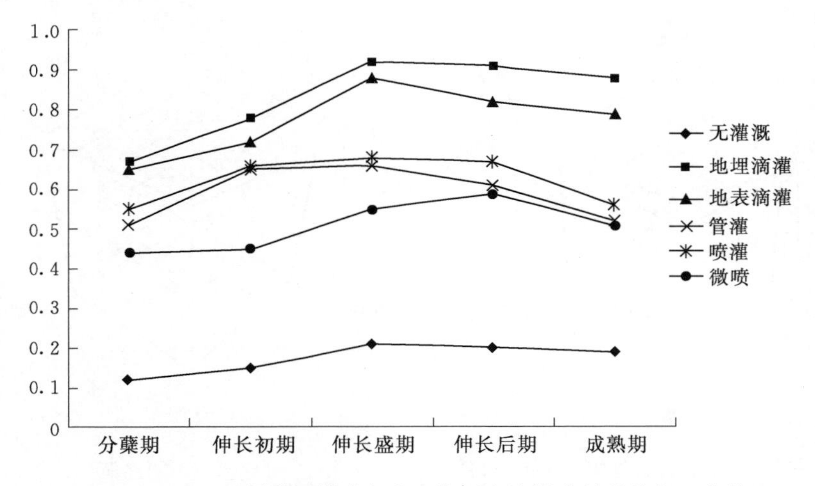

图7-1-41　不同灌溉模式与生育期下生态调节效益的归一化值

整体来看，随着糖料蔗生育期的变化，甘蔗生态调节效益也呈现了持续上升的趋势，但到成熟期的时候均表现出了略微的下降。受甘蔗生长周期的影响，生态调节效益从甘蔗的分蘖期到伸长盛期均呈现了显著的上升，随后上升趋势逐渐变缓。

从不同的灌溉模式来看，地埋滴灌在各个生长周期的生态调节效益均是最好，效益指数分别为0.67、0.78、0.92、0.91和0.88。其次是地表滴灌的生态调节效益较好。无灌溉的生态调节效益指数最低，在各个生长周期下均是最差。

整体来看，不同灌溉模式下的生态调节效益在不同的糖料蔗生长周期下区别比较明显。地埋滴灌技术下的生态调节效益在不同的生长周期下均显著高于其他几种灌溉模式。

综合考虑各个生长周期的甘蔗土壤改良、面源污染控制等效益指标的贡献，对指标进行标准化之后得出，各种灌溉模式下的甘蔗生态调节效益指数，结果如图7-1-42所示。

总的来看，糖料蔗生态调节效益顺序为：地埋滴灌＞地表滴灌＞微喷＞喷灌＞管灌；无灌溉的甘蔗生态调节效益最差。

7.1.4.3 资源利用

资源利用效益从水资源利用效益、土地产出效益和化肥使用效益等4个方面来进行综合评价。将水资源利用效益、土地产出效益和化肥使用效益等指标，进行归一化之后合并，得出不同灌溉模式下资源利用效益的归一化值。

资源利用效益由于没有按照糖料蔗的生长周期进行评价，因此直接得出不同灌溉模式下的资源利用效益，如图7-1-43所示。可以看出，地埋滴灌的资源利用效益最好，为0.98，其次是管灌，无灌溉的资源利用效益最差。

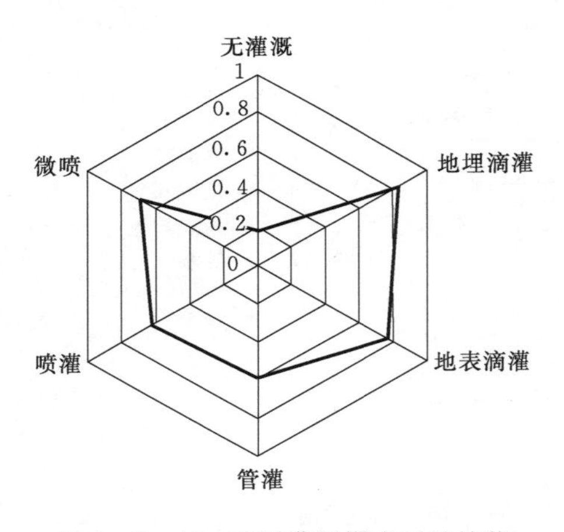

图7-1-42 不同灌溉模式下的甘蔗生态调节效益对比

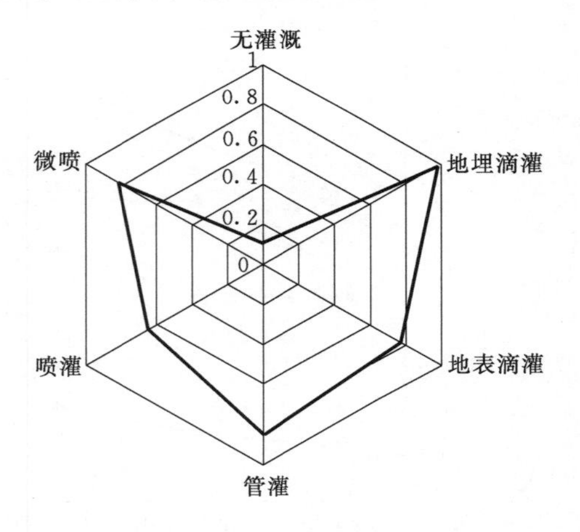

图7-1-43 不同灌溉模式下的资源利用效益对比

7.1.4.4 生态环境综合效益

生态环境综合效益评价从甘蔗产量效益、生态调节效益和资源利用效益3个方面来进行综合的评价。

综合考虑了不同灌溉模式的甘蔗产量、生态调节和资源利用三个方面的效益指标，进行归一化合并处理之后，得出各个灌溉模式下的生态环境综合效益值，结果如图7-1-44所示。

地埋滴灌技术在甘蔗产量效益、生态调节效益和资源利用效益3个分效益中的效益得分值均是最高，因此，其生态环境综合效益也是最好，效益指数为0.86；其次是地表滴灌（0.80）和管灌（0.76）；接下来是微喷灌（0.51）和喷灌（0.49）；无灌溉模式下的生态环境综合效益最差，效益得分仅为0.25。

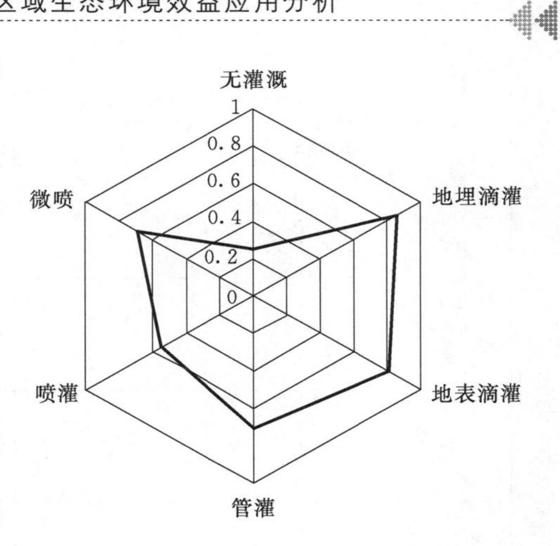

图7-1-44 不同灌溉模式生态环境综合效益对比

7.2 糖料蔗高效节水灌溉区域生态环境效益应用分析

基于不同灌溉模式下糖料蔗生态环境效益指标的现场监测，考虑不同种植区域在灌溉模式、坡度、降水、土壤质地等影响差异，评价不同灌溉模式下糖料蔗生态环境效益的空间差异。选择2015年广西糖料蔗的实际种植区域为评价区域，共分布在36个县市。本节以县为评价单元，共有36个评价单元。

大多数的评价单元均采用了一种或多种节水灌溉模式，以管灌为主，其次是滴灌，此外，还有喷灌和微喷灌，没有无灌溉区域。糖料蔗种植的区域主要以平地（坡度≤5°）为主，占所有种植面积的35%；其次是丘陵地（15°～25°）和岗地（5°～15°），分别占总的种植面积的26%和21%。土壤质地主要以壤土为主，占总的种植面积的47%，其次是砂土和黏土，分别占总的种植面积的22%和21%。各评价单元中不同灌溉模式、土壤特征和地形特征所占种植面积统计见表7-2-1。

7.2.1 区域生态环境效益指数评价

从糖料蔗的生产效益、生态调节效益和资源利用效益三个方面，对空间上不同种植区域的生态环境效益进行对比。生态环境效益指标的选择与指标计算方法与前述一致。

表 7-2-1　各评价单元中不同灌溉模式、土壤质地和地形特征所占种植面积统计　单位：hm^2

县名	种植面积	灌溉模式				土壤质地				地形特征			
		滴灌	微喷灌	喷灌	管灌	砂土	壤土	黏土	土层较薄的岩溶地区	平地（≤5°）	岗地（5°～15°）	丘陵地（15°～25°）	山地（>25°）
武鸣县	50006	45000			5006	14300	22560	9318	3828	16299	11284	15008	7415
宾阳县	1860				1860	532	839	347	142	606	420	558	276
横　县	2000	1000			1000	572	902	373	153	652	451	600	297
上林县	7866				7866	2249	3549	1466	602	2564	1775	2361	1166
隆安县	730	730				209	329	136	56	238	165	219	108
南宁市	6139				6139	1756	2770	1143	470	2001	1385	1843	910
柳江县	25000	13500			11500	7149	11279	4658	1914	8149	5641	7503	3707
柳城县	6046	5000			1046	1729	2728	1126	463	1971	1364	1815	896
鹿寨县	10025	4000			6025	2867	4523	1868	767	3268	2262	3009	1486
融水县	20061	11500			8561	5737	9050	3738	1536	6539	4526	6021	2975
合浦县	11870			2000	9870	3395	5355	2211	909	3869	2679	3562	1760
上思县	15700			6500	9200	4490	7083	2925	1202	5117	3543	4712	2328
浦北县	3772				3772	1079	1702	702	289	1229	852	1132	559
贵港市	25777				25777	7372	11629	4803	1973	8402	5817	7736	3822
百色市	5600				5600	1601	2526	1044	429	1825	1264	1681	830
田阳县	416				416	119	188	77	32	136	93	125	62
田东县	5035	1000			4035	1440	2272	938	385	1641	1136	1511	747
平果县	5023				5023	1436	2266	937	384	1637	1133	1508	745

续表

县名	种植面积	灌溉模式				土壤质地				地形特征			
		滴灌	微喷灌	喷灌	管灌	砂土	壤土	黏土	土层较薄的岩溶地区	平地（≤5°）	岗地（5°～15°）	丘陵地（15°～25°）	山地（>25°）
德保县	2900				2900	829	1308	541	222	945	655	870	430
靖西县	2200				2200	629	993	410	168	717	497	660	326
田林县	3099				3099	886	1398	578	237	1010	699	930	460
河池市	5415	4000			1415	1549	2443	1009	414	1765	1222	1625	803
宜州市	6270	400			5870	1793	2829	1168	480	2044	1415	1882	930
罗城县	1381				1381	395	623	257	106	450	312	414	205
都安县	2095				2095	599	946	390	160	683	472	629	311
来宾县	18784	12164			6620	5372	8474	3500	1438	6122	4239	5638	2785
象州县	6680	500			6180	1910	3014	1245	511	2177	1508	2005	990
武宣县	11000			6500	4500	3146	4962	2050	842	3585	2483	3301	1631
忻城县	20007	8000			12007	5721	9027	3728	1531	6521	4514	6005	2967
合山市	2200				2200	629	993	410	168	717	497	660	326
扶绥县	62284	25000	25000		12284	17812	28099	11606	4767	20301	14055	18693	9235
大新县	10204	2000	4000		4204	2918	4604	1901	781	3326	2303	3062	1513
宁明县	41900	23500			18400	11982	18903	7808	3207	13657	9455	12575	6213
龙州县	19435	8000			11435	5558	8768	3621	1488	6335	4385	5833	2882
崇左市	23272	20500			2772	6656	10499	4336	1781	7585	5252	6982	3451
钦州市	3600				3600	1030	1624	670	276	1173	813	1080	534

水土保持指标的计算，受地形、土壤质地等环境条件的影响较大，本节基于《全国生态功能区划暂行规程》中的参数设置，对不同区域的模拟值进行校正。其他指标参数的选择，均是基于前述监测数据中关于糖料蔗种植模式的差异，进行面上的推广。

7.2.1.1 甘蔗生产效益

糖料蔗生产效益综合了甘蔗产量和甘蔗质量两个方面的指标。糖料蔗生产效益空间对比如图 7－2－1 所示。

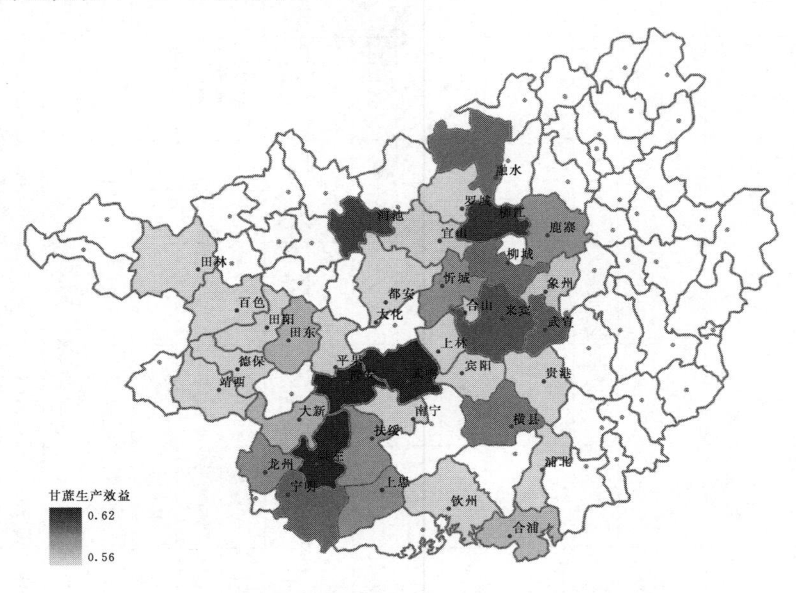

图 7－2－1 糖料蔗生产效益空间对比（见书后彩图）

糖料蔗生产效益最好的是隆安县，效益指数为 0.62；其次是武鸣县，效益指数为 0.61。相比之下，田林县、百色县和德保县的生产效益相对较差，效益指数均为 0.56。

从空间分布来看，桂西南区域的糖料蔗生产效益相对较好，桂西北区域的生产效益相对较差。

7.2.1.2 生态调节效益

糖料蔗生态调节效益综合了面源污染控制、土壤保持和小气候调节等 8 个指标。糖料蔗生态调节效益空间对比如图 7－2－2 所示。土壤保持指标基于《全国生态功能区划暂行规程》中的参数设置进行校正，具体的校正参数见表 7－2－2。

糖料蔗生态调节效益最好的是隆安县，效益指数为 0.82；其次是武鸣县，效益指数为 0.79。相比之下，平果县、德保县和罗城县的生态调节效益相对较差，效益指数均为 0.59。

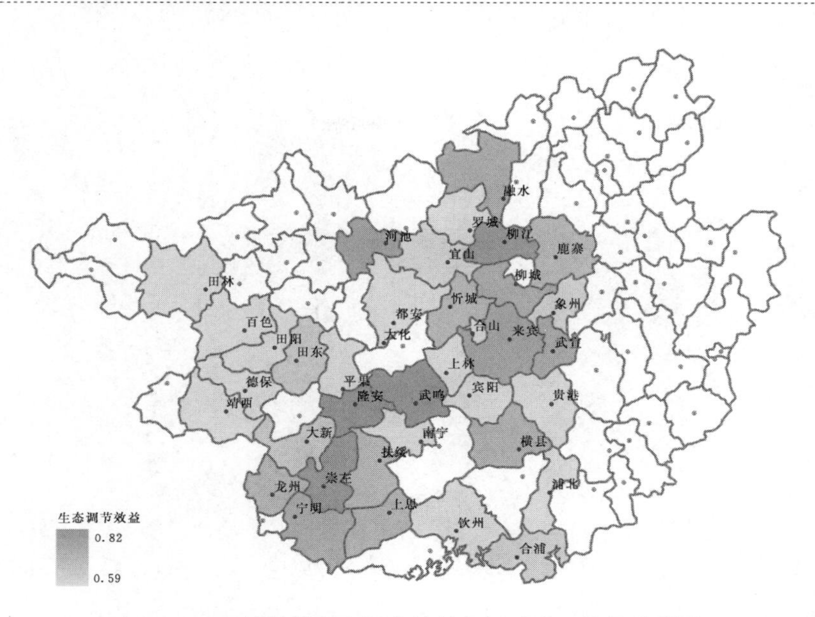

图 7-2-2　糖料蔗生态调节效益空间对比（见书后彩图）

表 7-2-2　土壤保持指标校正系数

土壤质地	校准系数	地形特征	校准系数
砂土	1.0	平地（≤5°）	1.0
壤土	1.2	岗地（5°～15°）	2.5
黏土	1.6	丘陵地（15°～25°）	4.25
土层较薄的岩溶地区	1.7	山地（>25°）	4.5

从空间分布来看，桂西南、桂中等区域的糖料蔗生态调节效益相对较好，桂西北区域的生态调节效益相对较差。

7.2.1.3　资源利用效益

糖料蔗资源利用效益综合了土地产出效益、水资源利用效益和化肥使用效益等 4 个指标。糖料蔗资源利用效益空间对比如图 7-2-3 所示。

糖料蔗生产效益最好的是隆安县，效益指数为 0.97；其次是武鸣县，效益指数为 0.95。相比之下，合山市、都安县和罗城县的资源利用效益相对较差，效益指数均为 0.82。

从空间分布来看，桂西南、桂北等区域的糖料蔗资源利用效益相对较好，桂西北区域的资源利用效益相对较差。

7.2.1.4　生态环境综合效益

糖料蔗生态环境综合效益综合了甘蔗生产效益、生态调节效益和资源利用效益三个方面的指标。糖料蔗生态环境综合效益空间对比如图 7-2-4 所示。

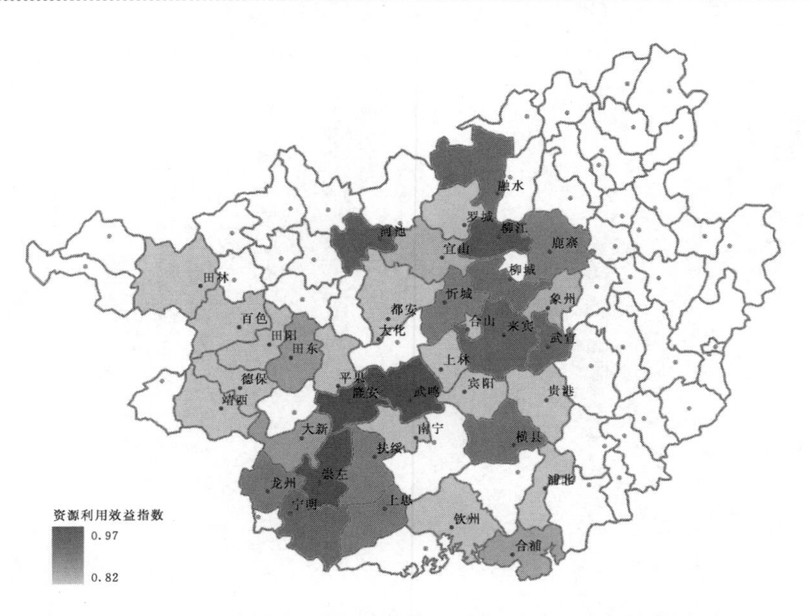

图 7-2-3 糖料蔗资源利用效益空间对比（见书后彩图）

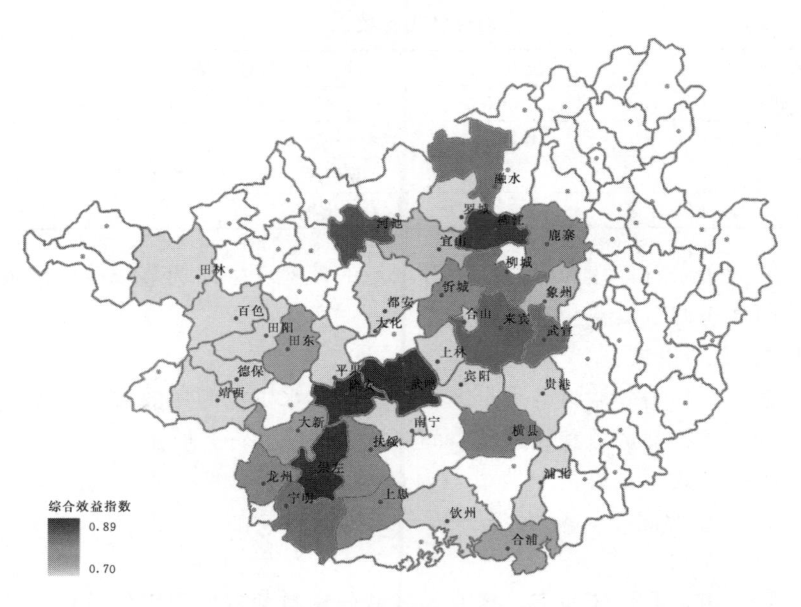

图 7-2-4 糖料蔗生态环境综合效益空间对比（见书后彩图）

糖料蔗生态环境综合效益最好的是隆安县，效益指数为 0.89。其次是武鸣县，效益指数为 0.87。相比之下，平果县、上林县和宾阳县等区域的生态环境综合效益相对较差，效益指数均为 0.71。

从空间分布来看，桂西南、桂北和桂中等区域的糖料蔗生态环境综合效益相对较好，桂西北区域的生态环境综合效益相对较差。

7.2.2　区域推广应用效益评价分析

采用地埋滴灌、地表滴灌、微喷灌和管灌等节水灌溉模式的蔗区在土壤改良、固碳释氧、防止温室气体排放、化肥施用效益等方面，均明显优于无灌溉的蔗区。

7.2.2.1　土壤保持

由于不同的种植单元采取了不同的节水灌溉模式，与无灌溉情况相比，土壤保持的应用效益呈现了明显的空间差异，如图 7-2-5 所示。

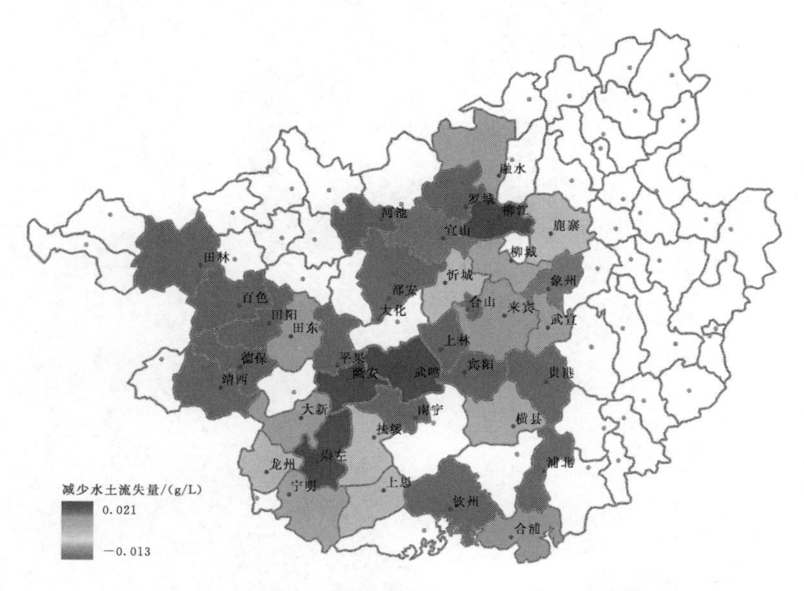

图 7-2-5　土壤保持应用效益空间对比（见书后彩图）

考虑种植坡度、降水、土壤质地等的影响，与无灌溉情况相比，土壤保持的应用效益最好的是隆安县，减少土壤流失量 0.021g/L；其次是武鸣县，减少土壤流失量 0.018g/L。总的来看，隆安县、武鸣县和柳城县等种植单元土壤保持的应用效益与无灌溉相比，表现为正效益，即促进了区域的土壤保持。但田阳县、罗城县和宾阳县等种植区域，与无灌溉相比，造成了区域的水土流失情况更加严重，增加的水土流失量约为 0.013g/L。

从空间分布来看，桂西南、桂中等区域的糖料蔗土壤保持的应用效益相对较好，而桂南、桂西北等区域土壤保持的应用效益为负。

7.2.2.2 土壤改良

土壤改良的应用效益从土壤容重、土壤有机质和土壤含水率 3 个方面来反映，基于不同的种植单元采取的节水灌溉模式，与无灌溉情况相比，土壤改良的应用效益也呈现了明显的空间差异，如图 7-2-6～图 7-2-8 所示。

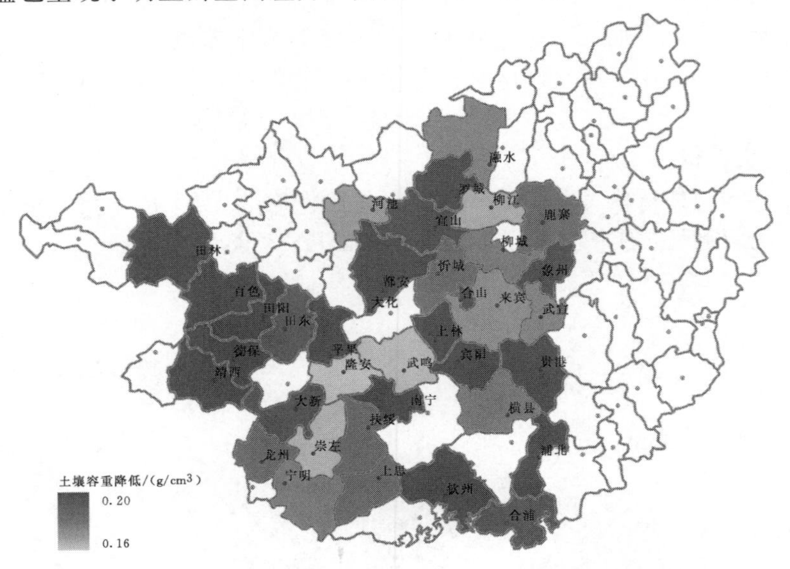

图 7-2-6 土壤容重应用效益空间对比（见书后彩图）

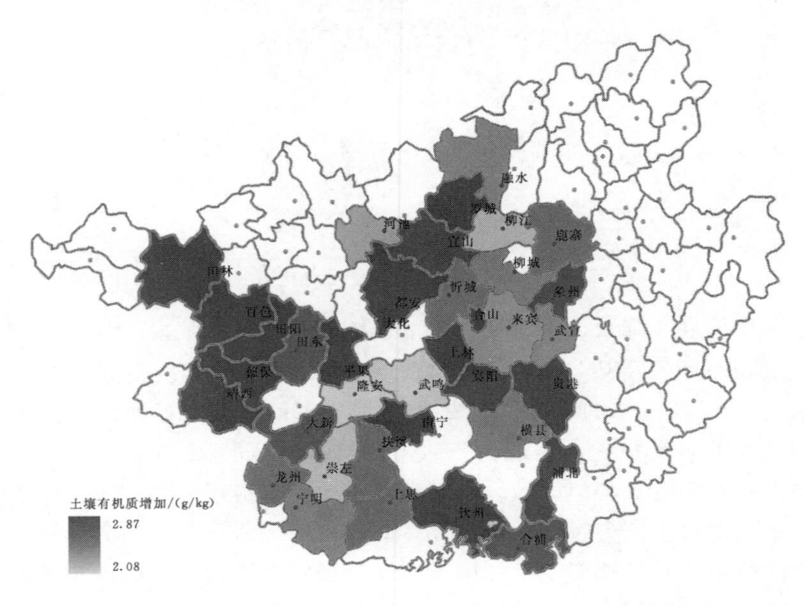

图 7-2-7 土壤有机质应用效益空间对比（见书后彩图）

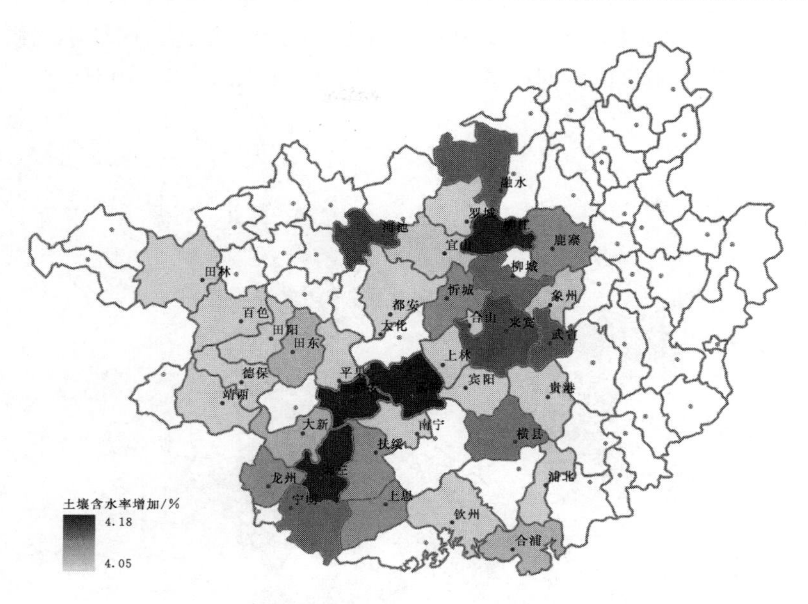

图 7-2-8 土壤含水率应用效益空间对比（见书后彩图）

与无灌溉情况相比，土壤容重的应用效益最好的是贵港市，降低土壤容重量为 $0.21g/cm^3$；其次为上林县，降低土壤容重量为 $0.19g/cm^3$。相比之下，武鸣县和隆安县等区域土壤容重的应用效益相对较差，降低土壤容重的量分别为 $0.16g/cm^3$ 和 $0.15g/cm^3$。

从空间分布来看，桂西北、桂南等区域糖料蔗土壤容重的应用效益相对较好，而桂西南、桂中等区域土壤容重的应用效益相对较差。

与无灌溉情况相比，土壤有机质的应用效益最好的是贵港市，有机质增加量为 2.87g/kg；其次为上林县，有机质增加量为 2.85g/kg。相比之下，武鸣县和隆安县等区域土壤有机质的应用效益相对较差，有机质增加的量分别为 2.15g/kg 和 2.08g/kg。

从空间分布来看，桂西北、桂南等区域糖料蔗土壤有机质的应用效益相对较好，而桂西南、桂中等区域土壤有机质的应用效益相对较差。

与无灌溉情况相比，土壤含水率的应用效益最好的是隆安县，土壤含水率增加量为 4.18%；其次为武鸣县，土壤含水率增加量为 4.16%。相比之下，罗城县和田阳县等区域土壤含水率的应用效益相对较差，土壤含水率增加的量分别为 4.06%和 4.05%。

从空间分布来看，桂西南、桂中等区域糖料蔗土壤含水率的应用效益相对较好，而桂西北、桂南等区域土壤含水率的应用效益相对较差。

7.2.2.3 小气候调节

小气候调节的应用效益从地表温度缓解和空气湿度增加两个方面来反映，基于不同的种植单元采取的节水灌溉模式，与无灌溉情况相比，区域小气候调节的应用效益也呈现了明显的空间差异，如图 7-2-9 和图 7-2-10 所示。

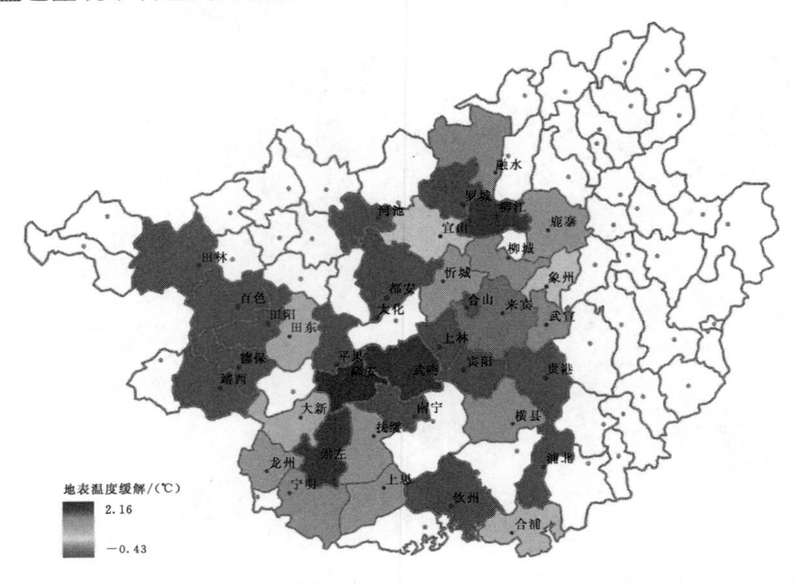

图 7-2-9　地表温度缓解应用效益空间对比（见书后彩图）

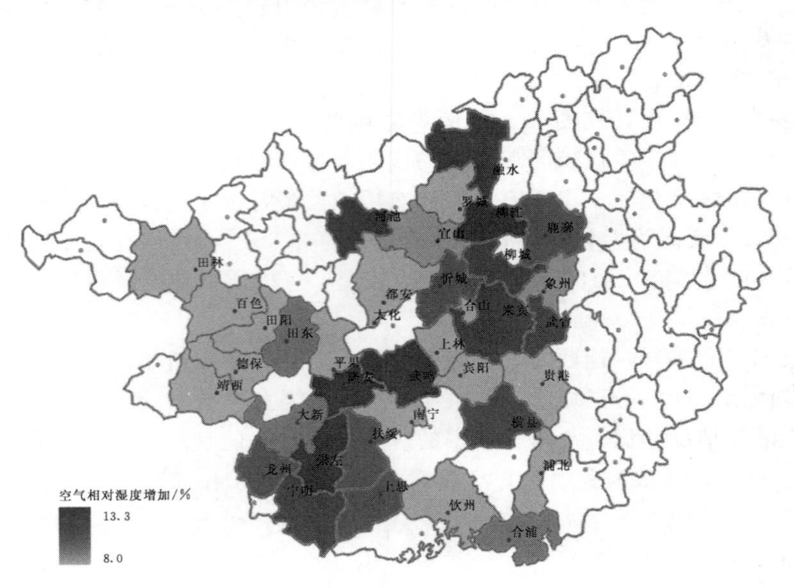

图 7-2-10　空气相对湿度应用效益空间对比（见书后彩图）

与无灌溉情况相比，地表温度缓解的应用效益最好的是隆安县，降低的地表温度量为 2.16℃；其次是武鸣县，降低的地表温度量为 1.91℃。总的来看，隆安县、武鸣县和柳城县等种植单元地表温度缓解的应用效益与无灌溉相比，表现为正效益，即降低了区域的地表温度。但靖西县、都安县和平果县等种植区域，与无灌溉相比，区域的地表温度表现为增加，增加的地表温度量约为 0.43℃。

从空间分布来看，桂西南、桂中等区域糖料蔗地表温度缓解的应用效益相对较好，而桂南、桂西北等区域地表温度缓解的应用效益为负。

与无灌溉情况相比，空气相对湿度的应用效益最好的是隆安县，空气相对湿度增加量为 13.3%；其次为武鸣县，空气相对湿度增加量为 12.76%。相比之下，上林县、平果县和田林县等区域空气相对湿度的应用效益相对较差，增加量约为 8%。

从空间分布来看，桂西南、桂中等区域糖料蔗空气相对湿度的应用效益相对较好，而桂西北、桂南等区域空间相对湿度的应用效益相对较差。

7.2.2.4 土壤温室气体减排

土壤温室气体减排的应用效益从单位面积二氧化碳减排量和二氧化碳年减排总量两个方面来反映，评价的指标主要是对二氧化碳的减排。基于不同的种植单元采取的节水灌溉模式，与无灌溉情况相比，土壤温室气体减排的应用效益呈现了明显的空间差异，如图 7-2-11～图 7-2-13 所示。

与无灌溉情况相比，单位面积二氧化碳减排应用效益最好的是贵港市，减排量为 801.23kg/(亩·年)；其次是上林县，减排量为 800.83kg/(亩·年)。相比之下，崇左市、武鸣县和隆安县等区域单位面积减排量的应用效益相对较差，减

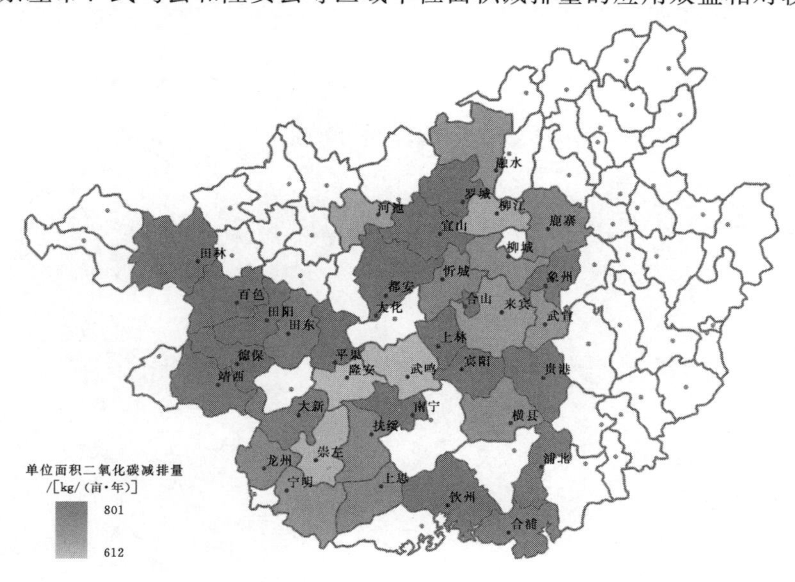

图 7-2-11　单位面积二氧化碳减排量应用效益空间对比（见书后彩图）

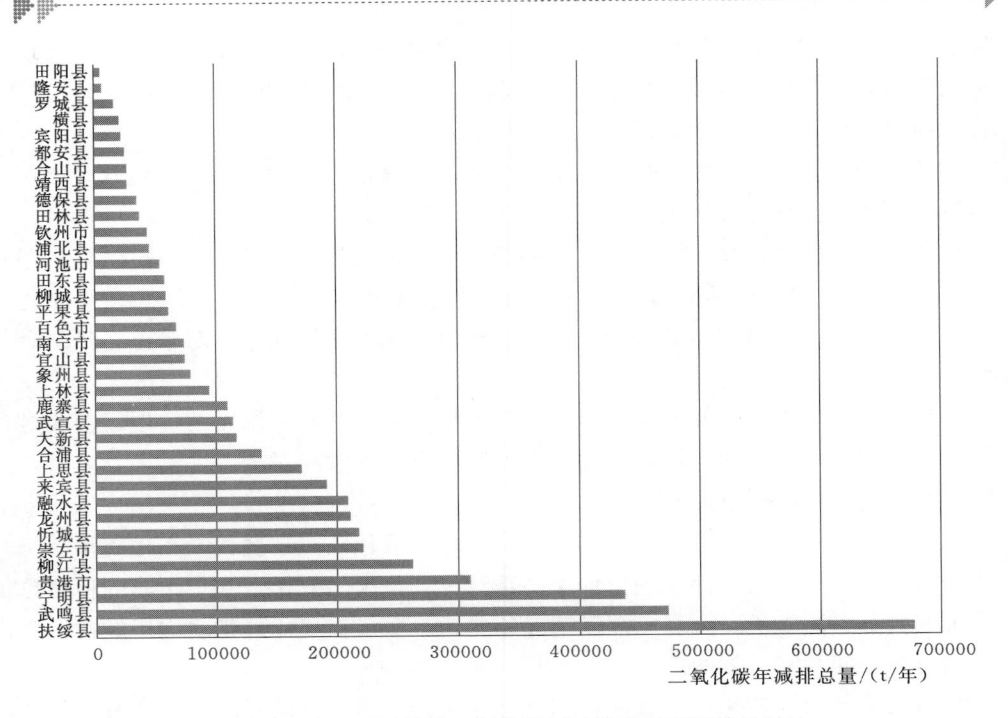

图 7-2-12 不同区域二氧化碳年减排总量应用效益对比

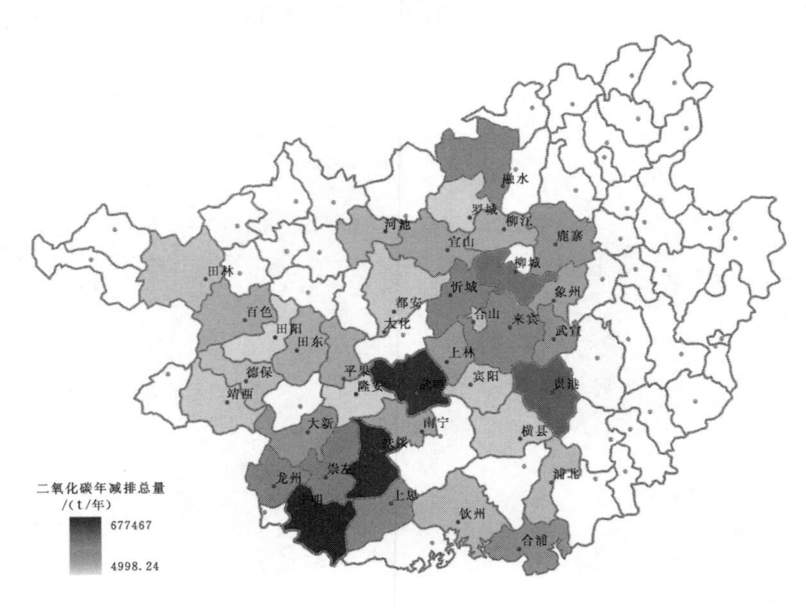

图 7-2-13 二氧化碳年减排总量应用效益空间对比（见书后彩图）

排量分别为634.51kg/(亩·年)、630.93kg/(亩·年)和612.03kg/(亩·年)。

从空间分布来看，桂西北、桂南等区域糖料蔗单位面积二氧化碳减排的应用效益相对较好，而桂西南、桂中等区域单位面积二氧化碳减排的应用效益相对较差。

由于不同的种植单元内，糖料蔗种植的面积不一样，二氧化碳年减排总量在空间上呈现了与单位面积减排量不一致的格局，如图7-2-12和图7-2-13所示。

与无灌溉情况相比，二氧化碳年减排总量应用效益最好的是扶绥县，减排总量为677467t/年；其次是武鸣县，减排总量为473247t/年。相比之下，罗城县、隆安县和田阳县等区域减排总量的应用效益相对较差，二氧化碳年减排总量分别为16592t/年、6701t/年和4998t/年。

从空间分布来看，桂西南、桂中等区域糖料蔗年二氧化碳年减排总量的应用效益相对较好，而桂西北、桂南等区域二氧化碳年减排总量的应用效益相对较差，如图7-2-13所示。

7.2.2.5 生物多样性维持

生物多样性维持的应用效益从大型动物增加数量和中小型动物增加数量两个方面来反映。基于不同的种植单元采取的节水灌溉模式，与无灌溉情况相比，生物多样性维持的应用效益呈现了明显的空间差异。

1. 大型动物

与无灌溉情况相比，单位面积大型动物增加数量应用效益最好的是隆安县，增加量为95600只/亩；其次是武鸣县，增加量为90504只/亩。相比之下，罗城县、田阳县和靖西县等区域单位面积大型动物增加数量的应用效益相对较差，增加量约为44700只/亩，如图7-2-14所示。

从空间分布来看，桂西南、桂中等区域糖料蔗单位面积大型动物增加数量的应用效益相对较好，而桂西北、桂南等区域单位面积大型动物增加数量的应用效益相对较差。

由于不同的种植单元内，糖料蔗种植的面积不一样，大型动物年增加总数在空间上呈现了与单位面积增加数量不一致的格局，如图7-2-15和图7-2-16所示。

与无灌溉情况相比，大型动物年增加总数应用效益最好的是武鸣县，增加总量为678.86亿只；其次是扶绥县，增加总量为608.49亿只。相比之下，隆安县、罗城县和田阳县等区域年增加大型动物总数的应用效益相对较差，增加总量分别为10.46亿只、9.26亿只和2.79亿只。

从空间分布来看，桂西南、桂中等区域大型动物年增加总数的应用效益相对较好，而桂西北、桂南等区域大型动物年增加总数的应用效益相对较差，如图7-2-16所示。

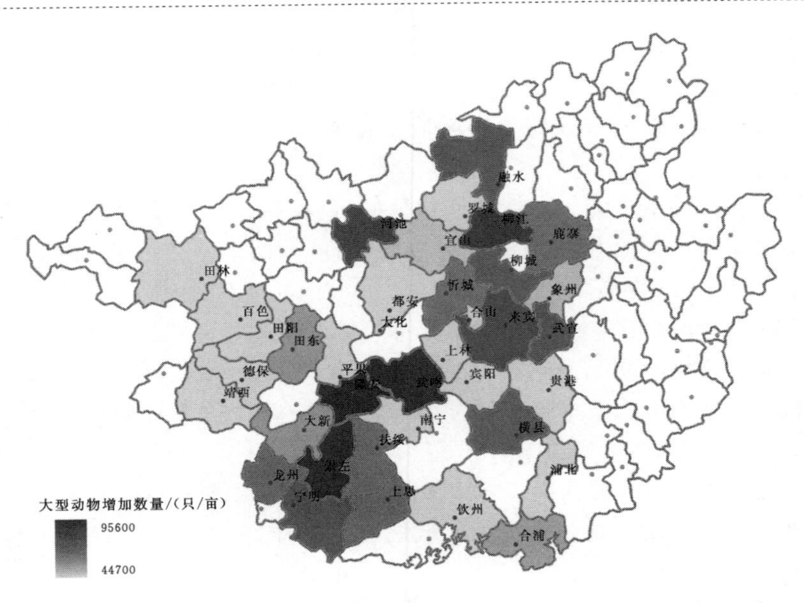

图 7-2-14 单位面积大型动物增加数量应用效益空间对比（见书后彩图）

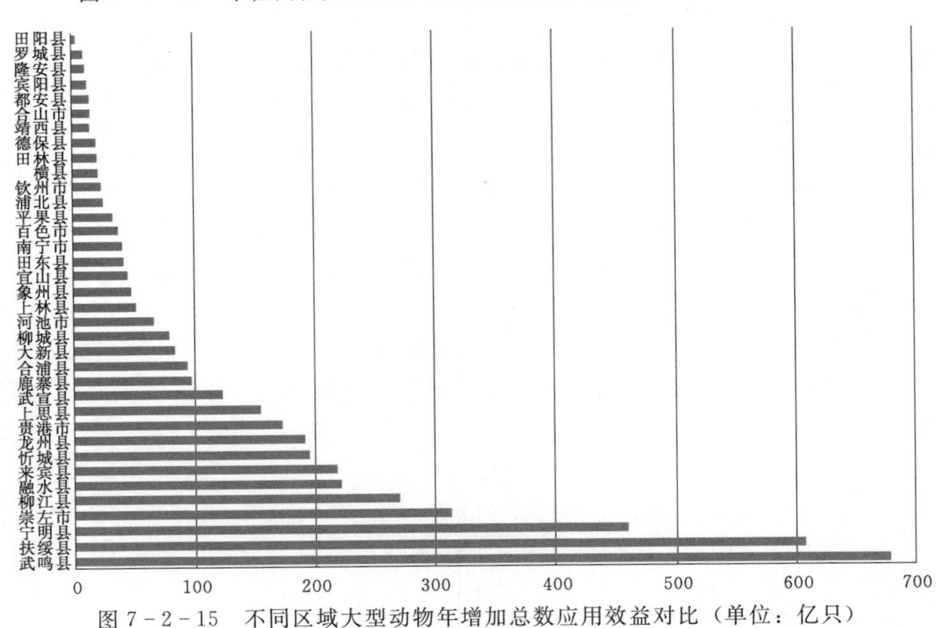

图 7-2-15 不同区域大型动物年增加总数应用效益对比（单位：亿只）

2. 中小型动物

与无灌溉情况相比，单位面积中小型动物增加数量应用效益最好的是隆安县，增加量为 285 万只/亩；其次是武鸣县，增加量为 261.66 万只/亩。相比之下，靖西县、上林县和平果县等区域单位面积中小型动物增加数量的应用效益相

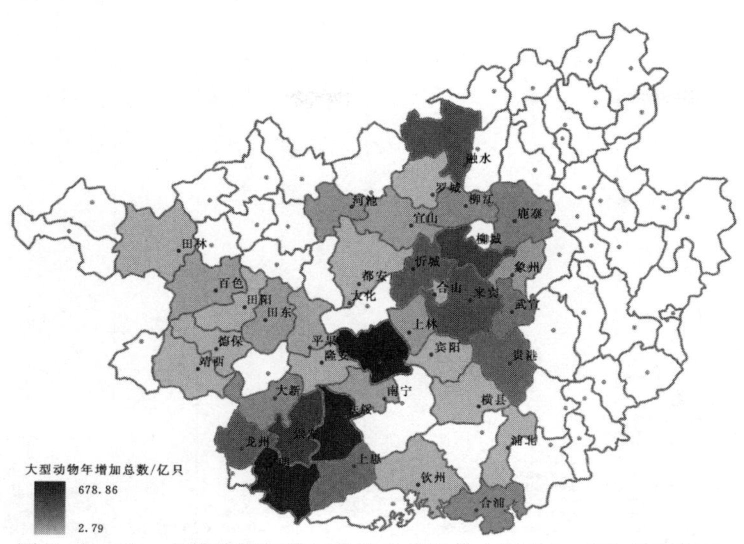

图 7-2-16　大型动物年增加总数应用效益空间对比（见书后彩图）

对较差，增加量约为 51.9 万只/亩，如图 7-2-17 所示。

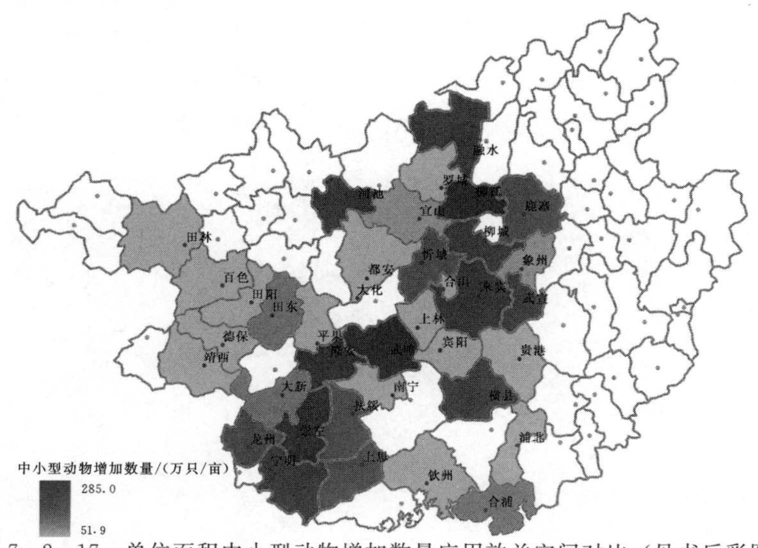

图 7-2-17　单位面积中小型动物增加数量应用效益空间对比（见书后彩图）

从空间分布来看，桂西南、桂北等区域糖料蔗单位面积中小型动物增加数量的应用效益相对较好，而桂西北、桂南等区域单位面积中小型动物增加数量的应用效益相对较差。

由于不同的种植单元内，糖料蔗种植的面积不一样，中小型动物增加总数在空间上呈现了与单位面积增加数量不一致的格局，如图 7-2-18 和图 7-2-19 所示。

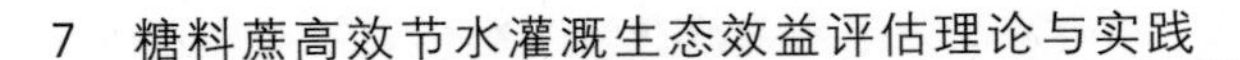

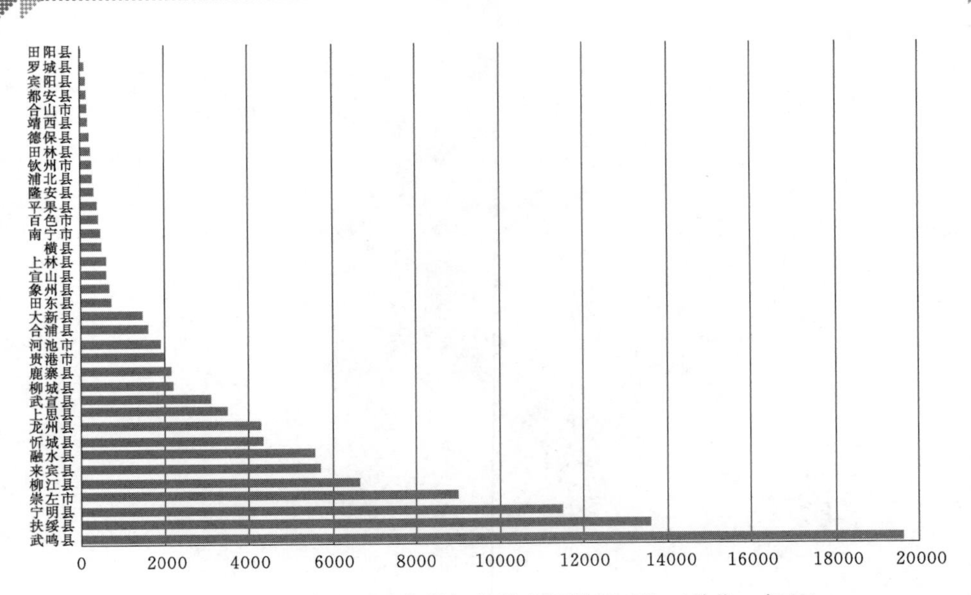

图 7-2-18 中小型动物增加总数应用效益对比（单位：亿只）

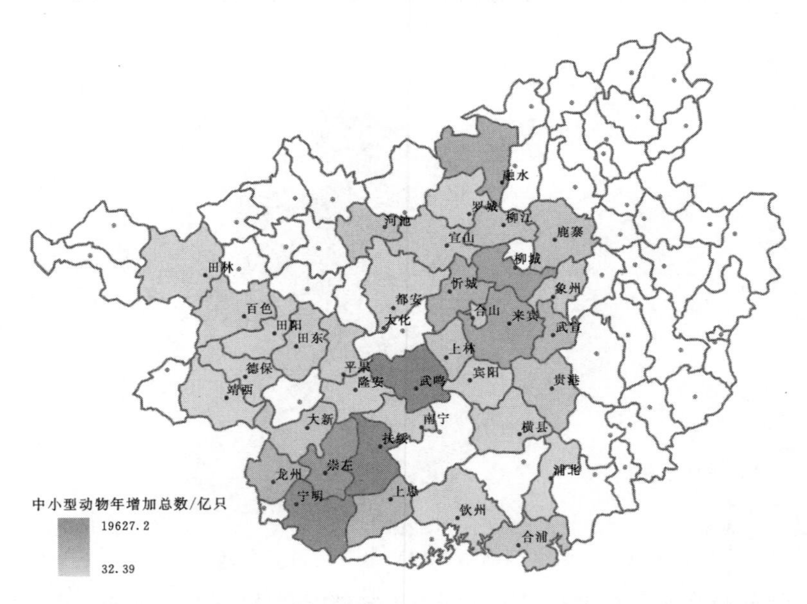

图 7-2-19 中小型动物年增加总数应用效益空间对比（见书后彩图）

与无灌溉情况相比，年增加中小型动物总数应用效益最好的是武鸣县，增加的总数为 19627.2 亿只；其次是扶绥县，增加的总数为 13590.1 亿只。相比之下，宾阳县、罗城县和田阳县等区域年增加中小型动物总数的应用效益相对较差，增加的总数分别为 144.81 亿只、107.51 亿只和 32.39 亿只。

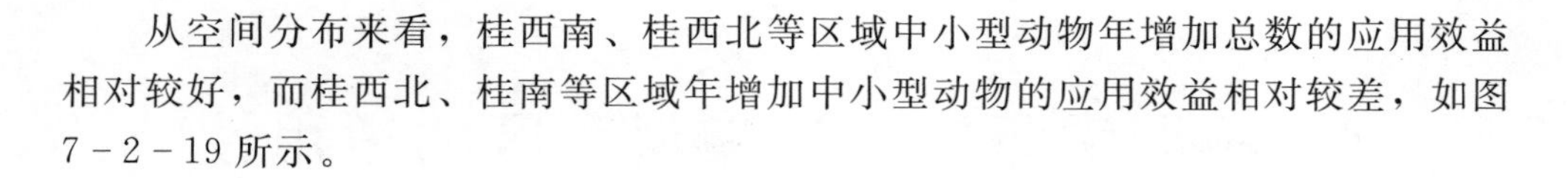

从空间分布来看，桂西南、桂西北等区域中小型动物年增加总数的应用效益相对较好，而桂西北、桂南等区域年增加中小型动物的应用效益相对较差，如图7-2-19所示。

7.3 结论与建议

(1) 综合考虑糖料蔗生产效益、生态调节效益和资源利用效益三个方面的指标，得出糖料蔗生态环境综合效益最好的是隆安县，效益指数为0.89；其次是武鸣县，效益指数为0.87。相比之下，平果县、上林县和宾阳县等区域的生态环境综合效益相对较差，效益指数均为0.71。从不同区域的糖料蔗节水灌溉模式来看，隆安县采取的全部是滴灌，武鸣县有89.99%的区域采用的是滴灌，崇左市有88.09%的区域采用的是滴灌；而与之对应的平果县、上林县和宾阳县等区域，采用的均是管灌。说明了不同的灌溉技术在空间上对生态环境综合效益的影响也比较显著，滴灌技术能明显提高区域的生态环境综合效益。

从空间分布来看，受采用的节水灌溉技术影响，桂西南、桂北和桂中等区域的糖料蔗生态环境综合效益相对较好，桂西北区域的生态环境综合效益相对较差。

(2) 采用地埋滴灌、地表滴灌、微喷灌、喷灌和低压管灌的蔗区在土壤改良、固碳释氧、温室气体减排和化肥施用效益等方面，均明显优于无灌溉的蔗区。

由于不同区域采取的节水灌溉方式不同，糖料蔗的应用效益也呈现了明显的空间差异。空间格局上，与生态环境综合效益的分布格局类似，桂西南、桂中和桂北等区域的应用效益相对较好，桂西北、桂南等区域的应用效益相对较差，主要表现在小气候调节、土壤温室气体减排和生物多样性维持等方面。

全区糖料蔗种植区温室气体年减排量为478.53万t。维持大型动物数量为4521.16亿只，维持中小型动物的数量为104901.6亿只。平均地表温度降低为0.32℃。平均土壤含水率增加4.09%。平均土壤容重降低0.18g/cm^3。平均有机质增加2.64g/kg。平均减少水土流失量0.002g/L。其中，贡献最大的区域有武鸣县、扶绥县和崇左市等，说明了节水灌溉模式下的应用效益显著；而采取滴灌模式的区域，其应用效益更加显著。

8 不同灌溉方式在糖料蔗区的适用性评价理论及实践

8.1 不同灌溉方式适应性评价指标的构建

8.1.1 评价方法的选择

层次分析法是指将一个复杂的多目标决策问题作为一个系统，将目标分解成多个目标或准则，即分解为多指标（或准则、约束）的若干层次，通过定性指标模糊量化方法算出层次单排序（权数）和总排序，以作为目标（多指标）、多方案优化决策的系统方法。

8.1.2 指标构建依据

多指标综合评价的前提是确定科学的评价指标体系。综合评价只有建立在科学合理的评价指标体系的基础上，才有可能得出科学公正的评价结果。指标是评价的基本尺度和衡量标准，建立指标体系是节水灌溉单项评价的依据，也是综合评价的基础。通常情况下，指标范围越广，指标数量越多，则方案之间的差异越明显，也就越有利于判断和评价。但同时确定指标的大类和指标的重要度也越困难，偏离方案本质特性的可能也越大。根据《水利建设项目经济评价规范》(SL 72—2013)，结合本项目的具体情况，为确保评价结果的科学性，本项目从不同灌溉方式的糖料蔗的灌溉效应（经济评价指标）、对糖料蔗生长特点及自然条件的适应性（技术评价指标）、建设及后期管理成本（经济评价指标）、生态效益（社会评价指标）与用户意愿（社会评价指标）等5个方面建立高效节水灌溉技术评价指标体系，见表8-1-1。

8.1.3 不同灌溉方式的糖料蔗灌溉效应

(1) 不同灌溉方式的原料蔗增产率。广西水利厅组织农业、糖业、科技、统计等部门和单位的专家对2012—2013年和2015—2016年榨季南宁市武鸣县宁武滴灌工程、横县良圻农场喷灌工程、来宾市兴宾区廖平农场指针式喷灌工程、防城港市上思县昌菱农场低压管灌工程、百色市田东县祥周喷灌工程、崇左市江州区陇铎高效节水灌溉工程、江州区丈四片集雨光伏提水调蓄灌溉试验区、江州区金城片地埋滴灌工程等8个大田测产进行验收，结果表明地埋滴灌平均亩产量为

6.76t，地表滴灌平均亩产量为6.56t，微喷灌平均亩产量为6.32t，喷灌平均亩产量为6.72t，低压管灌平均亩产量为6.52t，增产率分别为59.10%、54.29%、48.59%、58.21%和53.45%。

表8-1-1　　山丘区糖料蔗高效节水灌溉技术评价指标体系模型

目标层	一级指标	二级指标
山丘区糖料蔗高效节水灌溉技术评价	灌溉效应	原料蔗增产率A1
		水分生产率A2
		节水量A3
		节肥量A4
	对糖料蔗生长特点及自然条件的适应性	对糖料蔗的适应性B1
		对地形的适应性B2
		对土壤的适应性B3
		对水源及能源的适应性B4
		与农艺农机结合性B5
	生态效益	指标详见生态效益章节
	建设及后期管理	建设成本D1
		维修成本D2
		灌溉运行成本D3
	用户意愿	农户倾向性E1

（2）不同灌溉方式的水分生产率。根据崇左市江州区陇铎高效节水灌溉工程等8个大田试验的观测数据以及《糖料蔗灌溉定额及灌溉技术规程》（DB45/T 1197—2015），按照$P=85\%$干旱年，地埋滴灌的水分生产率为60.36～80.48kg/m³，地表滴灌的水分生产率为58.57～78.10kg/m³，微喷灌的水分生产率为24.50～38.30kg/m³，喷灌的水分生产率为24.00～38.40kg/m³，低压管灌（淋灌）的水分生产率为43.47～55.73kg/m³，见表8-1-2。

表8-1-2　　不同灌溉方式的水分生产率

分区	灌水量/m³					水分生产率/(kg/m³)				
	地埋滴灌	地表滴灌	微喷灌	喷灌	低压管灌	地埋滴灌	地表滴灌	微喷灌	喷灌	低压管灌
桂西南	84	84	194	218	117	80.48	78.10	32.58	30.83	55.73
桂中	95	95	232	254	150	71.16	69.05	27.24	26.46	43.47
桂南	112	112	258	280	139	60.36	58.57	24.50	24.00	46.91
桂西北	99	99	165	175	117	68.28	66.26	38.30	38.40	55.73

（3）不同灌溉方式的节水量。根据崇左市江州区陇铎高效节水灌溉工程等8

个大田试验的观测数据以及《糖料蔗灌溉定额及灌溉技术规程》（DB45/T 1197—2015），按照 $P=85\%$ 干旱年，与低压灌溉（田间沟灌）比较，地埋滴灌的节水量为 324～404m³/亩，地表滴灌的节水量为 324～404m³/亩，微喷灌的节水量为 214～294m³/亩，喷灌的节水量为 190～284m³/亩，低压管灌（田间淋灌）的节水量为 291～377m³/亩，见表 8-1-3。

表 8-1-3　不同灌溉技术的节水量　单位：m³/亩

区　域	地埋滴灌	地表滴灌	微喷灌	喷灌	低压管灌
桂西南优势区	324	324	214	190	291
桂中优势区	375	375	238	216	320
桂南优势区	404	404	258	236	377
桂西北优势区	360	360	294	284	342

（4）不同灌溉方式的节肥量。根据崇左市江州区陇铎高效节水灌溉工程等 8 个大田试验的观测数据以及《糖料蔗灌溉定额及灌溉技术规程》（DB45/T 1197—2015），滴灌、微喷灌的施肥量为 78.5kg/亩，喷灌的施肥量为 93.6kg/亩，低压管灌（田间淋灌）的施肥量为 89.6kg/亩。采用人工撒肥的施肥量为 140kg/亩，即滴灌、微喷的灌节肥量为 61.5kg/亩，喷灌的节肥量为 46.4kg/亩，低压管灌的节肥量为 50.4kg/亩。

8.1.4 不同灌溉方式对糖料蔗生长特点及自然条件的适应性分析

8.1.4.1 不同灌溉方式对糖料蔗的适应性

（1）生育早期。糖料蔗处于苗期、分蘖初期时，各种灌溉方式对作物的适应性差别不大。

（2）生育后期。当糖料蔗处于分蘖后期、伸长期时，蔗株增多，会对铺设在窄行的滴灌带、微喷带产生夹管效应，特别是遇到台风时，倒伏的蔗株会造成大量的毛管损坏。糖料蔗生育后期特别是封行后会拦截水量，还会对低压管灌田间淋灌造成诸多不便，具体分析如下：

1）糖料蔗对毛管损坏的影响。

a. 地表滴灌。糖料蔗采用地表滴灌时一般铺设壁厚为 0.3mm 以下的滴灌带，种植后铺设滴灌带，收割前回收滴灌带，滴灌带存在堵塞和损坏的情况（见图 8-1-1 和图 8-1-2）。课题组对崇左市江州区陇铎高效节水灌溉试验示范区进行定期检查，抽查中堵塞的滴灌带占全部抽查数的 7.22%，鼠咬占全部抽查数的 3.54%，机械损坏或卷收损坏占全部抽查数的 23.68%，总损坏率达 34.44%。另外，广西蔗区夏季和秋季台风多、强度大，糖料蔗容易倒伏，夹管、损坏滴灌带。

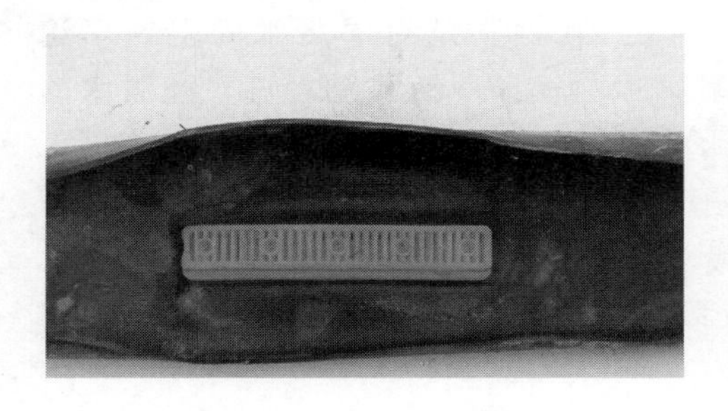

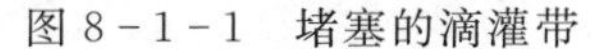

图 8-1-1 堵塞的滴灌带

图 8-1-2 机械割断的滴灌带

b. 微喷灌。糖料蔗一般套种西瓜等经济作物的情况下采用微喷灌。种植后铺设微喷带，收割前回收微喷带，微喷带主要存在生产过程中被损坏的情况。对崇左市江州区陇铎高效节水灌溉试验示范区进行定期检查，抽查中机械损坏或卷收损坏的微喷带占全部抽查数的 27.82%。另外，广西蔗区夏季和秋季台风多、强度大，糖料蔗容易倒伏，夹管、损坏滴灌带。

c. 地埋滴灌。糖料蔗采用地埋滴灌一般埋设壁厚为 0.6mm 以上的滴灌管，埋设滴灌管至少使用 3 年以上，滴灌管的堵塞和损坏情况最为引人关注。对崇左市陇铎高效节水灌溉试验示范区进行长期观测。该试验区于 2013 年开始运行，第一年抽查时堵塞的滴灌管占全部抽查数的 5.94%，鼠咬占全部抽查数的 2.61%，机械损坏占全部抽查数的 1.57%。第二年抽查时堵塞的滴灌管占全部抽查数的 10.15%，鼠咬占全部抽查数的 3.74%，机械损坏占全部抽查数的 2.25%。第三年抽查时堵塞的滴灌管占全部抽查数的 10.15%，鼠咬占全部抽查数的 4.25%，机械损坏占全部抽查数的 3.48%，如图 8-1-3 所示。

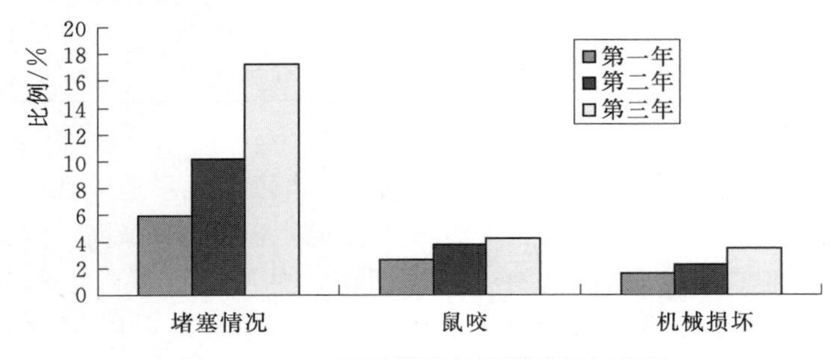

图 8-1-3 地埋滴灌的滴灌管损坏情况

2）糖料蔗植株对灌水量拦截的影响。

a. 微喷灌。根据前面研究成果，糖料蔗伸长期封行后，微喷带田间水量主要集中在首部 0～2m 位置，之后水量分布极少。且压力越大水量分布越不均匀。室内试验微喷带的水量均匀系数最低为 0.35，在糖料蔗田间情况下均匀系数更低为 0.14～0.26。微喷带极限喷水长度随压力增加而增加，并且喷水长度在 5m

水头下能达到4m以上，喷洒范围广。N45三孔糖料蔗对灌溉水的阻挡率达38%，N45五孔糖料蔗对灌溉水的阻挡率达45%。N65三孔糖料蔗对灌溉水的阻挡率达42%，N65五孔糖料蔗对灌溉水的阻挡率达52%。

b. 喷灌。根据大田试验研究成果，通过喷头在额定压力0.3MPa的情况下糖料蔗不同生育期蔗株对喷灌水分的拦截试验可知：相对无作物情况分蘖期蔗株对降雨的拦截率为5.24%、伸长期的拦截率为14.57%、成熟期的拦截率为26.78%。

综合糖料蔗生育期而言，对糖料蔗适应性顺序为地埋滴灌、低压管灌、喷灌、地表滴灌、微喷灌。

8.1.4.2　不同灌溉方式对地形和土壤的适应性

（1）不同灌溉方式对地形的要求。根据对广西糖料蔗种植基地的调查，广西糖料蔗主产区（桂西南、桂中、桂南和桂西北）地形坡度分布统计见表8－1－4。由表8－1－4可知，桂南、桂中的地形坡度5°以下的蔗区占该区域蔗区总面积超过40%，桂西南的主要蔗区地形坡度为5°以下和15°以上的蔗区，桂西北的主要蔗区地形坡度为15°以上的蔗区，其面积超过该区域蔗区总面积的50%。

表8－1－4　　广西糖料蔗主产区不同地形坡度分布统计表

分区	小计	5°以下		5°～15°		15°以上	
		面积/万亩	比例/%	面积/万亩	比例/%	面积/万亩	比例/%
桂西南	377.88	137.54	36.40	72.82	19.27	167.52	44.33
桂中	490.36	198.59	40.50	118.09	24.08	173.68	35.42
桂南	405.75	172.48	42.51	90.61	22.33	142.66	35.16
桂西北	274.91	67.67	24.62	52.57	19.12	154.67	56.26
合计	1548.90	576.28	37.21	334.09	21.57	638.53	41.22

注　通过制糖企业途径统计。

由前面几章分析可知，喷灌、低压管灌田间淋灌对地形适应性最高，滴灌次之，微喷灌对地形要求较高，低压管灌田间沟灌对地形要求最高。因此，地形坡度在以5°以下和15°以上的蔗区为主的桂西南，单从地形考虑推荐顺序为：喷灌、地埋滴灌、地表滴灌、微喷灌、低压管灌；地形坡度在以5°以下的蔗区为主的桂中，推荐顺序为：喷灌、低压管灌、地埋滴灌、地表滴灌、微喷灌；地形坡度在以5°以下的蔗区为主的桂南，推荐顺序为：喷灌、低压管灌、地埋滴灌、地表滴灌、微喷灌；地形坡度在以15°以上的蔗区为主的桂西北，推荐顺序为：喷灌、地埋滴灌、地表滴灌、低压管灌、微喷灌。

（2）不同灌溉方式对土壤的要求。根据对广西糖料蔗种植基地的调查，广西糖料蔗主产区（桂西南、桂中、桂南和桂西北）的蔗区土壤分布统计见表8－1－5。

由表8-1-5可知，桂南的土壤以砂土为主，占53.17%；桂西南以黏土为主，占39.18%；桂中和桂西北以壤土为主，其中，桂西北还有24.50%的蔗区土层较薄，不适宜建设优质高产高糖糖料蔗基地。

表8-1-5　　广西糖料蔗主产区的蔗区土壤分布统计表

分区	小计	砂土		壤土		黏土		土层较薄的岩溶地区	
		面积/万亩	比例/%	面积/万亩	比例/%	面积/万亩	比例/%	面积/万亩	比例/%
桂西南	377.88	62.19	16.46	108.27	28.65	148.06	39.18	59.36	15.71
桂中	490.36	144.82	29.53	221.45	45.16	92.81	18.93	31.28	6.38
桂南	405.75	215.73	53.17	87.39	21.54	80.54	19.85	22.09	5.44
桂西北	274.91	42.25	15.37	116.73	42.46	48.58	17.67	67.35	24.50
合计	1548.90	464.99	30.02	533.84	34.47	369.99	23.89	180.08	11.63

根据前面几章分析可知，喷灌、微喷灌、低压管灌的灌溉强度较大，容易在入渗能力较差的黏土形成径流。低压管灌田间管沟在入渗率较大的砂土流速较慢，入渗较多。综合而言，在黏土为主的桂西南推荐顺序为：地埋滴灌、地表滴灌、低压管灌、微喷灌、喷灌。在壤土为主的桂中推荐顺序为：地埋滴灌、地表滴灌、喷灌、微喷灌、低压管灌。在砂土为主的桂南（该区域蔗区以5°为主）推荐顺序为：喷灌、微喷灌、地埋滴灌、地表滴灌、低压管灌；在壤土为主的桂中推荐顺序为：地埋滴灌、地表滴灌、喷灌、微喷灌、低压管灌。

8.1.4.3 不同灌溉方式对水源和能源的要求

开展了糖料蔗不同灌溉方式的灌溉定额、灌溉效率以及太阳能发电提水、水锤泵提水进行了研究，提出滴灌的灌溉定额，灌溉效率。因此，水源水量有限、开发利用难度大以及常规能源距离较远、成本较高或采用太阳能发电提水、水锤泵提水的项目区应优先选择比较节水的滴灌，可尽量利用有限水资源，发展更大面积的高效节水灌溉工程。

从对水源和能源的要求来看，推荐的顺序为：地埋滴灌、地表滴灌、低压管灌、微喷灌、喷灌。

8.1.4.4 不同灌溉方式与农艺农机结合性

1. 与农艺措施的契合程度

糖料蔗高效节水灌溉技术与农艺措施的结合主要体现在水肥（药）一体化方面。

（1）不同灌溉方式对施肥的影响分析。根据前面的分析，课题组研发了分布式灌溉施肥装置、旋流喷射式水肥融化装置以及多功能光伏喷灌施肥（药）装置，可应用在地埋滴灌、地表滴灌、微喷灌、喷灌等灌溉技术中，地埋滴灌、地表滴灌将水肥溶液输送到根部，利用效率最高。微喷灌在套种西瓜等经济作物

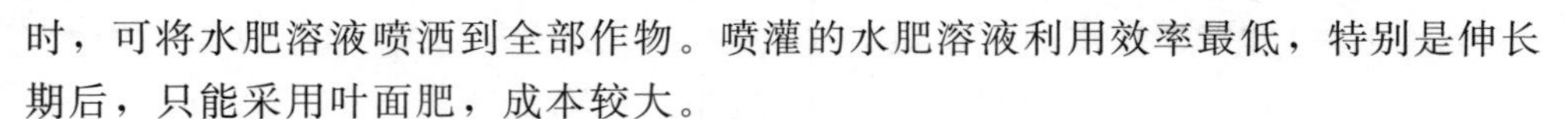

时，可将水肥溶液喷洒到全部作物。喷灌的水肥溶液利用效率最低，特别是伸长期后，只能采用叶面肥，成本较大。

（2）不同灌溉方式对施药的影响分析。喷洒农药除虫草方面，固定式喷灌可以直接使用水肥一体化进行，可以节约大量的人工喷洒成本。而微喷灌由于喷头喷洒高度有限，在糖料蔗生长的伸长期后基本失去作用，尤其是后期的蓟马虫害，需要专门喷洒药至未展开的新叶中，伸长期后微喷灌的叶面施肥和喷药效果并不明显。地埋滴灌和地表滴灌通过水药一体化可以有效地去除地下的虫幼苗，但对茎、叶上的虫害作用不明显。

2. 与农机措施的契合程度

糖料蔗农业机械化主要在耕整地机械化、播种和栽培机械化、田间管理机械化以及收割机械化等 4 个方面。与灌溉技术密切相关的机械化主要是田间管理机械化和收割机械化等 2 个方面。

（1）不同灌溉方式对田间管理机械化的影响分析。中耕培土一般就是在宽行进行开沟、追肥，并覆土至窄行中。根据第三章的研究成果，采用地埋滴灌和地表滴灌时，提倡采用宽窄行种植，即窄行 0.4～0.6m，宽行采用 1.2～1.3m，滴灌带（管）铺设于窄行间，微喷带铺设在宽行间。

喷灌主要采用中高喷头，目前糖料蔗“双高”基地的规格为 200m×25m，喷墩能布设在田间地头。低压管灌的给水栓也能布置在田间地头，不影响中耕培土。

（2）不同灌溉方式对收割机械化的影响分析。地埋滴灌铺设在窄行的地面以下，机械收割对其影响很小，不会增加额外的收割成本。地表滴灌带铺设在窄行中，收割前需要回收滴灌带。微喷带铺设在窄行中，也需要回收。喷灌的喷墩和低压管灌的给水栓布置在田间地头，也不影响机械化收割。

综合而言，与农艺农机结合性因素来看，推荐的顺序为：地埋滴灌、喷灌、低压管灌、地表滴灌、微喷灌。

8.1.5 不同灌溉方式的管护模式、成本与建设成本

8.1.5.1 不同灌溉方式的管护模式

根据近几年的探索，提出适合我区糖料蔗的管理模式：第一类是集中式管护，如“制糖企业”管理模式和“专业种植公司”管理模式，适合土地集约化管理后，种植公司将农民的土地统一管理、统一种植的蔗区；第二类是分散式管护，如“用水户协会”管理模式，适合分散式经营的蔗区。

（1）地埋滴灌：适合土地流转或土地整合的蔗区，采用“供水公司”管理模式、“制糖企业”管理模式、“专业种植公司”管理模式等模式，统一种植、统一用水、统一施肥，着重关注滴灌带（管）的堵塞情况，安排专人管护，有计划地按照轮灌组进行灌溉、施肥。如江州区金城片高效节水灌溉工程规模 3000 亩，

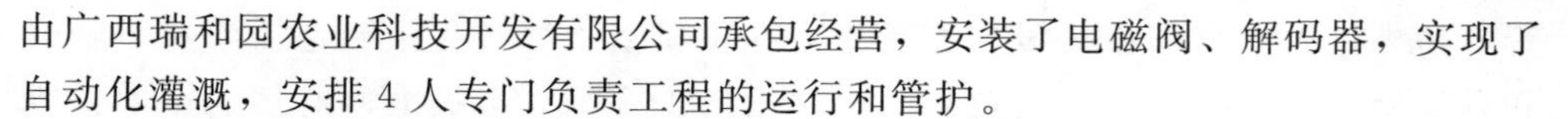

由广西瑞和园农业科技开发有限公司承包经营，安装了电磁阀、解码器，实现了自动化灌溉，安排4人专门负责工程的运行和管护。

（2）地表滴灌：适合土地流转或土地整合的蔗区，采用“供水公司”管理模式、“制糖企业”管理模式或“专业种植公司”管理模式等模式，统一种植、统一用水、统一施肥，着重关注滴灌带（管）的堵塞情况，注意在中耕培土、收割前回收滴灌带，安排专人管护，有计划地按照轮灌组进行灌溉、施肥。如宾阳县翰霖源和吉滴灌工程面积530亩，均已进行土地流转，工程的建后运行管护由广西南宁翰霖源农业科技有限公司负责，安排2名专职技术人员负责运行和管护，管护经费由广西南宁翰霖源农业科技有限公司负担。

（3）微喷灌：建议在套种西瓜等经济作物的蔗区建设微喷灌，后期运行管护时可采用“用水户协会”管理模式。由协会聘请专业人员进行灌溉管理水源工程、首部枢纽、输水管道工程，农户用水要向协会提出申请，及时缴纳水费；农户要配套各自的田间管道、微喷带等。如扶绥县雷陇片高效节水灌溉工程4000亩，采用微喷灌的方法，由政府负责修建泵站、水池、输水管道、配水管道，输水到田间地头，农户自备文丘里施肥装置的首部、田间软管和微喷带，成立农民用水户协会，统一收缴水费，并负责泵站抽水、工程的维修、养护等工作。

（4）喷灌：适合土地流转、土地整合或农垦下属农场的蔗区，建议采用“供水公司”管理模式、“制糖企业”管理模式、“专业种植公司”管理模式等模式，统一种植、统一用水。安排专人管护水源工程、首部枢纽和田间灌溉工程，有计划地按照轮灌组进行灌溉。灌溉结束后，要把竖管和喷头收回仓库。如广西农垦系统金光农场、良圻农场、西江农场和黔江农场高效节水灌溉工程均由工程所在分场成立喷灌管理机构负责管理，每个喷灌站设1～2名专职喷灌管理员，专职人员工资从500元/月到1000元/月，灌溉时部分农场增设人员，由分场直接管理。喷灌工程使用实现“三统一”，即统一管理、统一安排喷灌时间和统一装拆喷枪。

（5）低压管灌：供水到田间地头，如蔗田较平整，可结合田间水沟进行输水灌溉；如蔗田高低起伏，应接软管进行浇灌。后期运行管护时可采用“用水户协会”管理模式，由协会聘请专业人员进行灌溉管理水源工程、首部枢纽、输水管道工程，农户用水要向协会提出申请，及时缴纳水费。如西江农场十分场低压管灌工程面积800亩，地势平坦，政府负责修建泵站、水池和管道工程，输水至田间地头，由十分场进行管理，各用户用水时向分场申请，由管理人员抽水，用户打开给水栓进行灌溉，工程按亩收缴水（电）费。

8.1.5.2 不同灌溉方式的维修养护成本

根据崇左市江州区陇铎高效节水灌溉工程等8个灌溉试验示范区跟踪调查，结合广西水利厅多次组织在全区不同类型高效节水灌溉工程调研，获得不同类型高效节水灌溉工程的维修养护成本。微喷灌工程主要更换微喷带以及辅管，另外，由于微喷带铺设在宽行里，在中耕培土的过程中，还需单独将辅管和微喷带进行人工拆离，这也提高了材料的损坏率。地埋滴灌和地表滴灌工程除一些 PVC 管材外，部分因中耕培土和堵塞的滴灌管也需要更换。铺设于地表的滴灌带则经常需要更换。固定式喷灌主要是出地管和竖管的连接件、喷头等需要更换。低压管灌工程需要维修较少，主要维修常用易损的阀门。据统计，微喷灌年维修养护费最高，达 70～90 元/亩；地表滴灌次之，为 40～60 元/亩；地埋滴灌 10～15元/亩；固定式喷灌 5～10 元/亩；低压管灌最低，为 3～5 元/亩。

8.1.5.3 不同灌溉方式的运行成本

根据课题组建设的崇左市江州区陇铎高效节水灌溉工程等 8 个灌溉试验示范区跟踪调查，结合广西水利厅多次组织在全区不同类型高效节水灌溉工程调研，获得不同类型高效节水灌溉工程的维修养护成本。年运行费用最低的地表滴灌和地埋滴灌，其次是低压管灌，微喷灌和固定式喷灌最高。微喷灌和固定式喷灌的水电费用最高，所以带来的运行费用增加。亩均运行成本最高的是喷灌 24～30 元/亩/年，微喷灌次之 18～22 元/亩/年，管灌 16～20 元/亩/年，地埋滴灌和地表滴灌均为 15～18 元/亩/年。

8.1.5.4 不同灌溉方式的建设成本

高效节水灌溉工程建设成本与蔗区地形地貌、蔗区的形状、水源和电源距离关系比较密切，根据广西近 5 年建设的高效节水灌溉工程分析，地埋滴灌亩均投资 2200～2284 元，地表滴灌 2104～2162 元，微喷灌 2206～2244 元，固定式喷灌 2217～2280 元，低压管灌 1650～1732 元。

8.1.6 不同灌溉方式的群众意愿

群众（用户）的意愿是决定灌溉方式的重要因素之一。在摸索糖料蔗灌溉过程中，各地初步总结出适合当地情况的灌溉方式。如：地处桂中优势区和桂南优势区的广西农垦系统各农场从考虑运行方便、管护简单、维修成本低等方面，主推固定式喷灌和低压管灌。地处桂西南优势区的崇左市江州区土地流转集中经营，考虑水肥一体化和机械化耕收，主推地埋滴灌。地处桂西南优势区的崇左市扶绥县根据糖料蔗套种西瓜的特点，主推微喷灌。地处桂西北优势区的河池市、百色市推广低压管灌、固定式喷灌和地表滴灌。

因此，根据群众（用户）的意愿，桂西南优势区灌溉方式推荐顺序：地埋滴灌、微喷灌、低压管灌、地表滴灌、固定式喷灌；桂中优势区灌溉方式推荐顺序：固定式喷灌、低压管灌、地埋滴灌、地表滴灌、微喷灌；桂南优势区灌溉方式推荐顺序：低压管灌、固定式喷灌、地埋滴灌、地表滴灌、微喷灌；桂西北优势区灌溉方式推荐顺序：低压管灌、固定式喷灌、地表滴灌、地埋滴灌、微喷灌。

8.1.7 不同灌溉方式的生态效益

根据糖料蔗高效节水灌溉生态效益评价，生态环境综合效益评价从甘蔗产量效益、生态调节效益和资源利用效益 3 个方面来进行综合的评价。评价结果显示，地埋滴灌得分值均是最高，达到 0.86，其次是地表滴灌（0.80）和管灌（0.76），接下来是微喷灌（0.51）和喷灌（0.49），无灌溉模式下的生态环境综合效益最差，效益得分仅为 0.25。

8.1.8 评价指标的量化处理

8.1.8.1 定性指标的量化

在二级指标中，原料蔗增产率 A1、水分生产率 A2、节水量 A3、节肥量 A4、建设成本 D1、维修成本 D2 和运行成本 D3 为定量指标；对糖料蔗的适应性 B1、对地形的适应性 B2、对土壤的适应性 B3、对水源及能源的适应性 B4、与农艺农机结合性 B5、农户倾向性 E1 为定性指标。

参照国内相关专家的研究成果，定性指标的标语集为

$$C=\{C_1(很好),C_2(很好),C_3(一般),C_4(较差),C_5(很差)\}$$

标准隶属度为

$$M=\{1.00,0.75,0.5,0.25,0\}$$

8.1.8.2 分区指标的量化

根据上述分析，归纳、计算得到广西糖料蔗主产区（桂西南、桂中、桂南和桂西北）各分区指标统计数据，见表 8-1-6。

8.1.8.3 指标的处理

（1）数据同趋势化。节水灌溉技术评价的指标体系中有些指标的指标值越大越优，如原料蔗增产率 A1、水分生产率 A2、节水量 A3、节肥量 A4、对糖料蔗的适应性 B1、对地形的适应性 B2、对土壤的适应性 B3、对水源及能源的适应性 B4、与农艺农机结合性 B5、农户倾向性 E1 等，规定其为正向指标；而有些指标的指标值却为越小越优，如建设成本 D1、维修成本 D2 和运行成本 D3 等，规定其为逆向指标。

所谓同趋势化就是将指标通过处理都转化成同一方向，本书采用将逆向指标正向化。处理公式如下：

$$V^*=V_{\max}+V_{\min}-V$$

式中 V^*——处理后的指标值；

$V_{\max}$——指标的最大值；

$V_{\min}$——指标的最小值；

V——原指标值。

表 8-1-6　　广西糖料蔗主产区各分区指标统计表

指标	桂西南					桂中					桂南					桂西北				
	地埋滴灌	地表滴灌	微喷灌	喷灌	低压管灌	地埋滴灌	地表滴灌	微喷灌	喷灌	低压管灌	地埋滴灌	地表滴灌	微喷灌	喷灌	低压管灌	地埋滴灌	地表滴灌	微喷灌	喷灌	低压管灌
原料蔗增产率 A1/%	59.10	54.29	48.59	58.21	53.45	59.10	54.29	48.59	58.21	53.45	59.10	54.29	48.59	58.21	53.45	59.10	54.29	48.59	58.21	53.45
水分生产率 A2/%	80.48	78.10	32.58	30.83	55.73	71.16	69.05	27.24	26.46	43.47	60.36	58.57	24.50	24.00	46.91	68.28	66.26	38.30	38.40	55.73
节水量 A3/(m^3/亩)	324.00	324.00	214.00	190.00	291.00	375.00	375.00	238.00	216.00	320.00	404.00	404.00	258.00	236.00	377.00	360.00	360.00	294.00	284.00	342.00
节肥量 A4	61.50	61.50	61.50	46.40	50.40	61.50	61.50	61.50	46.40	50.40	61.50	61.50	61.50	46.40	50.40	61.50	61.50	61.50	46.40	50.40
对糖料蔗的适应性 B1	1.00	0.25	0.25	0.50	0.75	1.00	0.25	0.25	0.50	0.75	1.00	0.25	0.25	0.50	0.75	1.00	0.25	0.25	0.50	0.75
对地形的适应性 B2	0.75	0.75	0.50	1.00	0.25	0.50	0.50	0.25	1.00	0.75	0.50	0.50	0.25	1.00	0.75	0.75	0.75	0.25	1.00	0.50
对土壤的适应性 B3	1.00	1.00	0.50	0.25	0.75	1.00	1.00	0.50	0.75	0.50	0.50	0.50	0.75	1.00	0.25	1.00	1.00	0.50	0.75	0.50
对水源及能源的适应性 B4	1.00	1.00	0.50	0.25	0.75	1.00	1.00	0.50	0.25	0.75	1.00	1.00	0.50	0.25	0.75	1.00	1.00	0.50	0.25	0.75
与农艺农机结合性 B5	1.00	0.25	0.25	0.75	0.50	1.00	0.25	0.25	0.75	0.50	1.00	0.25	0.25	0.75	0.50	1.00	0.25	0.25	0.75	0.50
指标详见生态效益章节	0.86	0.80	0.54	0.49	0.76	0.86	0.80	0.54	0.49	0.76	0.86	0.80	0.54	0.49	0.76	0.86	0.80	0.54	0.49	0.76
建设成本 D1/(元/亩)	2242	2133	2225	2280	1691	2242	2133	2225	2280	1691	2242	2133	2225	2280	1691	2242	2133	2225	2280	1691
维修成本 D2/(元/亩)	12.50	50.00	80.00	7.50	4.00	12.50	50.00	80.00	7.50	4.00	12.50	50.00	80.00	7.50	4.00	12.50	50.00	80.00	7.50	4.00
运行成本 D3/(元/亩)	16.50	16.50	20.00	27.00	18.00	16.50	16.50	20.00	27.00	18.00	16.50	16.50	20.00	27.00	18.00	16.50	16.50	20.00	27.00	18.00
农户倾向性 E1	1.00	0.25	0.75	0.25	0.50	0.50	0.50	0.25	1.00	0.75	0.50	0.50	0.25	0.75	1.00	0.50	0.50	0.25	0.75	1.00

表 8-1-7　　广西糖料蔗主产区各分区指标规范值统计表

指标	桂西南					桂中					桂南					桂西北				
	地埋滴灌	地表滴灌	微喷灌	喷灌	低压管灌	地埋滴灌	地表滴灌	微喷灌	喷灌	低压管灌	地埋滴灌	地表滴灌	微喷灌	喷灌	低压管灌	地埋滴灌	地表滴灌	微喷灌	喷灌	低压管灌
原料蔗增产率 A1	1.00	0.92	0.82	0.98	0.90	1.00	0.92	0.82	0.98	0.90	1.00	0.92	0.82	0.98	0.90	1.00	0.92	0.82	0.98	0.90
水分生产率 A2	1.00	0.97	0.40	0.38	0.69	1.00	0.97	0.38	0.37	0.61	1.00	0.97	0.41	0.40	0.78	1.00	0.97	0.56	0.56	0.82
节水量 A3	1.00	1.00	0.66	0.59	0.90	1.00	1.00	0.63	0.58	0.85	1.00	1.00	0.64	0.58	0.93	1.00	1.00	0.82	0.79	0.95
节肥量 A4	1.00	1.00	1.00	0.75	0.82	1.00	1.00	1.00	0.75	0.82	1.00	1.00	1.00	0.75	0.82	1.00	1.00	1.00	0.75	0.82
对糖料蔗的适应性 B1	1.00	0.25	0.25	0.50	0.75	1.00	0.25	0.25	0.50	0.75	1.00	0.25	0.25	0.50	0.75	1.00	0.25	0.25	0.50	0.75
对地形的适应性 B2	0.75	0.75	0.50	1.00	0.25	0.50	0.50	0.25	1.00	0.75	0.50	0.50	0.25	1.00	0.75	0.75	0.75	0.25	1.00	0.50
对土壤的适应性 B3	1.00	1.00	0.50	0.25	0.75	1.00	1.00	0.50	0.75	0.50	0.50	0.50	0.75	1.00	0.25	1.00	1.00	0.50	0.75	0.50
对水源及能源的适应性 B4	1.00	1.00	0.50	0.25	0.75	1.00	1.00	0.50	0.25	0.75	1.00	1.00	0.50	0.25	0.75	1.00	1.00	0.50	0.25	0.75
与农艺农机结合性 B5	1.00	0.25	0.25	0.75	0.50	1.00	0.25	0.25	0.75	0.50	1.00	0.25	0.25	0.75	0.50	1.00	0.25	0.25	0.75	0.50
指标详见生态效益章节	0.86	0.80	0.54	0.49	0.76	0.86	0.80	0.54	0.49	0.76	0.86	0.80	0.54	0.49	0.76	0.86	0.80	0.54	0.49	0.76
建设成本 D1	0.76	0.81	0.77	0.74	1.00	0.76	0.81	0.77	0.74	1.00	0.76	0.81	0.77	0.74	1.00	0.76	0.81	0.77	0.74	1.00
维修成本 D2	0.89	0.43	0.05	0.96	1.00	0.89	0.43	0.05	0.96	1.00	0.89	0.43	0.05	0.96	1.00	0.89	0.43	0.05	0.96	1.00
运行成本 D3	1.00	1.00	0.87	0.61	0.94	1.00	1.00	0.87	0.61	0.94	1.00	1.00	0.87	0.61	0.94	1.00	1.00	0.87	0.61	0.94
农户倾向性 E1	1.00	0.25	0.75	0.25	0.50	0.50	0.50	0.25	1.00	0.75	0.50	0.50	0.25	0.75	1.00	0.50	0.50	0.25	0.75	1.00

(2) 数据规范化。为消除量纲，使同一层的指标具有可比性，对具有量纲的指标进行规范化处理。处理公式如下：

$$V^{*}=\frac{V}{V_{\max}}$$

式中 V^{*}——处理后的指标值；

$V_{\max}$——指标的最大值；

V——原指标值。

对灌溉效益原料蔗增产率 A1、水分生产率 A2、节水量 A3、节肥量 A4、建设成本 D1、维修成本 D2 和运行成本 D3 进行同趋势化处理，然后对所有指标进行规范化处理，得到广西糖料蔗主产区各分区指标的规范值，见表 8-1-7。

8.2 指标权重的确定与计算

8.2.1 权重的调查与打分

结合广西“双高”糖料蔗基地水利化建设培训，发放 250 份“广西糖料蔗高效节水灌溉方式适应性评价调查表”，实际收回 168 份，对高效节水灌溉工程设计人员、管理人员和施工人员对地埋滴灌、地表滴灌、微喷灌、喷灌和低压管灌进行打分。通过分析、计算和专家打分得到糖料蔗灌溉效应、对糖料蔗生长特点及自然条件的适应性、建设及后期管理成本、用户意愿与生态效益中各子类指标的值。

8.2.2 权重确定判断标准

利用一致性指标、随机一致性指标和一致性比率做一致性检验。若检验通过，特征向量（归一化后）即为权向量；若不通过，需要重新构造成对比较阵。

判断矩阵的偏差一致性指标 CI：

$$CI=\frac{\lambda_{\max}-m}{m-1}$$

式中 $\lambda_{\max}$——判断矩阵的最大特征值。

随机一致性比率 CR：

$$CR=\frac{CI}{RI}$$

式中 RI——判断矩阵的最大特征值。

平均随机一致性指标可查表 8-2-1 得到。当 $CR<0.1$ 时，可以认为判断

矩阵具有满意的一致性，否则需要对判断矩阵进行调整，直到具有满意的一致性为止。

表 8-2-1　　平均随机一致性指标 CR 值表

阶数	1	2	3	4	5	6	7
CR	0	0	0.58	0.90	1.12	1.25	1.32

8.2.3 指标层权重的确定

参照国内相关研究成果，计算专家构造准则层和目标层的权重矩阵，再检验判断矩阵的最大特征值。

由表 8-2-2 可知，灌溉效应指标的权重评分值矩阵具有满意的一致性，并计算出其权向量为：ω=(0.4896,0.1860,0.1564,0.1681)。

表 8-2-2　　灌溉效应指标权重评分表

A	A1	A2	A3	A4	ω
A1	1	2	4	3	0.4896
A2	1/2	1	2	1/2	0.1860
A3	1/4	1/2	1	2	0.1564
A4	1/3	2	1/2	1	0.1681
$CR=0.157<0.1$					

由表 8-2-3 可知，对糖料蔗生长特点及自然条件的适应性指标的权重评分值矩阵具有满意的一致性，并计算出其权向量为：ω=(0.4075,0.1285,0.0623,0.0929,0.3088)。

表 8-2-3　　对糖料蔗生长特点及自然条件的适应性指标权重评分表

B	B1	B2	B3	B4	B5	ω
B1	1	4	5	3	2	0.4075
B2	1/4	1	2	3	1/4	0.1285
B3	1/5	1/2	1	1/2	1/5	0.0623
B4	1/3	1/3	2	1	1/3	0.0929
B5	1/2	4	5	3	1	0.3088
$CR=0.064<0.1$						

由表 8-2-4 可知，建设及后期管理指标的权重评分值矩阵具有满意的一致性，并计算出其权向量为：ω=(0.5499,0.2402,0.2098)。

表 8-2-4　　建设及后期管理指标权重评分表

D	D1	D2	D3	ω
D1	1	3	2	0.5499
D2	1/3	1	3/2	0.2402
D3	1/2	2/3	1	0.2098
$CR=0.063<0.1$				

8.2.4 准则层权重的确定

按照相同的方法，计算准则层的权重。准则层指标权重评分见表 8-2-5。

表 8-2-5　　准则层指标权重评分表

项目	A	B	C	D	E	ω
A	1	2	3	2	3/2	0.3255
B	1/2	1	5/2	2	3/2	0.2378
C	1/3	2/5	1	1/3	1/2	0.0853
D	1/2	1/2	3	1	3/2	0.1869
E	2/3	2/3	2	2/3	1	0.1644
$CR=0.004<0.1$						

由表 8-2-5 可知，准则层的权重评分值矩阵具有满意的一致性，并计算出其权向量为：$\omega=(0.3255, 0.2378, 0.0853, 0.1869, 0.1644)$。

8.3 糖料蔗主产区节水灌溉综合评价

8.3.1 权重的计算

根据下式计算目标值的得分：

$$O=S\omega$$

式中　O——方案的综合评价值；

S——单准则层的综合评价值矩阵，$S=(A,B,C,D,E)$；

ω——目标层权重矩阵，即权向量。

根据上式，计算得到广西糖料蔗主产区各分区（桂西南、桂中、桂南和桂西北）各指标的权重，最终得到各分区不同灌溉方式的最终得分，见表 8-3-1。

8.3.2 评价结果分析

综合考虑了桂西南、桂中、桂南和桂西北的不同灌溉方式的糖料蔗灌溉效应、对糖料蔗生长特点及自然条件的适应性、建设及后期管理成本、用户意愿与

表 8-3-1　　广西糖料蔗主产区各分区不同灌溉方式综合评价成果表

指标	桂西南					桂中					桂南					桂西北				
	地埋滴灌	地表滴灌	微喷灌	喷灌	低压管灌	地埋滴灌	地表滴灌	微喷灌	喷灌	低压管灌	地埋滴灌	地表滴灌	微喷灌	喷灌	低压管灌	地埋滴灌	地表滴灌	微喷灌	喷灌	低压管灌
原料蔗增产率 A1	0.199	0.183	0.164	0.196	0.180	0.199	0.183	0.164	0.196	0.180	0.199	0.183	0.164	0.196	0.180	0.199	0.183	0.164	0.196	0.180
水分生产率 A2	0.076	0.074	0.031	0.029	0.052	0.076	0.074	0.029	0.028	0.046	0.076	0.074	0.031	0.030	0.059	0.076	0.074	0.043	0.043	0.062
节水量A3	0.064	0.064	0.042	0.037	0.057	0.064	0.064	0.040	0.037	0.054	0.064	0.064	0.041	0.037	0.059	0.064	0.064	0.052	0.050	0.061
节肥量A4	0.068	0.068	0.068	0.052	0.056	0.068	0.068	0.068	0.052	0.056	0.068	0.068	0.068	0.052	0.056	0.068	0.068	0.068	0.052	0.056
对糖料蔗的适应性 B1	0.042	0.010	0.010	0.021	0.031	0.042	0.010	0.010	0.021	0.031	0.042	0.010	0.010	0.021	0.031	0.042	0.010	0.010	0.021	0.031
对地形的适应性 B2	0.023	0.023	0.015	0.031	0.008	0.015	0.015	0.008	0.031	0.023	0.015	0.015	0.008	0.031	0.023	0.023	0.023	0.008	0.031	0.015
对土壤的适应性 B3	0.011	0.011	0.005	0.003	0.008	0.011	0.011	0.005	0.008	0.005	0.005	0.005	0.008	0.011	0.003	0.011	0.011	0.005	0.008	0.005
对水源及能源的适应性 B4	0.024	0.024	0.012	0.006	0.018	0.024	0.024	0.012	0.006	0.018	0.024	0.024	0.012	0.006	0.018	0.024	0.024	0.012	0.006	0.018
与农艺农机结合性 B5	0.021	0.005	0.005	0.016	0.011	0.021	0.005	0.005	0.016	0.011	0.021	0.005	0.005	0.016	0.011	0.021	0.005	0.005	0.016	0.011
指标详见生态效益章节	0.054	0.050	0.034	0.031	0.047	0.054	0.050	0.034	0.031	0.047	0.054	0.050	0.034	0.031	0.047	0.054	0.050	0.034	0.031	0.047
建设成本 D1	0.039	0.041	0.039	0.038	0.051	0.039	0.041	0.039	0.038	0.051	0.039	0.041	0.039	0.038	0.051	0.039	0.041	0.039	0.038	0.051
维修成本 D2	0.020	0.009	0.001	0.021	0.022	0.020	0.009	0.001	0.021	0.022	0.020	0.009	0.001	0.021	0.022	0.020	0.009	0.001	0.021	0.022
运行成本 D3	0.020	0.020	0.017	0.012	0.018	0.020	0.020	0.017	0.012	0.018	0.020	0.020	0.017	0.012	0.018	0.020	0.020	0.017	0.012	0.018
农户倾向性 E1	0.309	0.077	0.232	0.077	0.154	0.077	0.154	0.077	0.309	0.232	0.077	0.077	0.077	0.232	0.309	0.154	0.154	0.077	0.232	0.309
小计	0.969	0.660	0.676	0.570	0.716	0.730	0.729	0.511	0.805	0.796	0.724	0.647	0.516	0.733	0.888	0.815	0.737	0.536	0.756	0.888

生态效益等方面的效益指标，进行归一化合并处理之后，得出各个灌溉方式下的广西糖料蔗综合指标值。

桂西南地埋滴灌得分最高，达到0.969，低压管灌（0.716）次之，接着是微喷灌（0.676）和地表滴灌（0.660），喷灌（0.570）最低。桂西南不同灌溉方式的适应性得分如图8-3-1所示。

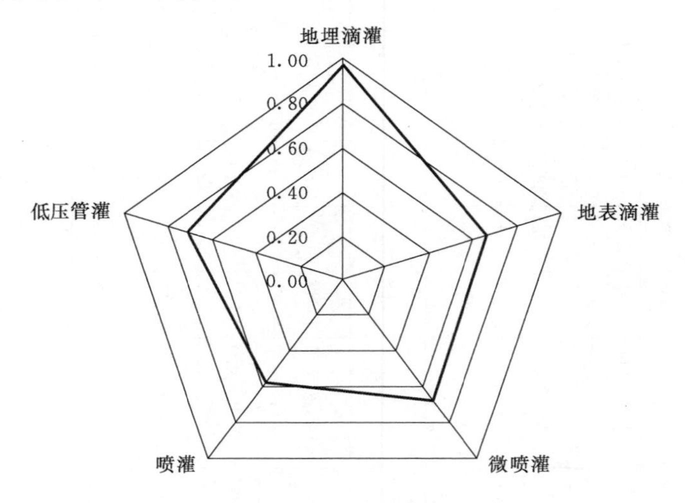

图8-3-1　桂西南不同灌溉方式的适应性得分

桂中喷灌得分最高，达到0.805，低压管灌（0.796）次之，接着是地埋滴灌（0.730）、地表滴灌（0.729），微喷灌（0.511）最低。桂中优势区不同灌溉方式的适应性得分如图8-3-2所示。

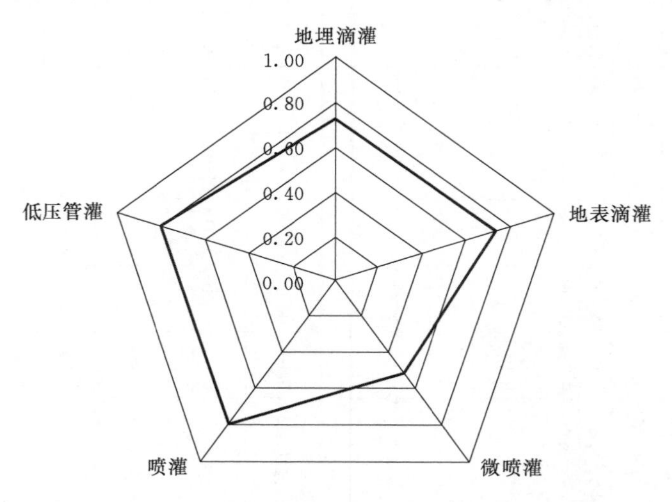

图8-3-2　桂中不同灌溉方式的适应性得分

桂南低压管灌得分最高，达到0.888，喷灌（0.733）次之，接着是地埋滴灌（0.724）、地表滴灌（0.647），微喷灌（0.516）最低。桂南不同灌溉方式的适应性得分如图8-3-3所示。

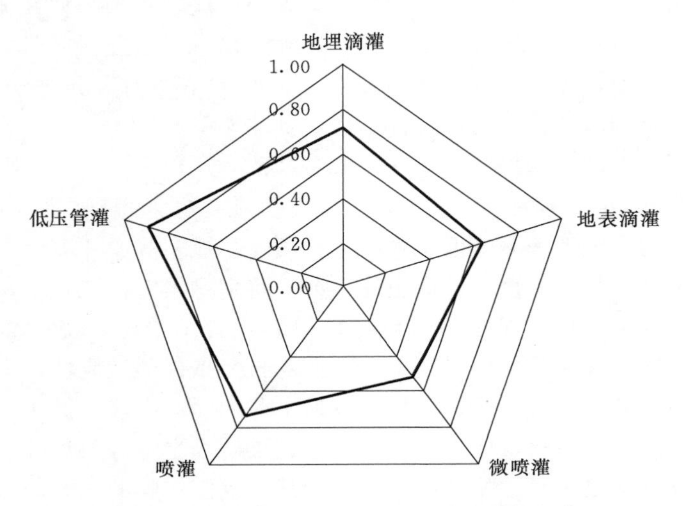

图8-3-3 桂南不同灌溉方式的适应性得分

桂西北低压管灌得分最高，达到0.888，地埋滴灌（0.815）次之，接着是喷灌（0.756）、地表滴灌（0.737），微喷灌（0.536）最低，桂西北不同灌溉方式的适应性得分如图8-3-4所示。

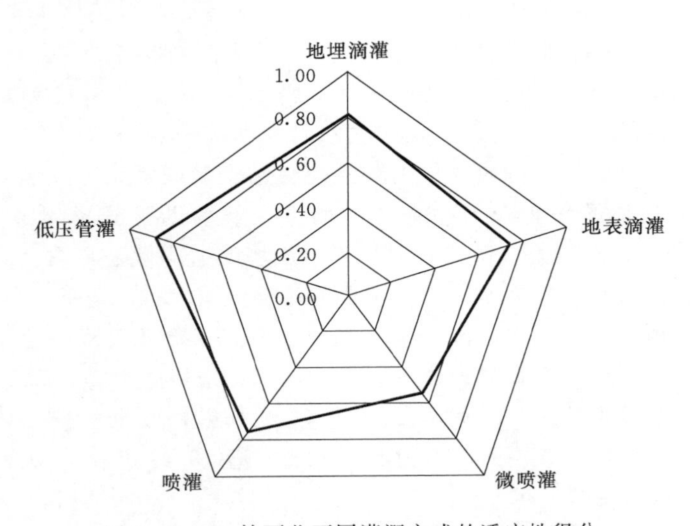

图8-3-4 桂西北不同灌溉方式的适应性得分

8.4 糖料蔗主产区灌溉方式的推荐和选择

基于大田试验和现场调查获得的数据，采用层次分析法，结合优质高产高糖糖料蔗基地建设相关人员对各指标的打分，确定权重，建立糖料蔗主产区不同灌溉技术的评价模型，提出分区的不同灌溉技术的推荐顺序。通过分析和评价得分，综合得到不同灌溉技术的适应性条件，具体如下：

（1）桂西南地埋滴灌得分0.969，低压管灌得分0.716，微喷灌得分0.676，地表滴灌得分0.660，喷灌得分0.570。综合各项指标，得到桂西南不同灌溉技术的推荐顺序为：地埋滴灌、低压管灌、微喷灌、地表滴灌和喷灌。主要体现在桂西南部分蔗区进行了土地流转或土地整合，特别是崇左市江州区，引进多家农业种植企业，经营主体主推地埋滴灌，可以实现集中经营、统一灌溉、统一施肥，该方式在灌溉效应、对糖料蔗生长特点及自然条件的适应性、生态效益与用户意愿等方面得分均最高，可作为该区域最主要的灌溉方式。低压管灌适合采用分散式经营的蔗区，在建设成本、管护成本、维修成本等方面得分最高，是该区域重要的灌溉方式之一。微喷灌则适合套种其他经济作物的蔗区，可以产生更大的经济效益，也是该区域重要的灌溉方式之一。截至2016年，该区域建成“双高”基地水利化项目41.50万亩，其中，地埋滴灌17.35万亩、低压管灌18.93万亩、微喷灌5.22万亩，与推荐方式的顺序基本一致。

（2）桂中喷灌得分0.805，低压管灌得分0.796，地埋滴灌得分0.730，地表滴灌得分0.729，微喷灌得分0.511。综合各项指标，得到桂中不同灌溉技术的推荐顺序为：喷灌、低压管灌、地埋滴灌、地表滴灌和微喷灌。该区域在地域上包括广西农垦局下属农场和广西监狱局下属农场，农垦下属农场主要喷灌，实现“三统一”，即统一管理、统一安排喷灌时间和统一装拆喷枪，喷灌所产生的电费由农场和糖厂分摊，拆装喷枪由受益户自己安装或者请人安装，结构简单，管护到位，可让喷灌工程葆有生命力。如金光农场创正分场喷灌工程修建于1995年，目前还运行良好。喷灌在对地形、土壤的适应性、与农艺农机结合性、农户倾向性得分最高，作为本区域最主要的推荐灌溉方式。监狱下属农场大部分租赁给农业种植大户经营，大部分采用滴灌的方式。低压管灌适合地形较平坦、采用分散式经营的蔗区，在建设成本、管护成本、维修成本等方面得分最高，是该区域重要的灌溉方式之一。截至2016年，该区域建成“双高”基地水利化项目46.40万亩，其中，喷灌19.95万亩、低压管灌16.47万亩、滴灌9.97万亩，与推荐方式的顺序基本一致。

（3）桂南低压管灌得分0.888，喷灌得分0.733，地埋滴灌得分0.724，地表滴灌得分0.647，微喷灌得分0.516。综合各项指标，得到桂南不同灌溉技术

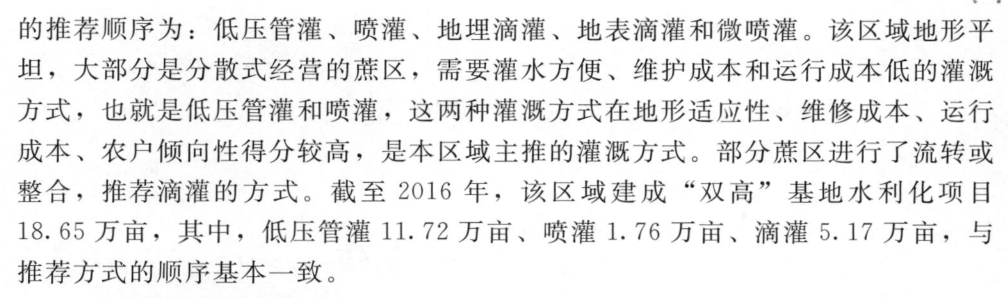

的推荐顺序为：低压管灌、喷灌、地埋滴灌、地表滴灌和微喷灌。该区域地形平坦，大部分是分散式经营的蔗区，需要灌水方便、维护成本和运行成本低的灌溉方式，也就是低压管灌和喷灌，这两种灌溉方式在地形适应性、维修成本、运行成本、农户倾向性得分较高，是本区域主推的灌溉方式。部分蔗区进行了流转或整合，推荐滴灌的方式。截至 2016 年，该区域建成“双高”基地水利化项目 18.65 万亩，其中，低压管灌 11.72 万亩、喷灌 1.76 万亩、滴灌 5.17 万亩，与推荐方式的顺序基本一致。

（4）桂西北低压管灌得分 0.888，地埋滴灌得分 0.815，喷灌得分 0.756，地表滴灌得分 0.737，微喷灌得分 0.536。综合各项指标，得到桂西北不同灌溉技术的推荐顺序为：低压管灌、地埋滴灌、喷灌、地表滴灌和微喷灌。低压管灌适合采用分散式经营的蔗区，在建设成本、管护成本、维修成本等方面得分最高，是该区域重要的灌溉方式之一。部分蔗区进行了流转或整合，推荐滴灌的方式。截至 2016 年，该区域建成“双高”基地水利化项目 8.95 万亩，其中，低压管灌 5.41 万亩、滴灌 1.54 万亩，与推荐方式的顺序基本一致。

（5）综合各分区评价指标，提出选择不同灌溉方式时，一要充分论证，尊重工程建后受益主体的意愿，如项目建成后为管理比较粗放的分散农户经营管理的项目区，水源充沛的宜采用低压管灌方式（含田间沟灌和淋灌的方式）或半固定式喷灌（可配轻小型喷灌机组）。项目建成后为专人集中经营管理的项目区，可选择滴灌（含地表滴灌和地埋滴灌）、微喷灌或喷灌（含固定式喷灌和指针式喷灌等）。二要因地制宜，充分结合区域自然条件因素，提出各分区的不同灌溉方式的推荐顺序。三要科学合理，重点考虑灌溉成本及效益关系，统筹考虑自身承担能力以及对产量的期望，再做出灌溉方式的选择。四要统筹协调，要与农艺农机措施相适应，结合机械化耕种和收割、土地整治、田间道路规划等要求，选择适合的灌溉方式，并对田间工程布设和管护进行改良，以降低运行管护成本，降低投入产出比，促进蔗农增收，增加地方财政收入，保障广西蔗糖产业可持续发展。

参 考 文 献

[1] 李杨瑞. 现代甘蔗学 [M]. 北京：中国农业出版社，2010.

[2] 胡笑涛，康绍忠，马孝义. 地下滴灌灌水均匀度研究现状及展望 [J]. 干旱地区农业研究，2000，18 (2)：113-117.

[3] 刘晓英，杨振刚，王天俊. 滴灌条件下土壤水分运动规律的研究. 水利学报，1990 (1)：11-22.

[4] 李光永，郑耀泉. 地埋点源非饱和土壤水运动的数值模拟. 水利学报，1996 (11)：47-51.

[5] 赵木林，阮清波. 加快高效节水灌溉规模化建设支撑广西特色农业可持续发展 [J]. 节水灌溉，2011 (9)：14-17.

[6] 吴景社，康绍忠，王景雷. 节水灌溉综合效应评价指标的选取与分级研究 [J]. 灌溉排水学报，2004，23 (5)：17-19.

[7] 朱祖祥. 土壤学 [M]. 北京：农业出版社，1983.

[8] 张庆华，白玉惠，倪红珍. 节水灌溉方式的优化选择 [J]. 水利学报，2002 (1)：47-51.

[9] 白杨，欧阳志云，郑华，等. 海河流域森林生态系统服务功能评估 [J]. 生态学报，2011，31 (7)：2029-2039.

[10] 何淑媛，方国华. 农业节水综合效益评价指标体系构建 [J]. 中国农村水利水电，2007 (7)：44-46.

[11] 黄健泉. 广西糖业科技发展概况 [J]. 广西蔗糖，2010 (2)：42-47.

[12] 雷波，姜文来. 旱作节水农业综合效益评价体系研究 [J]. 干旱地区农业研究，2006，24 (5)：99-104.

[13] 黎建强，张洪江，陈奇伯，等. 三峡库区不同植物篱生态效益评价 [J]. 长江流域资源与环境，2014，23 (3)：373-379.

[14] 黎贞崇. 能源作物——甘蔗和木薯的效益比较 [J]. 能源研究与利用，2008 (5)：22-25.

[15] 李海福. 广西糖料蔗生产现状及对策研究 [D]. 广西：广西大学，2012.

[16] 李洪泽，朱孔来. 生态农业综合效益评价指标体系及评价方法 [J]. 中国林业经济，2007 (5)：19-22，38.

[17] 韦持章，马文清，陈远权. 广西糖料蔗生产现状与对策 [J]. 中国热带农业，2011，5 (42)：46-49.

[18] 吴建军，王兆骞，胡秉民. 生态农业综合评价的指标体系及其权重 [J]. 应用生态学报，1992，3 (1)：42-47.

[19] 吴景社. 区域节水灌溉综合效应评价方法与应用研究 [D]. 西安：西林农林科技大学，2003.

[20] 吴鹏，朱军，崔迎春，等. 喀斯特地区石漠化综合治理生态效益指标体系构建及评价 [J]. 中南林业科技大学学报，2014，34 (10)：95-101.

[21] 许志方. 灌区管理技术经济指标分析 [J]. 农田水利与小水电，1981 (1)：3-10.

[22] 杨永梅，李宏. 云南省甘蔗种植比较效益分析 [J]. 云南农业大学学报，2012，6

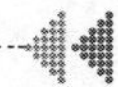

(2)：27-31.

[23] 姚崇仁．干旱缺水灌区节水灌溉评价标准及其分析［J］．农田水利与小水电，1995（6）：7-10.

[24] 于平福，阳明剑，韦本辉．广西百万亩甘蔗配套栽培技术经济效益测算［J］．广西农业科学，2002（4）：22-223.

[25] 余炳宁，王维瓒．甘蔗间种与经济效益探讨［J］．广西热作科技，1998（3）：32-34.

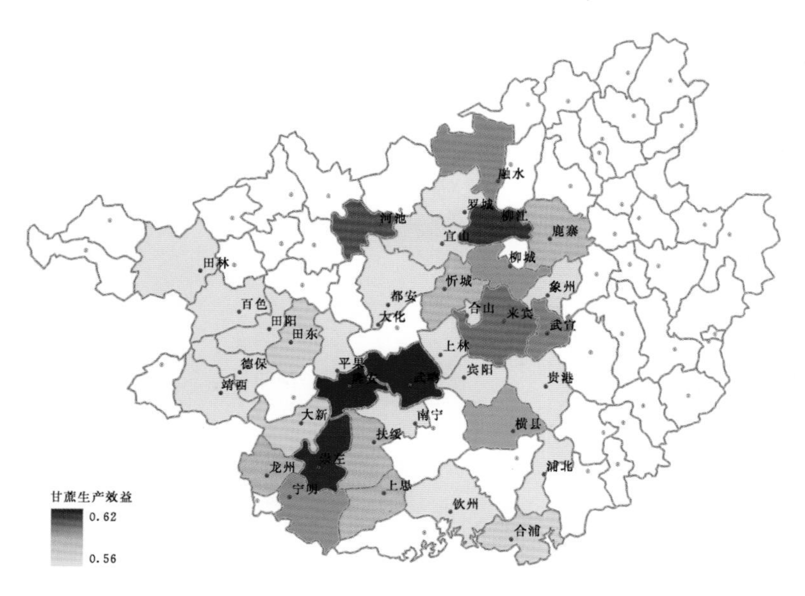

图 7-2-1　糖料蔗生产效益空间对比

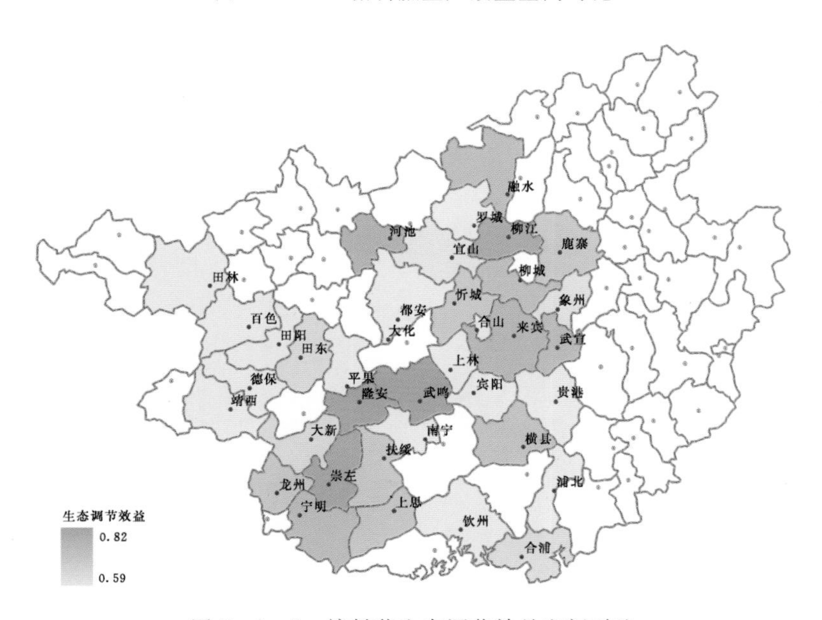

图 7-2-2　糖料蔗生态调节效益空间对比

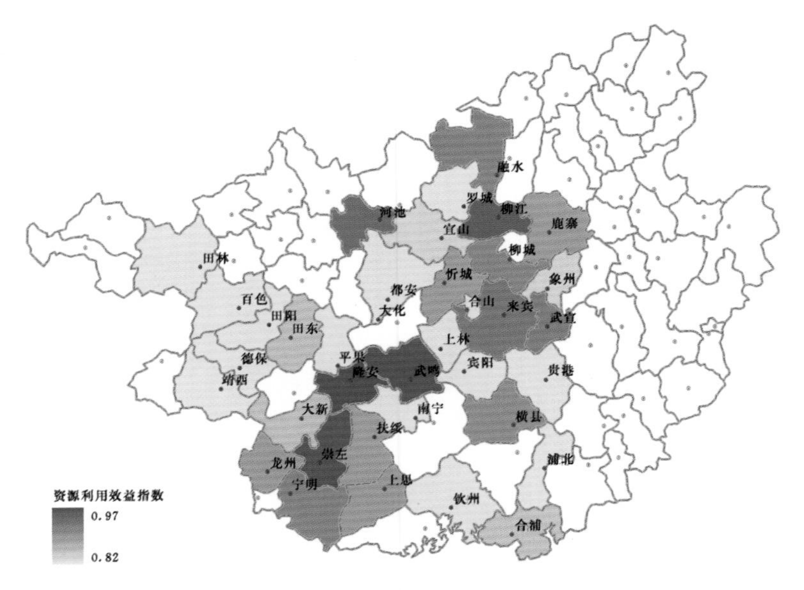

图 7-2-3　糖料蔗资源利用效益空间对比

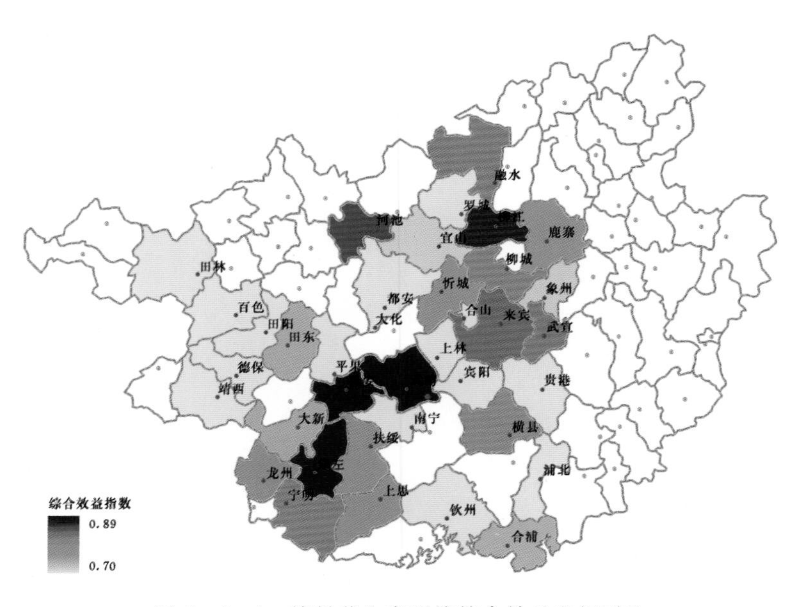

图 7-2-4　糖料蔗生态环境综合效益空间对比

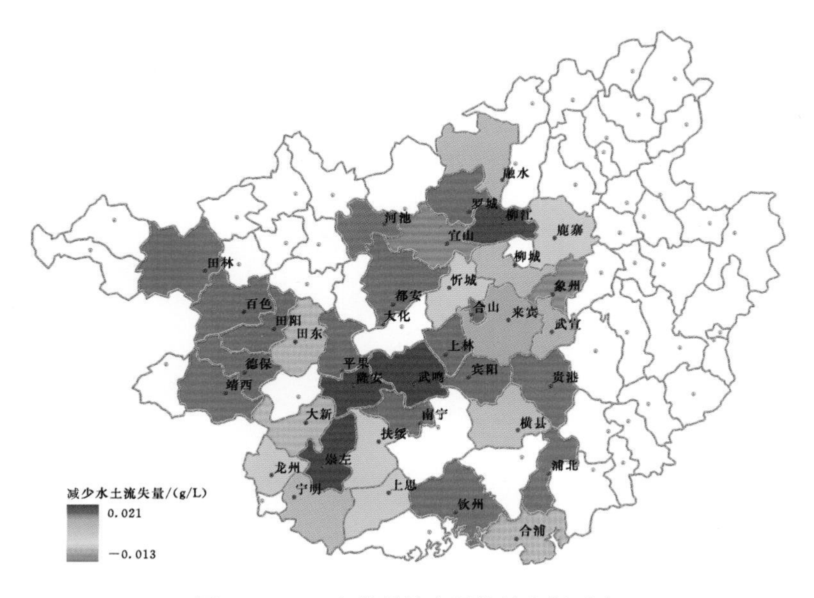

图 7-2-5　土壤保持应用效益空间对比

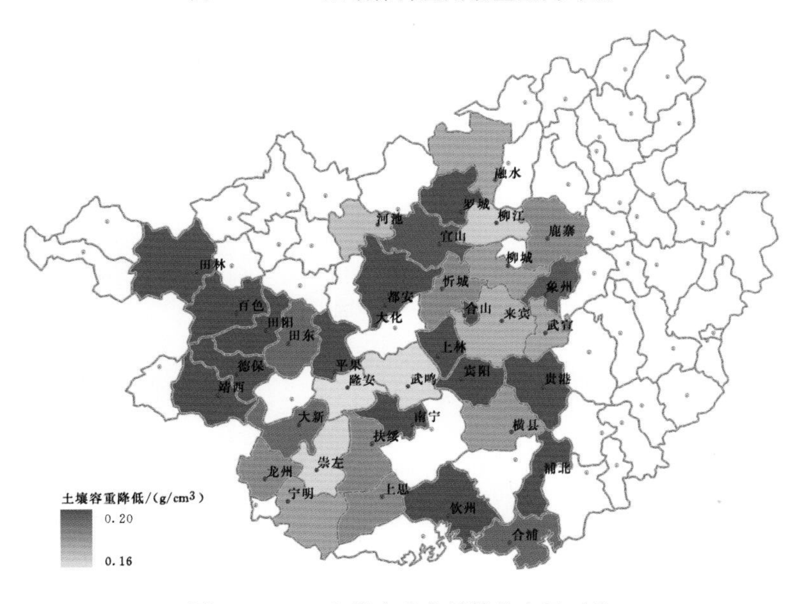

图 7-2-6　土壤容重应用效益空间对比

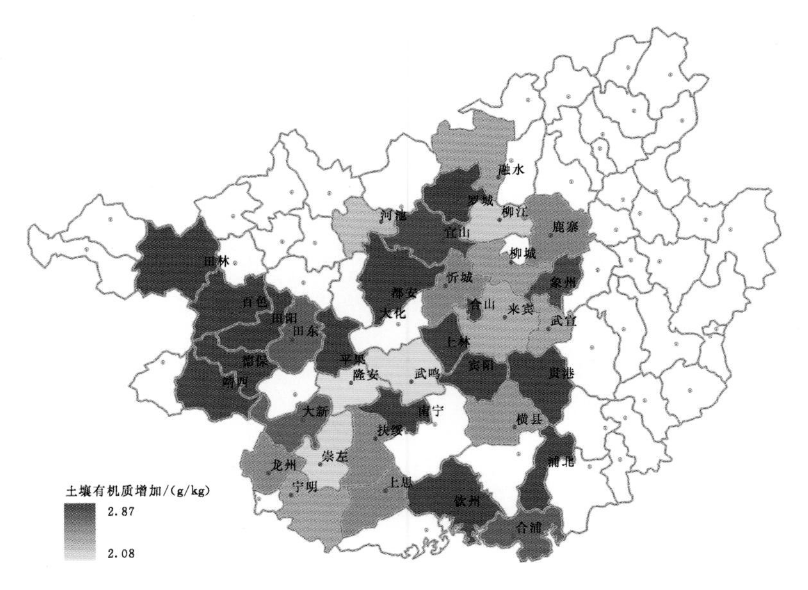

图 7-2-7 土壤有机质应用效益空间对比

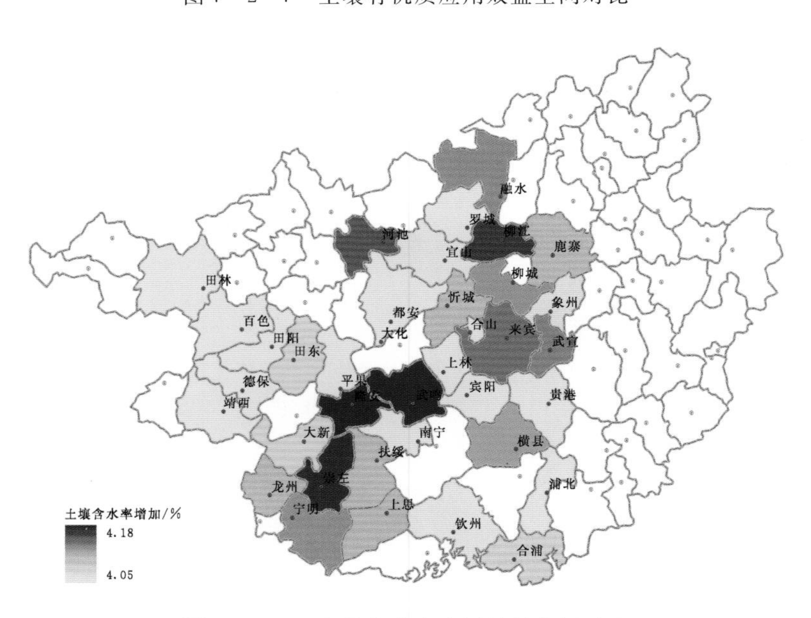

图 7-2-8 土壤含水率应用效益空间对比

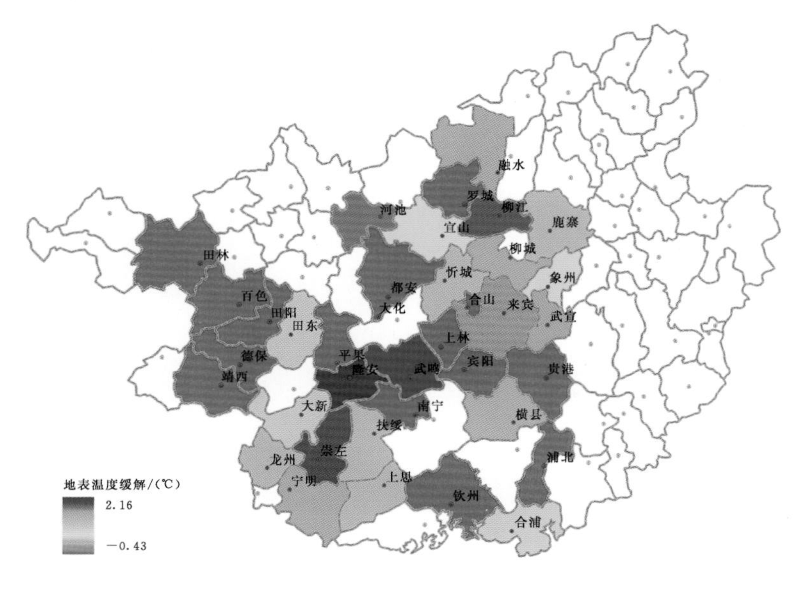

图 7-2-9　地表温度缓解应用效益空间对比

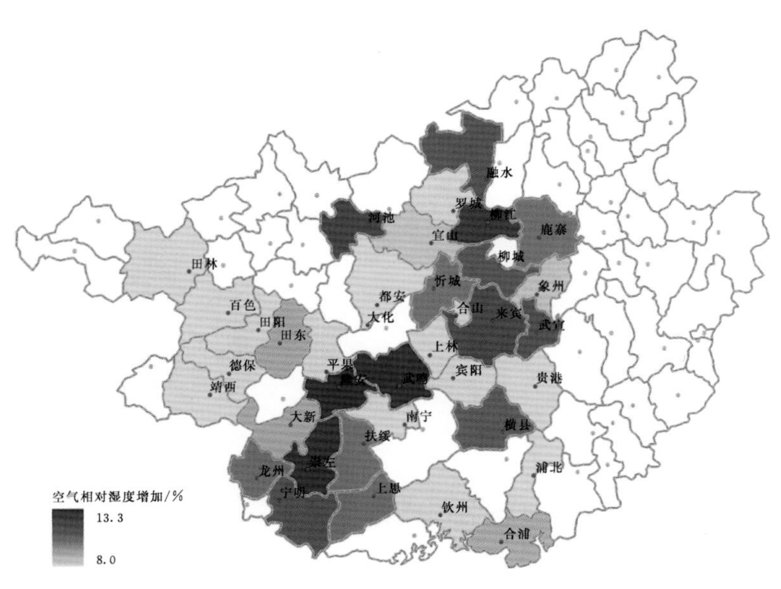

图 7-2-10　空气相对湿度应用效益空间对比

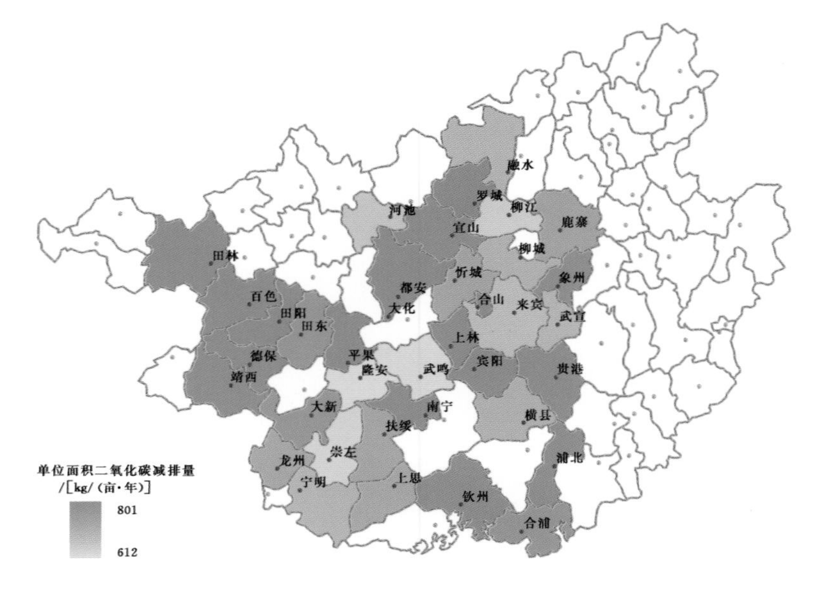

图 7-2-11　单位面积二氧化碳减排应用效益空间对比

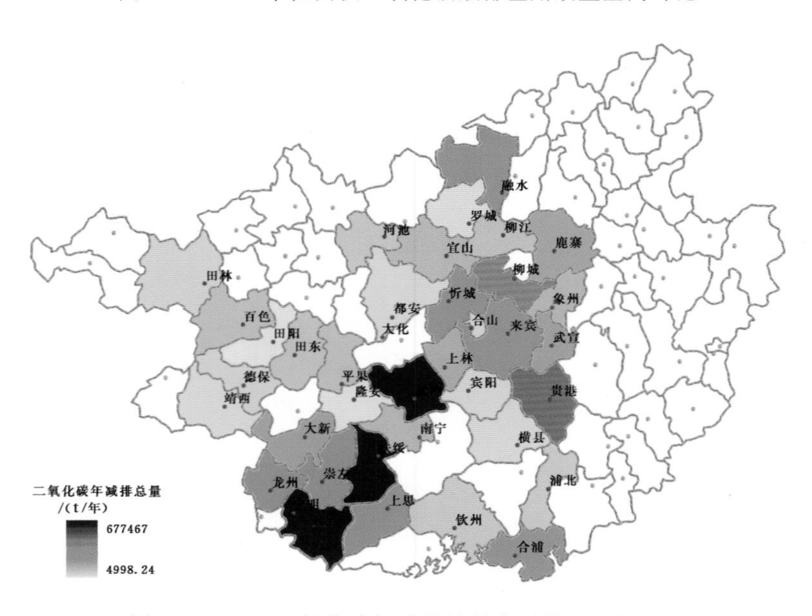

图 7-2-13　二氧化碳年减排总量应用效益空间对比

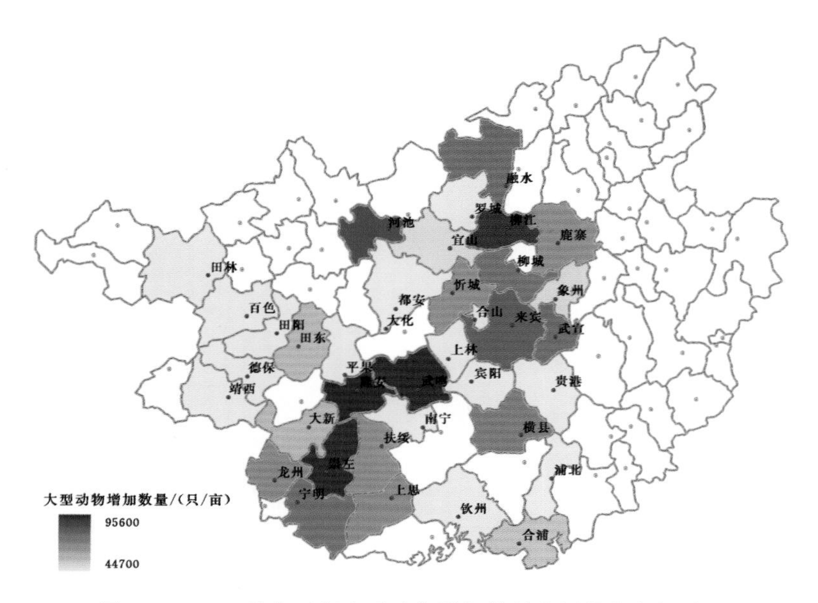

图 7-2-14　单位面积大型动物增加数量应用效益空间对比

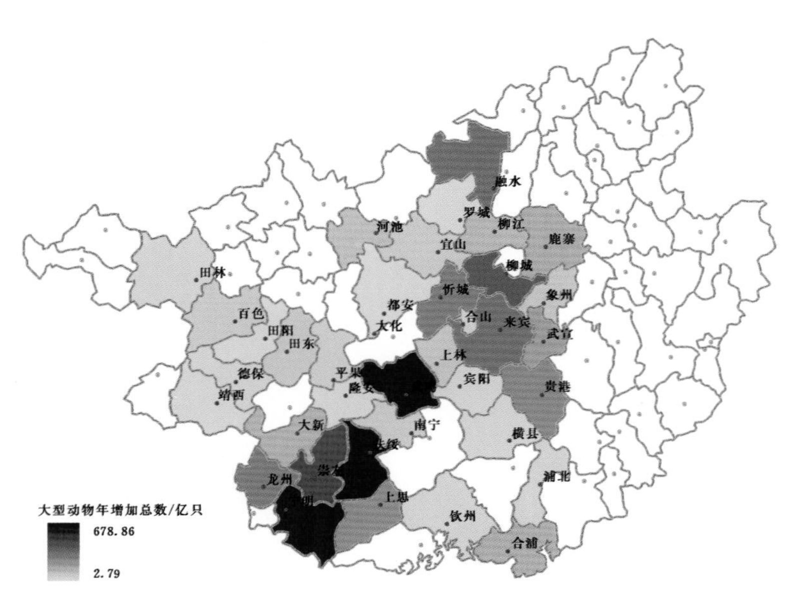

图 7-2-16　大型动物年增加总数应用效益空间对比

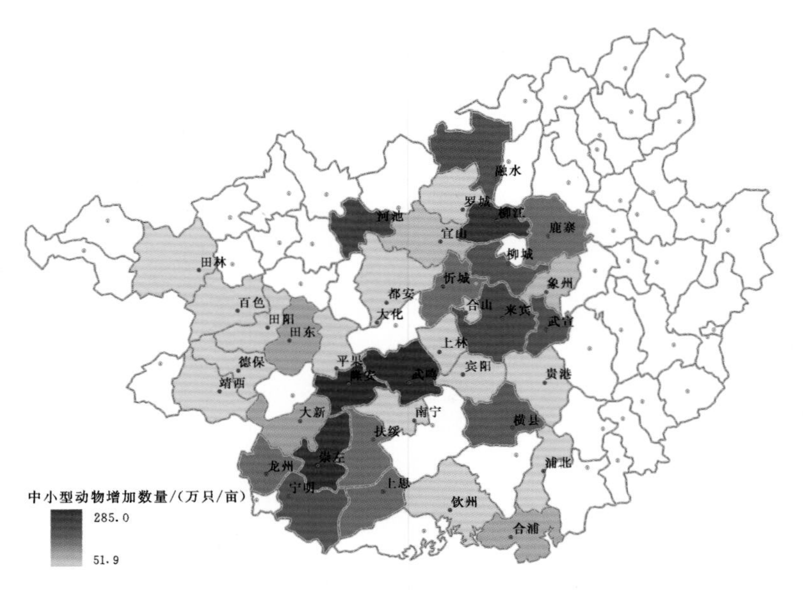

图 7-2-17 单位面积中小型动物增加数量应用效益空间对比

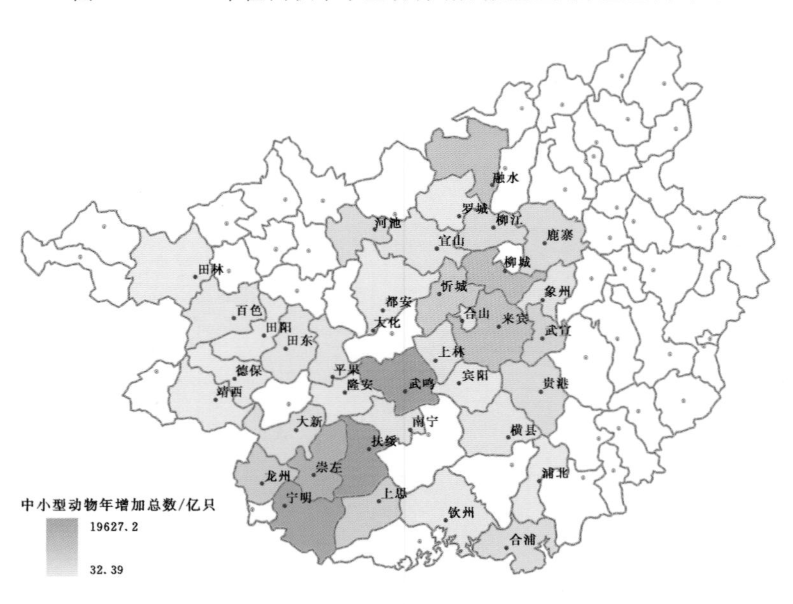

图 7-2-19 中小型动物年增加总数应用效益空间对比